高等院校电气工程及其自动化专业系列精品教材

高电压工程

厉　伟　滕　云
庚振新　林　莘　编著

科学出版社
北　京

内 容 简 介

本书是一本针对电气工程及其自动化专业，非高电压与绝缘技术专业方向的少学时“高电压工程”课程而编写的教材。在编写过程中，充分考虑了各高等院校的教学计划和专业特色以及“高电压工程”课程理论性、实践性较强的特点，既突出了课程体系和理论体系的系统性与完整性，又注重了课程的工程性和实用性。

本书包括气体、液体、固体电介质的击穿过程和理论、绝缘特性及应用，大气状态对外绝缘的影响；高压试验电压的产生与测量，绝缘试验；过电压与防护，绝缘配合等内容。

本书可作为高等院校电气工程及其自动化专业的本科生教材，也可供电力、电工领域工程技术人员参考。

图书在版编目(CIP)数据

高电压工程/厉伟等编著. 一北京：科学出版社，2011.7
(高等院校电气工程及其自动化专业系列精品教材)
ISBN 978-7-03-032011-7

Ⅰ. ①高…　Ⅱ. ①厉…　Ⅲ. ①高电压-高等学校-教材　Ⅳ. ①TM8

中国版本图书馆 CIP 数据核字（2011）第 161034 号

责任编辑：余　江　张丽花 / 责任校对：包志虹
责任印制：徐晓晨 / 封面设计：耕者设计工作室

科学出版社出版
北京东黄城根北街16号
邮政编码：100717
http://www.sciencep.com

北京凌奇印刷有限责任公司印刷
科学出版社发行　各地新华书店经销
*
2011年7月第　一　版　　开本：720×1000　1/16
2025年5月第五次印刷　　印张：13 3/4
字数：292 000

定价：59.00 元

(如有印装质量问题，我社负责调换)

前　　言

高电压工程是电气工程及其自动化专业的一门专业基础课，其内容涉及数学、物理、化学、材料、电工等基础学科。从事电力系统与电气设备设计、安装、调试、试验和运行的工程技术人员，需要具备电介质的电气绝缘特性、电力系统过电压及其防护、绝缘试验等诸多高电压工程领域的技术知识。本书是一本针对电气工程及其自动化本科专业，非高电压与绝缘技术专业方向的少学时“高电压工程”课程而编写的教材，也可供电力、电工领域的工程技术人员参考。

全书共10章，主要包括气体、液体、固体电介质的击穿过程和理论、绝缘特性及应用；高压试验电压的产生与测量，绝缘试验；电力系统过电压及其防护，绝缘配合等内容。在编写过程中，力求内容全面，涵盖高电压工程中的所有问题；同时考虑到少学时的教学特点，对传统的“高电压工程”进行了一定的凝练和删减，深入浅出，既注重基本概念和基本原理，也注重课程的工程性和实用性，注重与生产实际相结合，帮助学生开拓视野。

本书由沈阳工业大学四位老师共同编写。其中，厉伟编写第1～4章，滕云编写第7～10章，庚振新编写第6章，并为本书做了很多图表方面的工作，林莘编写第5章。

本书在编写过程中参考和借鉴了一些已经出版的相关书籍的内容，在此对这些书的作者表示感谢！

由于编者水平有限，书中难免存在不妥之处，恳请读者批评指正。

编　者

2011年5月

目　　录

第1章　绪　　论

高电压工程是20世纪初为了解决高电压输电中的绝缘问题而发展起来的。现阶段，伴随着电力系统输电电压等级的提高，其技术内涵已经得到了很大的发展。

1.1　高电压输电的必要性

我国的输电线路按电压高低划分成不同的等级。对于交流系统：高压（HV），1～220kV；超高压（EHV），330～750kV；特高压（UHV），1000kV及以上。对于直流系统±800kV及以上为特高压。从经济技术等方面考虑，高压输电具有优势。

1.1.1　满足远距离输电的需要

出于保护环境、防止污染等考虑，一些大型发电厂需要远离重负荷中心区建设；另一方面，受地理位置的限制，大容量水力、火力发电厂多建设在远离重负荷中心的水利、煤炭资源比较集中的地区。这样，输电距离比较远。例如，我国可用于发电的水利资源主要集中在西南（川东、云西、藏西）地区，煤炭资源主要集中在三西（山西、陕西、蒙西）地区。这些地区经济欠发达，需要输出能量，最经济、最合理的方式，对于火力发电将是建设坑口电厂，而水力发电只能就地建电厂。这样，就需要采用超高压、特高压远距离大容量输电。国外（如加拿大、瑞典、前苏联等）都是由于大容量水力发电厂的开发与远距离输送电力才出现380kV、500kV、750kV和1000kV输电线路的，我国也要走这条路，西电东送，北电南用。

理论和实践都证明，输电线路的输电能力与输电电压的平方成正比。因此，为了经济、合理地输送电力，应该采用高压输电。

1.1.2　满足大容量输电的需要

如果传输大容量的电力，即使输电距离不是太远，也应该采用高压输电。例如，正在广泛开发和应用的核电，虽然输电距离不是很远，但是容量特别大，若采用低的输电电压，不仅能量损耗增加，还影响电网质量。

1.1.3　满足联网输电的需要

对于容量不是太大、输电距离不是太远的系统，本身不一定需要采用高压输电。但是在电力系统充分发展的今天，各发电厂需要联网运行以满足供电的可靠性和电力的相互补充。因此，为了满足联网运行的需要，应采用高压输电。

1.1.4 满足节省土地的需要

输送同样容量的电力，总的输电线路所占用的土地宽度将随着电压等级的提高而显著减少，即高压输电节约输电走廊宽度。

例如输送 7500MW 的电能，采用 500kV 的超高压，需要 7 条线路，走廊宽度 285m；若采用 1200kV 的特高压，只需要 1 条线路，走廊宽度 76m，可节省大量土地资源。

1.2 输电电压发展概况

随着电力负荷的不断快速增长，出现了对大容量和远距离输电的需求，从 20 世纪六七十年代开始，苏联、美国、日本、意大利等国开始了特高压输电技术的研究工作。其中，苏联是国际上最早开展特高压输电技术研究的国家之一。

20 世纪 80 年代开始，随着大型能源基地的建设，苏联着手建设联接西伯利亚、哈萨克斯坦和乌拉尔联合电网的 1150kV 输电工程，已经建成的线路长度为 2344km，包括库斯坦奈、科克契塔夫、埃基巴斯图兹、巴尔瑙尔等特高压变电站。1985 年，世界上第一条 1150kV 特高压输电线路埃基巴斯图兹—科克契塔夫段在额定工作电压下带负荷成功运行。

新中国成立后，我国电力工业发展很快。交流系统，1956 年在东北建成了 220kV 系统；1972 年在西北建成了 330kV 系统；1981 年在华中建成了 500kV 系统（河南平顶山到湖北武汉）；2005 年，750kV 从青海官亭到甘肃兰州东的系统投入运行；2009 年，1000kV 的晋东南—南阳—荆门特高压交流试验示范工程投入运行。直流系统，1989 年，±500kV 的葛洲坝—上海直流输电系统成功运行；2010 年，±800kV的向家坝—上海特高压直流输电示范工程投入运行。这些系统的投入运行标志着我国全面进入超、特高压，交直流混合电网时代。

1.3 高电压工程的主要研究内容

高电压工程的研究内容，用一句话概括就是“努力保证电力系统中的输电线路和各种高压电气设备的绝缘在现场安全可靠地运行”。为了实现这个目标，主要包括 3 个方面的研究内容。

1.3.1 电介质的击穿理论及绝缘结构设计

这部分内容主要研究各种电介质，包括气体、液体和固体在高电压作用下是如何从绝缘状态变成导电状态的，即电介质击穿过程、击穿机理、实验数据、影响因素等，目的是在设计绝缘结构时，能正确地选择电介质，设计出既经济合理又安全可靠的输电线路和高压电气设备的绝缘结构，满足实际运行和试验标准要求。

1.3.2 高电压试验

由于现有绝缘设计理论的局限和电介质绝缘能力的分散性，因此，开发设计的绝缘结构能否满足设计要求、安全可靠地运行需要用试验进行检验。现阶段，高电压试验是确定绝缘结构绝缘能力的唯一手段。在这部分内容中，主要研究试验方法、测量手段、控制策略和保护措施，以确保高电压试验安全、有效。

1.3.3 电力系统过电压及防护

输电线路和电气设备的绝缘结构不仅要承受工作电压的长期作用，有时还要承受电力系统中可能出现的冲击电压（过电压）的短时作用。无论何种过电压，它们的共同特点是：电压作用时间短，电压幅值高，电压变化率快。在这部分内容中，主要研究过电压产生、发展、消失的整个过程对绝缘的破坏作用和相应的防护手段，以及电压、绝缘、保护三者之间的绝缘配合问题。

此外，高电压工程还应用在保护环境、治理污染、果蔬保鲜、爆炸、熔炼等领域。

第 2 章　气体放电过程分析及空气间隙绝缘强度

气体特别是空气作为绝缘介质应用广泛。但是，当做用在气体上的电压高到一定程度时，气体将失去绝缘能力而被击穿。为了合理地设计气体绝缘结构，确保其安全可靠地运行，需要了解气体放电过程及绝缘能力。本章将着重介绍气体放电理论，分析不同电场分布时气体被击穿的物理过程，分析冲击电压作用下气体的击穿。然而，由于气体放电理论至今还不是很完善，实际应用时还无法对击穿电压进行准确的理论计算，所以工程设计问题常常借助于各种实验规律和结果来分析解决或直接由试验决定。因此，本章还将介绍各种典型电场分布的空气间隙击穿电压实验数据。

2.1　气体放电及主要放电形式

2.1.1　气体放电

气体中流通电流的各种形式统称为气体放电。气体放电时发光、发声。应该指出的是，由于来自宇宙中的各种射线的辐射作用，空气中总会存在少量的带电质点。这样，在电场作用下，这些带电质点将沿电场方向运动形成很小的电导电流（该电流密度在 $10^{-19}\,A/cm^2$ 数量级），这个电流不是放电电流。

当做用在气体上的电压达一定程度时，气体中流过的电流突然剧增，这时气体失去绝缘能力，这个过程称为击穿，击穿是气体放电的一种特殊形式。气体发生击穿的最低临界电压称为击穿电压，用 U_b 表示；击穿电压与间隙距离之比称为平均击穿场强，用 E_b 表示。

2.1.2　气体放电的主要形式

由于气体压强、电源功率、电极形状等不同，气体放电具有多种形式，下面介绍几种常见的气体放电形式。

1）辉光放电

发生在气体压强较低，电源功率较小，电场分布比较均匀的条件下。放电区域占据整个电极空间，电流密度较小，放电时间隙发光。

2）电晕放电

在电场分布极不均匀的条件下发生。放电时，在紧贴曲率半径小的电极表面出现发光层，电流密度很小。

3）刷状放电

刷状放电一般出现在电晕放电之后，发生电晕放电后，如果继续升高电压，从电晕电极伸展出许多明亮的刷状放电通道。

4）火花放电

发生在气体压强较高（例如大气压力下），电场强度高，电源功率受到一定限制的条件下。放电区域呈一条贯通两电极之间的断续而明亮的电火花，极间电导大。

5）弧光放电

发生在高电压，电源功率足够大的条件下。放电区域呈一条很细且明亮的弧道，极间电导很大，极间电压极低，此时气体处于击穿状态。

6）沿面放电

在两种电介质的交界面上发生放电的现象称为沿面放电，在这里特指气体与固体电介质交界面上的沿面放电。

2.2 带电质点的产生

气体放电无论是何种方式，其共同的特点是气体中有电流流过，说明气体放电过程中产生了大量的带电质点，下面就讲述气体放电过程中带电质点的产生。

2.2.1 气体中质点的运动规律

气体中有很多质点，包括分子、原子、离子和电子，这些质点之间的距离很大。例如，空气在标准大气状态下，密度是 3×10^{19} 个/(cm)^3，分子的直径是 2×10^{-8}cm，可见质点间的距离还是比较远的。这些质点不停地做热运动，其运动轨迹是不规则的折线，质点每发生一次碰撞就改变一次运动方向，如图 2-1 所示。

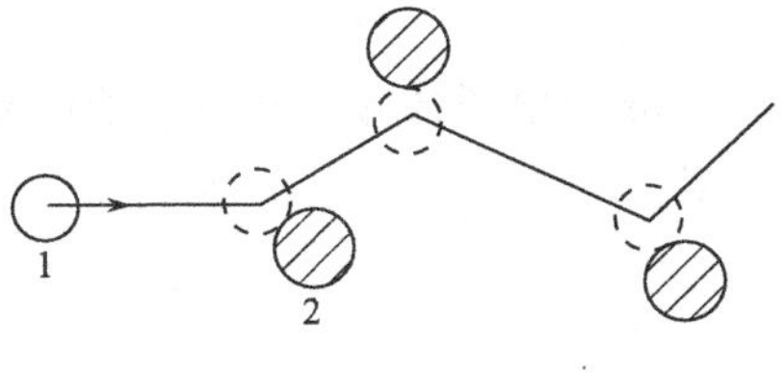

图 2-1 质点运动轨迹

1-运动质点；2-被撞质点

质点运动过程中相邻两次碰撞间通过的距离叫自由行程，用 x 表示，从图 2-1 可以看出，自由行程 x 有长有短，但是其特点是参与热运动的大量质点的自由行程具有统计性。这样，为了分析计算方便，引入平均自由行程，用 λ 表示。

1）平均自由行程

设运动质点运行单位行程（1cm），共发生了 Z 次碰撞（Z 也是一个平均值，具有统计性），那么该质点的平均自由行程就是 $\lambda=1/Z$ cm。

2）影响平均自由行程的主要因素

（1）平均自由行程与运动质点体积有关。

运动质点的体积不同，它们的平均自由行程也不同。例如，电子与离子相比，电子的直径只有 3×10^{-13}cm。而离子是分子失去或获得电子形成的，其直径与分子差不多，在 3×10^{-8}cm 数量级，显然它们的平均自由行程不同。这样，某一质点在气体中运动其平均自由行程将不同。

(2) 平均自由行程与气体状态有关。

气体压强越大，质点运行单位行程的碰撞次数就越多，平均自由行程就小；气体温度越高，质点运行单位行程的碰撞次数就越少，平均自由行程就大。

这样，平均自由行程与气体压强 p、气体温度 T 之间的关系可以表示为

$$\lambda \propto T/p \tag{2-1}$$

在常温常压下，空气中电子的平均自由行程在 10^{-5} cm 数量级。

3) 自由行程的分布规律

如前所述，运动质点的每个自由行程可能都不一样，但是具有统计规律。设运动质点自由行程超过 x 的概率为 $f(x)$，那么自由行程的分布规律是

$$f(x) = \mathrm{e}^{-\frac{x}{\lambda}} \tag{2-2}$$

2.2.2 带电质点的产生方式

气体放电过程中的带电质点是由激励和电离这两个物理过程产生的，这两个物理过程发生时均需要能量。那么，根据能量的来源不同，带电质点的产生有多种方式。

1. 气体中带电质点的产生方式

1) 电子的碰撞电离

电子在电场中受力作用，将沿电场方向运动，可能与气体分子发生碰撞。设相邻两次碰撞电子运动的距离是 x，则电子从电场中获得的能量是 qEx，该能量全部转变为电子的运动动能，即

$$\frac{1}{2}mv^2 = qEx \tag{2-3}$$

式中，m 为电子质量，v 为电子运动速度，q 为电子的电荷量，E 为电场强度。

若

$$\frac{1}{2}mv^2 \geqslant W_\mathrm{i} \tag{2-4}$$

则被撞分子吸收该能量，发生碰撞电离。其结果是产生一个电子和一个正离子。式中，W_i 为被撞气体分子电离能。

应该指出，即使满足式（2-4）的条件，也不一定每次碰撞都能引起电离，实际上碰撞电离的几率是很小的；若式（2-4）的条件不能满足，也不一定不能发生碰撞电离，若

$$\frac{1}{2}mv^2 \geqslant W_\mathrm{e} \tag{2-5}$$

则被撞分子吸收该能量，发生激励。处于激励状态的分子其电离能变小，这时如果被一个达到或超过这个变小的电离能的运动电子碰撞，可能发生碰撞电离，这种电离方式被称作分级电离。式中，W_e 为被撞气体分子激励能。

在气体中，除了电子以外，离子同样也能从电场中获得能量，产生碰撞电离。但是，离子比电子的体积大得多，其自由行程较短，在相邻两次碰撞间，积累起足够的发生碰撞电离能量的可能性很小；另一方面，电子质量小，在和气体分子发生弹性碰撞（未发生电离）时，几乎不损失其动能，从而在电场中继续积累动能，离子则不同，一旦和分子发生碰撞，不管电离与否均将损失其动能。因此，碰撞电离主要是电子运动产生的，离子碰撞几乎不可能发生电离。

2）光电离

由光辐射引起的气体分子电离称光电离。光波的能量 W 决定于其频率 ν。

$$W = h\nu = hc/\lambda \tag{2-6}$$

式中，h 为普朗克常数（$h=6.62\times10^{-34}$J·s），c、ν、λ 分别为光速（3×10^{8}m/s）、光波频率（Hz）、光波波长（m），W 为光波能量（J）。

当气体分子受到光照射时，若

$$W \geqslant W_i \tag{2-7}$$

将发生光电离。

能够引起光电离的临界波长为 $\lambda_0=hc/W_i$。

表 2-1 是几种气体的电离能及光电离临界波长。

表 2-1　几种气体的电离能及光电离临界波长

气体	O_2	H_2O	CO_2	H_2	N_2	空气	He
电离能/eV	12.2	12.7	3.7	15.4	15.5	16.3	24.6
光电离临界波长/nm	102	97.7	90.6	80.6	80.1	76.2	50.4

导致气体分子光电离的高频高能光子可能由自然界（如空中的紫外线、宇宙射线等）提供，或人为照射，也可以来自气体放电过程（复合、吸附等）本身。

3）热电离

一切由气体的热状态而引起的电离称为热电离。其具体形式是气体分子间的碰撞电离和光电离。碰撞电离的能量来源于气体分子本身的热能引起的高速热运动；光电离的能源来源于高温气体的热辐射和带电质点间复合释放的光子。

气体温度是气体分子热运动剧烈程度的标态，气体分子平均动能 W 与气体温度 T 的关系为

$$W = \frac{3}{2}kT \tag{2-8}$$

式中，k 为波尔兹曼常数（$k=1.38\times10^{-23}$J/K），T 为热力学温度（单位为 K）。

例如，空气电离能 $W_i=16.3$eV，在常温（$T=293$K）下

$$W = \frac{3}{2}\times1.38\times10^{-23}\times293 = 6.07\times10^{-19}\text{J} = 3.79\times10^{-2}\text{eV} \ll W_i$$

可见常温下远不足以引起空气的热电离。

4）负离子的形成

前面的各种电离方式均产生电子和正离子。但是，在气体放电过程中，除电子和正离子外，还存在负离子。这是因为有些电子在和电负性比较大的气体分子发生碰撞时，被该分子吸附，而该分子变成负离子。吸附发生时有能量以光子的形式释放。

由于离子几乎不能产生碰撞电离。因此，在气体放电过程中，相对电子而言，负离子起着阻碍电离的作用。六氟化硫气体之所以比空气的绝缘能力强，其主要原因是六氟化硫气体分子具有很强的电负性，能使一些电子被吸附成为负离子。

2. 阴极表面电离

在气体放电过程中，除了气体中产生带电质点以外，还存在着阴极发射电子的过程，称为阴极表面电离。使阴极释放出电子也需要一定的能量，这个能量称为逸出功。金属表面逸出功一般比气体电离能小得多，所以在气体放电中，电极表面电离是带电质点产生的重要方式。逸出功和金属的微观结构及表面状态有关。表 2-2 给出了几种金属和金属氧化物的逸出功。

表 2-2　几种金属及金属氧化物的逸出功

金属名称	铯	锌	铝	铬	铁	镍	铜	银	钨	金	铂	氧化铜
逸出功/eV	1.88	3.30	4.08	4.37	4.48	5.24	4.70	4.73	4.54	4.82	6.30	5.34

1）正离子碰撞阴极

正离子在电场中将向阴极方向运动，当它与阴极发生碰撞时，可将其能量传递给阴极中的电子。当正离子能量大于阴极材料表面逸出功两倍以上时，将有电子从阴极表面逸出，逸出的电子中有一个和正离子中和，其余的成为自由电子，进入气体中。实际上，平均 100 个左右具有电离条件的正离子才能使阴极逸出一个有效的能够进入气体中的自由电子。

2）光电效应

金属表面受到光的照射，当光子具有的能量大于金属表面的逸出功时，将有电子从金属表面逸出，这个现象称为光电效应。实际上，当光照射到阴极表面时，将有一部分光子发生反射，还有一部分光能转化为金属的热能，只有一小部分光能使金属表面逸出电子，平均入射 100 个左右具有光电离条件的光子才能放射出一个电子。

3）强场放射

在阴极附近具有很高的场强时（约 10^3kV/cm 数量级），将使阴极释放电子，称为强场放射，也叫冷放射。一般的气体间隙很难达到如此高的场强，而高真空间隙击穿时，强场放射是最主要的电离因素。加热阴极时，阴极表面的电子将获得能量使其运动动能增加，在相对低的电场强度下，将发生强电场放射，又称热电子放射。

2.3 带电质点的消失

在电场作用下，由于电离过程，气体中不断地产生带电质点，同时还存在着带电质点的消失过程。那么，气体是发生放电击穿，还是保持其绝缘状态，取决于上述两种过程的发展。带电质点的消失主要有三种方式：一是部分带电质点在电场作用下作定向运动，消失于电极（形成电流）；二是带电质点从浓度高的区域向浓度低的区域扩散；三是正负带电质点复合形成中性质点。

2.3.1 带电质点在电场作用下运动形成电流

带电质点在电场作用下将沿电场方向作定向运动，形成电流。电流的大小决定于电场强度、带电质点浓度、电量及其在电场方向的运动速度。

在电场作用下，真空中的带电质点沿电场方向作加速运动。若电场均匀，则带电质点作等加速运动。

气体中的带电质点，在运动过程中经常与其他质点发生碰撞改变其运动方向。故带电质点初速度具有任意方向，如图 2-2 所示。

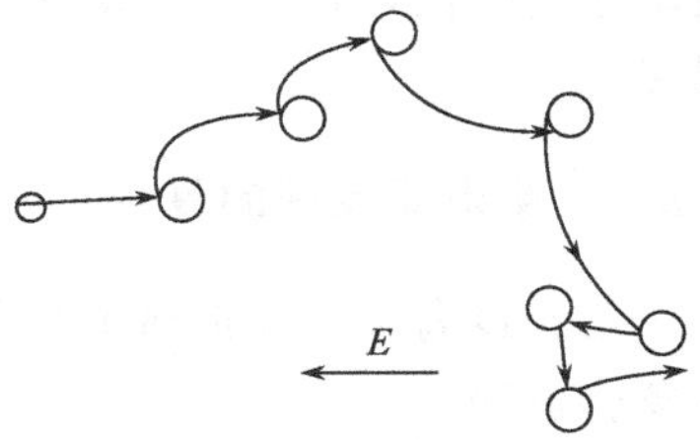

图 2-2 气体中带电质点的运动轨迹

图 2-2 中，相邻两次碰撞间所经过的路径是弯向电场方向的抛物线，逐渐由一个电极移向另一电极，形成定向运动，但是此定向运动速度不会不断增加。因为带电质点一方面受到电场加速而获得动能，另一方面又因为与其他质点碰撞而损失动能。在电场作用下，带电质点初速度较低，以后逐渐增加；但是随着其速度的增加，碰撞时损失掉的能量也在增加。因此，带电质点不像在真空中那样可以一直加速运动，在一定的电场强度下，其运动速度最终将达到某一稳定值。在此速度下，带电质点从电场中获得的动能恰好等于因不断碰撞而损失的动能。这是一个平均速度，被称为带电质点的驱引速度，驱引速度与电场强度 E 有关，即 $v_d=f(E)$，一般写为

$$v_d = bE \tag{2-9}$$

式中，b 为迁移率，表示单位电场强度下带电质点的驱引速度。

有些情况下 b 基本上和 E 无关，而在一般情况下 b 是 E 的函数。

实验表明，离子迁移率在很大范围内和电场强度无关，但在很强的电场中，和电场强度有关。迁移率还和气体状态及离子种类有关，气体压强越高或者离子质量越大，其值就越小。同一种气体，正、负离子的迁移率相差不大。在标准大气状态下，空气中正、负离子的迁移率分别为 $1.36\text{cm}\cdot\text{s}^{-1}/(\text{V}\cdot\text{cm}^{-1})$ 和 $1.87\text{cm}\cdot\text{s}^{-1}/(\text{V}\cdot\text{cm}^{-1})$。

电子迁移率比离子迁移率大得多。和离子不同，即使在很弱的电场中，电子迁移

率也随场强而变。实验表明，电子的驱引速度和E^n成正比，其中$0.5<n<1$。

2.3.2 带电质点的扩散

带电质点从浓度高的区域向浓度低的区域迁移，使带电质点的浓度趋于平衡，这种现象称为带电质点的扩散。扩散的主要原因是质点的热运动，带电质点间的静电力对扩散的影响很小。因为大多数情形下气体中带电质点的浓度不超过10^{12}个/cm^3，这相当于带电质点间的平均距离为10^{-4}cm，在这样的距离下，相互间的静电作用力是很小的。所以带电质点的扩散和气体分子的扩散几乎一样，是由于热运动造成。然而，在热运动过程中，气体中的质点不断发生碰撞而改变着运动方向，所以尽管它们的热运动速度极高，但其扩散速度却相对要小得多。

气体中带电质点的扩散和气体状态有关。气体压强越低或者温度越高，扩散过程越容易进行，反之越不容易进行。

质点的体积和质量对扩散有影响，电子的体积和质量远小于离子，所以电子的热运动速度很快，它在热运动中发生的碰撞也较少，因此电子的扩散过程比离子的要强得多。

2.3.3 带电质点间的复合

正、负离子，或正离子与电子相遇，发生电荷转移而还原成原子或分子的过程称为复合过程。

复合是电离的逆过程，电离需要能量，复合将释放能量，该能量通常以光子的形式释放，即复合过程伴随着光辐射。

并不是异性带电质点每次相遇都能引起复合。只有异性带电质点相遇并有一定的接近时间才能实现复合。和离子相比，电子的体积与质量小得多，其运动速度比离子大得多，复合的可能性比离子小得多。因此，正、负离子间的复合概率要比正离子和电子间的复合概率大得多，故放电过程中以离子间的复合为主。

2.4 均匀电场中气体击穿过程

均匀电场气体间隙在高电压工程中应用很少。因为实际上不可能做出均匀电场，采用平板电极只是局部存在均匀电场，边缘处电场分布仍不均匀。但是，研究均匀电场气体击穿过程是研究气体击穿的基础，因此本节讨论均匀电场这种理想情况下的气体击穿过程。

2.4.1 汤森气体放电理论

20世纪初，英国学者汤森提出了比较系统的均匀电场气体放电理论。该理论阐述了均匀电场气体放电的发展过程，并在一系列假设的前提下，给出了放电电流和击穿电压的计算公式。

汤森气体放电理论的中心思想有两点：①电离方式主要有两种，一是电子的碰撞电离，二是正离子的阴极表面电离；②气体击穿的必要条件是自持放电。由于汤森气体放电理论给出了放电电流和击穿电压的计算公式，因此该理论针对上述两个电离过程定义了两个系数，其中 α 为电子碰撞电离系数；γ 为正离子阴极表面电离系数。

汤森气体放电理论还多次提到电子崩，下面首先解释自持放电和电子崩的概念。

1）非自持放电和自持放电

按照气体放电过程是否需要电源以外的电离能量（外电离因素）作用来区分，气体放电分为非自持放电和自持放电两类。如果维持放电继续进行的能量仅由电源提供，这种放电称为自持放电；反之，称为非自持放电。

2）电子崩及其形成过程

由于某种外电离因素（如光电效应）使阴极表面产生电子，该电子在电场作用下加速向阳极方向运动，运动过程中不断与气体分子发生碰撞，碰撞前电子从电场中获得的能量若大于被撞分子的电离能时，可能引起碰撞电离。分子电离后新产生的电子和原有电子一起又将从电场中获得动能，继续引起碰撞电离。这样，一个起始电子从电场获得一定动能后，会由于碰撞电离生成第二代电子；第二代电子作为新的第一代电子，又将电离生成新的第二代电子。理想情况下，这样一代一代不断增加的过程，会使气体中的电子数目迅速增加，如同冰山上发生雪崩一样，汤森将这一过程形象地称作是电子崩的形成过程，如图 2-3 所示。其实，电子崩的形成过程也就是电子的碰撞电离过程，也称作 α 过程。

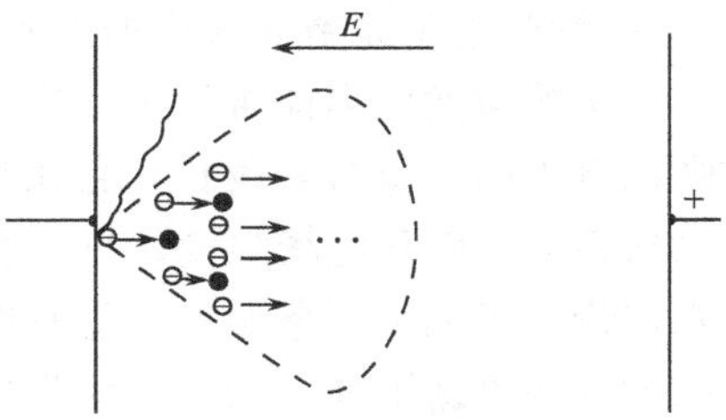

图 2-3　电子崩形成过程示意图

3）电子碰撞电离过程（α 过程或电子崩形成过程）产生的电流

α 代表一个电子沿着电场方向运行单位长度（1cm）由于碰撞电离产生的电子个数，也就是平均发生的碰撞电离次数。汤森理论认为每次发生碰撞电离只产生一个电子和一个正离子，因此，α 也就是一个电子在单位长度行程内由于碰撞电离新产生的电子数或正离子数。

为了推导电子碰撞电离过程产生的电流。假设在某种外电离因素（如光电效应）作用下，单位时间内阴极表面产生 n_0 个电子。在电场作用下，这 n_0 个电子在向阳极（x 方向）运动的过程中不断发生碰撞电离，产生电子和正离子。设放电过程稳定后，在距离阴极为 x 的横截面上，单位时间内有 n 个电子通过。这 n 个电子继续沿电场方向运动，又运行了 dx 长度，在 dx 长度中又产生了 dn 个电子，如图 2-4所示。那么

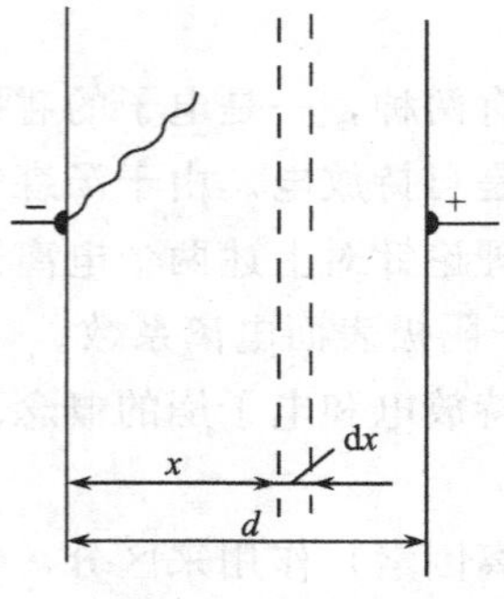

图 2-4　气体间隙中电子增长示意图

$$dn = n\alpha dx \text{ 或} \int_{n_0}^{n} \frac{dn}{n} = \int_0^x \alpha dx$$

解得

$$n = n_0 e^{\alpha x} \tag{2-10}$$

将等号两边同乘以电子电荷量、运动速度，得相应的电子电流变化规律

$$I = I_0 e^{\alpha x} \tag{2-11}$$

式中，I_0 为外电离因素引起的饱和电流。

令 $x=d$，可得进入阳极的电子电流，即外回路中的电子电流

$$I = I_0 e^{\alpha d} \tag{2-12}$$

从式（2-12）可以看出，在一定的 α 值下，放电电流和极间距离成指数关系，这个关系也为实验所证实；去掉外电离因素，即 $I_0=0$，则 $I=0$。可见，只有 α 过程的放电是非自持放电。

4）影响电离系数 α 大小的主要因素

电子的碰撞电离能否发生，决定于相邻两次碰撞电子从电场中获得的动能。电场越强或电子的自由行程越长，它在相邻两次碰撞间从电场获得的能量也越大。因此碰撞电离系数 α 应和电场强度、自由行程、气体状态等因素有关。为了分析问题简化，汤森理论作了如下三条假设：①每次碰撞时电子失去自己的全部动能，然后从速度为零起被电场重新加速；②在电场作用下，电子的驱引速度比热运动速度大得多，故忽略后者；③又由于已假定每次碰撞时电子都失去全部动能，故可以认为，在均匀电场中，相邻两次碰撞之间，电子均沿电场方向作直线运动，当电子动能小于气体分子的电离能时，每次碰撞都不会使分子发生电离，而当电子动能大于气体分子的电离能时，每次碰撞必定使分子电离，前者忽略了分级电离的可能性，后者则忽略了此时碰撞不能引起电离的概率。

设电子在均匀电场中运行了 x 距离，此时电子从电场获得的能量为 eEx。若发生碰撞电离，必须满足条件

$$eEx \geqslant W_i \text{ 或 } Ex \geqslant U_i$$

式中，W_i、U_i 分别为气体分子的电离能及电离电位。

可见，只有那些自由行程达到或超过 $x_i=U_i/E$ 的电子，才能与分子发生碰撞电离。若电子的平均自由行程为 λ，由前述可知，自由行程大于 x_i 的概率为 $e^{-x_i/\lambda}$。在 1cm 长度内，一个电子的平均碰撞次数为 $Z=1/\lambda$，其中只有 $(1/\lambda)\ e^{-x_i/\lambda}$ 次电子的自由行程达到或超过 x_i 之后发生的碰撞，即发生电离的碰撞次数，也就是电离系数 α。于是

$$\alpha = (1/\lambda)e^{-x_i/\lambda} = (1/\lambda)e^{-U_i/(E\lambda)} \tag{2-13}$$

假设碰撞电离发生时气体温度不变，而平均自由行程 λ 和气压 p 成反比，故令 $1/\lambda = Ap$。代入式（2-13），并令 $AU_i = B$，可得

$$\alpha = Ap\,e^{-(Bp/E)} \tag{2-14}$$

式中，A、B 是与气体种类有关的常数。

式（2-14）可以写成更普遍的形式

$$\alpha/p = f(E/p) \tag{2-15}$$

式（2-15）完全为实验所证实。

从式（2-14）可以看出，电离系数 α 与气体种类、气体状态、电场强度有关。

5）α 过程及 γ 过程共同产生的电流

均匀电场的气体间隙，在一定范围内，由于电子的碰撞电离（α 过程），电流随极间距离的增加按指数规律增加，如图 2-5 所示。

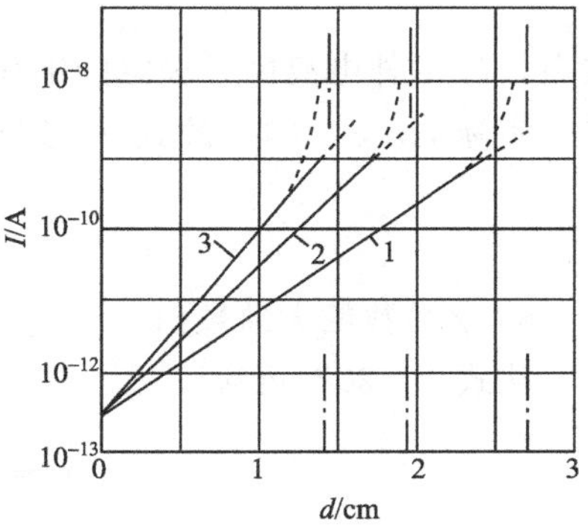

图 2-5　氮气在不同 E/p 值下电流和极间距离的关系

1-E/p=41V/cm・133Pa；

2-E/p=43V/cm・133Pa；

3-E/p=45V/cm・133Pa

图 2-5 所示的是氮气在不同 E/p 值下电流 I 与间隙距离 d 之间的关系，当间隙距离在一定范围内时，在单对数坐标系中，电流与间隙距离是一条直线，说明电流与间隙距离呈指数关系；但是，当极间距离较大时，电流增长得比指数规律更快。这说明除 α 过程外，一定还有其他的电离过程，汤森理论认为这时出现了正离子的阴极表面电离，即电子的碰撞电离阶段除了产生大量电子以外，还产生了相同数量的正离子，这些正离子向阴极运动，在接近阴极表面或撞击阴极表面时，依靠它们具有的位能及动能，引起阴极表面电离，使阴极释放自由电子，即 γ 过程。

由于 γ 过程在 α 过程后出现，因此不能单独研究 γ 过程引起的电流，即出现正离子的阴极表面电离时，应该是 γ 过程和 α 过程一起决定了间隙中的电流。

γ 表示折算到每个正离子在阴极表面产生的自由电子数。

由外电离因素在阴极表面产生的起始电子在气体空间发生电子的碰撞电离，电离产生的正离子到达阴极表面后将引起阴极发射二次电子，这些二次电子又在气体空间发生电子的碰撞电离产生正离子。这些过程重复进行，形成总的放电电流。如果放电达到稳定状态，则放电电流将为定值。推导 α 过程及 γ 过程同时引起的电流时仍采用如图 2-4 所示的示意图，仍以 n_0 表示在外电离因素作用下单位时间内阴极表面产生的电子数，并以 Δn 表示单位时间内阴极表面由于 γ 过程产生的电子数，则单位时间内阴极表面产生的电子总数 n_c 应为

$$n_c = n_0 + \Delta n \tag{2-16}$$

n_c 个电子到达阳极后，电子数将增加为

$$n_a = n_c e^{\alpha d} \tag{2-17}$$

这时形成的正离子数应为 $n_a - n_c$，因为除去从阴极释出的电子外，每个新增加的电子都伴随有一个正离子。于是

$$\Delta n = \gamma(n_a - n_c) \tag{2-18}$$

联解式（2-16）～式（2-18）可得

$$n_a = n_0 \frac{e^{\alpha d}}{1 - \gamma(e^{\alpha d} - 1)}$$

因此回路中电流应为

$$I = I_0 \frac{e^{\alpha d}}{1 - \gamma(e^{\alpha d} - 1)} \tag{2-19}$$

式中，I_0 由外电离因素决定的饱和电流。

实际上，$e^{\alpha d} \gg 1$，故式（2-19）可化简为

$$I = I_0 \frac{e^{\alpha d}}{1 - \gamma e^{\alpha d}} \tag{2-20}$$

6）γ 系数的大致数值

从式（2-20）可得

$$\gamma = \frac{I - I_0 e^{\alpha d}}{I e^{\alpha d}} = e^{-\alpha d} - \frac{I_0}{I} \tag{2-21}$$

表 2-3 列出了一些气体中铝、铜、铁的 γ 的大致数值（这是在气压较低、E/p 值较大时所得的数值）。

表 2-3　系数 γ 的大致数值

金属＼气体	氩	氢	氦	空气	氮	氖
铝	0.12	0.1	0.02	0.035	0.1	0.052
铜	0.06	0.05		0.025	0.065	—
铁	0.06	0.06	0.015	0.02	0.06	0.022

7）自持放电条件

从式（2-19）可以看出，如果去掉外电离因素（即 $I_0 = 0$），式（2-19）的分子为零。此时，若放电电流不为零，只有令式（2-19）的分母为零，即

$$1 - \gamma(e^{\alpha d} - 1) = 0 \tag{2-22}$$

式（2-22）即是自持放电条件。

因为 $e^{\alpha d} \gg 1$，则自持放电条件可近似写成

$$\gamma e^{\alpha d} \approx 1 \tag{2-23}$$

或

$$\alpha d \approx \ln \frac{1}{\gamma} \tag{2-24}$$

对于均匀电场，自持放电条件也就是间隙的击穿条件。

自持放电条件［式(2-22)］具有清楚的物理意义。$e^{\alpha d}$是指一个电子从阴极表面出发运动到阳极表面，碰撞电离形成电子崩中的电子个数；$(e^{\alpha d}-1)$是指一个电子从阴极表面出发运动到阳极表面，碰撞电离形成电子崩中的正离子个数；$\gamma(e^{\alpha d}-1)$是指$(e^{\alpha d}-1)$个正离子在阴极表面由于γ过程释放出的电子数；要使放电稳定进行，$(e^{\alpha d}-1)$至少应该等于1，即$\gamma(e^{\alpha d}-1)=1$或$1-\gamma(e^{\alpha d}-1)=0$。这样就不再需要外电离因素，而仅仅依靠电场本身的能量维持放电，即转入了自持放电。

8）击穿电压、巴申定律

将$\alpha=Ap e^{-(Bp/E_b)}$，$\alpha d=\ln\frac{1}{\gamma}$，$E_b=\frac{U_b}{d}$三式联立，解得

$$U_b = \frac{Bpd}{\ln\left(\dfrac{Apd}{\ln \dfrac{1}{\gamma}}\right)} \tag{2-25}$$

在温度不变时，均匀电场气体击穿电压U_b是气体压强和间隙距离乘积pd的函数，可以写成

$$U_b = f_1(pd)$$

这个规律在汤森气体放电理论建立之前，就已经从实验中得到，称为巴申定律。巴申定律可以由汤森气体放电理论加以阐明，反过来也证明了汤森气体放电理论的客观性。图2-6为几种气体击穿电压U_b和pd的关系曲线。

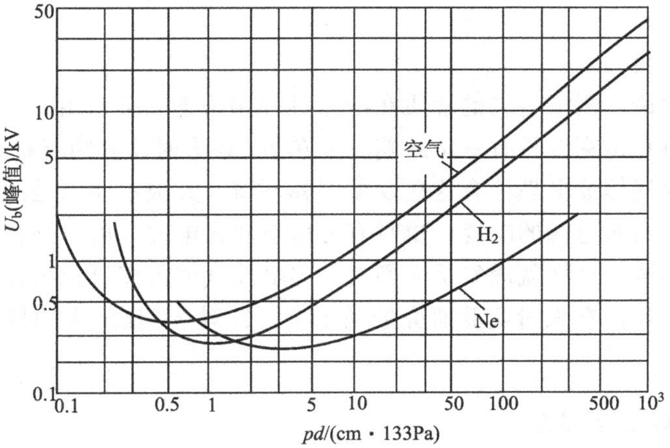

图2-6　均匀电场中几种气体击穿电压与pd的关系

如前所述，以上分析中假设气体温度没有变化，实际上系数 A 及 B 和温度有关。考虑温度因素时，A 和 B 应修正为 A_1 和 B_1，其中

$$A_1 = A_0 \frac{T_0}{T}, \quad B_1 = A_1 V_i = B_0 \frac{T_0}{T}$$

式中，T_0 为标准状态下的气体温度，A_0 及 B_0 为 $T=T_0$ 时的 A 及 B 值。

这时式（2-25）应修正为

$$U_{\mathrm{b}} = \frac{B_0 pd\left(\frac{T_0}{T}\right)}{\ln\left[\frac{A_0 pd\left(\frac{T_0}{T}\right)}{\ln\frac{1}{\gamma}}\right]} = f_2\left(\frac{pd}{T}\right) \tag{2-26}$$

9）汤森放电理论的缺陷及适用范围

汤森气体放电理论较客观地揭示了均匀电场气体击穿过程，但是它也有一些现象解释不清。

（1）放电外形。

根据汤森理论的描述，气体放电应在整个间隙中均匀连续地发展，即放电区域占据两个电极之间的空间。实际情况是，在 pd 比较小时放电区域确实占据了两个电极空间，如辉光放电；但是在 pd 较大时放电区域却变成了带有分枝的明亮的细的通道。

（2）放电时间。

根据汤森理论的描述，间隙完成击穿需要好几次循环，即电子的碰撞电离形成电子崩，电子崩中正离子到达阴极产生二次电子，这些电子又重新形成更多的电子崩。由正离子的迁移率可以计算出完成击穿所需的时间，即所谓放电时间。这样计算得到的放电时间在 pd 较小时和实际的放电时间比较一致，而在 pd 较大时比实际的放电时间大得多。

（3）阴极材料。

根据汤森理论，阴极材料的性质在击穿过程中应起一定作用。实验表明，在 pd 较小时阴极材料对击穿电压有一定影响，但在 pd 较大时却和阴极材料无关。

之所以汤森气体放电理论有这些现象解释不清，其根本原因是汤森气体放电理论没有考虑空间电荷对电场的畸变，也没有考虑空间光电离。由于汤森气体放电理论有一些现象解释不清，这样就激发了人们对均匀电场气体击穿过程的进一步研究，于是在 20 世纪 40 年代，在大量实验研究的基础上，针对 pd 比较大的情况下建立了流注气体放电理论。

2.4.2 流注气体放电理论

流注气体放电理论认为：电离方式主要有两种，一是电子的碰撞电离，二是空间

光电离；均匀电场气体击穿的必要条件是流注的形成。流注气体放电理论还强调要充分注意空间电荷对电场的畸变。

1. 电子的碰撞电离

在电场作用下电子在奔向阳极的过程中不断地引起碰撞电离，形成电子崩并不断向前发展。由于电子的迁移速度比正离子的迁移速度大两个数量级，因此在电子崩发展过程中，正离子相对于电子可以看成是静止的。又由于电子的扩散作用，电子崩在其发展过程中横向半径逐渐增大。这样，电子崩的崩头集中着大量的电子，崩尾集中着大量的正离子，其外形是一个球头锥体，如图 2-7（a）所示。

如前所述，随着电子崩的发展，电子崩中的电子数 n 按 $n=e^{\alpha x}$ 呈指数规律增加。例如，在正常大气状态下，若 $E=30\text{kV/cm}$，则 $\alpha\approx 11\text{cm}^{-1}$，这时可以算得随着电子崩向阳极推进，崩头中的电子数，如表 2-4 所示。由此可见，当 $x=1\text{cm}$ 时，差不多电子的 60%是在电子崩发展途径上的最后 1mm 内产生的。

所以，电子崩的电离主要集中于头部，空间电荷的分布也是极不均匀的，如图 2-7（b）所示。这样，在电子崩的发展过程中，其空间电荷产生的电场将畸变原来的均匀电场，使两个电极之间的合成电场被畸变成非均匀电场。其畸变结果如图 2-7（c）、（d）所示。

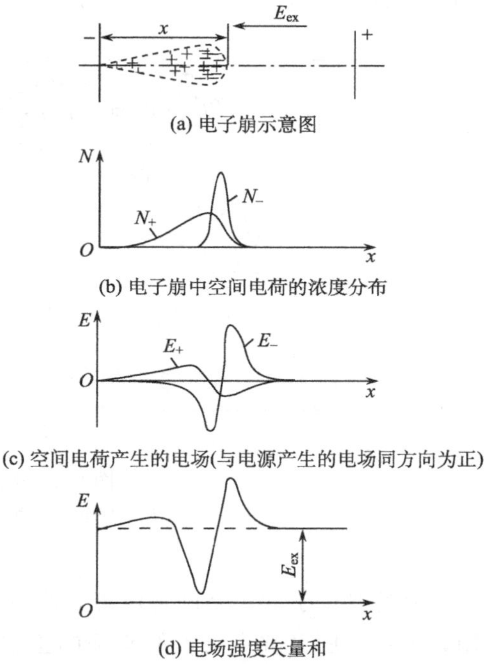

图 2-7　均匀电场气体电子崩空间电荷及对电场的畸变

从图 2-7（d）可以看出，电场最弱的地方正好是电子崩中正负电荷相接触的地方。因此在该区域将发生激烈的复合，复合过程将放出光子而形成空间光电离。这样，当外加电场很强时，即达到了击穿场强时，将形成流注并不断向前发展导致击穿。

表 2-4　电子崩中的电子数

x/cm	0.2	0.3	0.4	0.5	0.6	0.7	0.8	0.9	1.0
n	9	27	81	245	735	2208	6634	19930	59874

2. 流注的形成

施加在气体间隙上的电场强度不同，流注的发展方向也不同。如果流注从阳极向阴极发展，定义为正流注；如果流注从阴极向阳极发展，定义为负流注。

1）正流注的形成

正流注的形成的条件是：施加在气体间隙上的电压正好等于该气体间隙的击穿电压，即电子崩从阴极发展到阳极时开始出现流注。正流注的形成过程如图 2-8 所示。

电子崩的发展过程如图 2-8（a）所示，当电子崩走完整个间隙后，电场最弱的地方，也就是电子崩中正负电荷相接触的地方由于复合向外放出大量的光子，如图 2-8（b）所示。

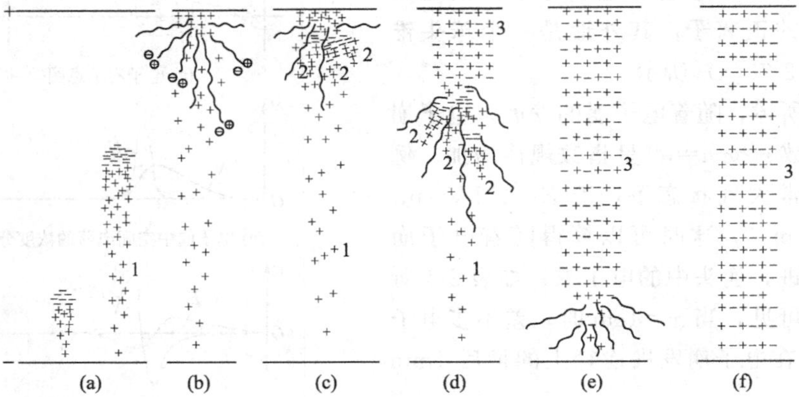

图 2-8　正流注的产生与发展

1-起始电子崩（主电子崩）；2-二次电子崩；3-流注

这些光子引起了空间光电离，产生光电子，该光电子一方面受电源产生的电场作用，另一方面又被主电子崩头部的正空间电荷所吸引，其运动方向如图 2-8（c）所示。该光电子在运动过程中又不断地发生碰撞电离形成新的电子崩，称为二次电子崩，如图 2-8（c）所示。

二次电子崩向主电子崩汇合，其头部的电子进入主电子崩头部的正空间电荷区（主电子崩的电子这时已大部分进入阳极），由于这里电场强度较小，所以电子大多被吸附成负离子，同时放出光子。大量的正、负离子构成了等离子体，如图 2-8（d）所示。

放出的光子又引起了空间光电离，产生光电子，又形成二次电子崩，二次电子崩向主电子崩汇合，同样又出现了等离子体，这样等离子体的范围逐渐扩大，如图 2-8（e)所示。能够自动地从一个电极向另一个电极发展的等离子体叫流注，这样就形成了正流注。

流注不断从阳极向阴极推进，且随着流注向阴极的接近，其头部电场越来越强，因而其发展也越来越快。当流注发展到阴极后，整个间隙就被导电能力很好的等离子体通道所贯通，于是间隙的击穿完成了，如图 2-8（f）所示。该流注从阳极向阴极发展，故被称作正流注。

实际测得正流注的发展速度约 $1\times10^8\sim2\times10^8$cm/s，比同样条件下的电子崩约 1.25×10^7cm/s 的发展速度快一个数量级。

2）负流注的形成

负流注的形成的条件是施加在气体间隙上的电压大于该气体间隙的击穿电压，即电子崩还没有发展到阳极时就开始出现流注。其形成过程如图 2-9 所示。

因为施加在气体间隙上的电压大于该气体间隙的击穿电压，则电子崩不需经过整个间隙，其头部电离程度已足以形成流注，该流注由阴极向阳极发展。在负流注的发展过程中，由于电子的运动受到电子崩留下的正电荷的牵制，所以其发展速度较正流注的要小。当流注贯通整个间隙后，击穿就完成了。

实际测得负流注的发展速度约 $0.74\times10^8\sim0.8\times10^8$cm/s，比正流注的发展速度稍低，但也比电子崩快得多。

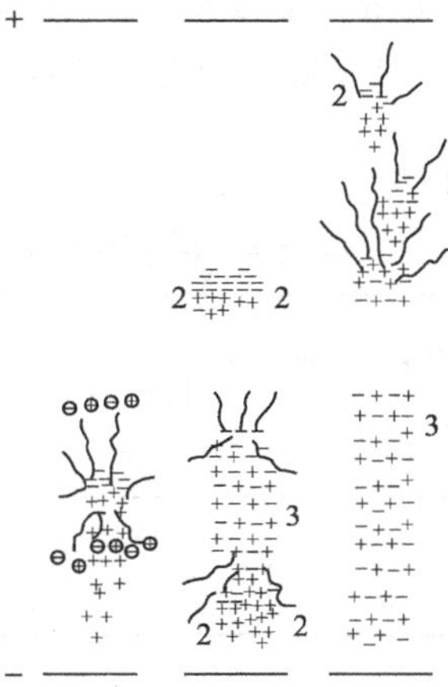

图 2-9　负流注的产生与发展

1-起始电子崩（主电子崩）；

2-二次电子崩；3-流注

3. 均匀电场中的自持放电条件

一旦形成流注，放电本身就可以由自身产生的空间光电离自行维持，即转入自持放电阶段。对于均匀电场这就意味着间隙被击穿，所以均匀电场中流注的形成条件就是自持放电条件，也就是间隙击穿条件。

从流注的形成可以看出，只有电子崩里的电荷达到一定的数量，电场畸变达到一定程度，并造成足够的空间光电离才可能转入流注。

这就是说，流注的形成直接取决于电子崩头部的电荷数量，而电子崩头部的电荷数量又主要取决于电子崩中全部电荷的数量，即 $e^{\alpha d}$，所以均匀电场中的自持放电条件可写为

$$e^{\alpha d}=\text{某常数} \tag{2-27}$$

将此常数记作$\dfrac{1}{\gamma}$，即

$$e^{\alpha d}=\frac{1}{\gamma} \tag{2-28}$$

或

$$\alpha d=\ln\frac{1}{\gamma} \tag{2-29}$$

把这个常数写成 $1/\gamma$ 的目的完全是为了与汤森气体放电理论的自持放电条件表达式形式一致。这种形式上的一致并非是偶然的，因为不论 pd 值为多少，在击穿过程

中电子碰撞电离总是起着关键作用。也就是说，之所以将两个不同意义的参数写成一个符号 γ，是因为不论 pd 有多大，电子碰撞电离总是起关键作用。这样，在广阔的 pd 范围内，尽管放电过程有了变化，击穿电压却仍然符合巴申定律。

表 2-5 中列举了选择不同的 γ 值求得的击穿电压的计算值和实测值（平板空气间隙，间隙距离 $d=1\text{cm}$、2cm、3cm 三种，标准参考大气状态。计算时取 $A=6460\text{cm}^{-1}$ 及 $B=1.9\times10^5\text{V/cm}$）。从表 2-5 中可知，选择 $\ln\gamma^{-1}=20$，计算值与实验值比较一致。于是自持放电条件可写成

$$\alpha d=\ln\gamma^{-1}=20 \tag{2-30}$$

表 2-5　标准参考大气状态（$p=0.1013\text{MPa}$，$t=20℃$）下均匀电场中击穿电压

间隙距离/cm	击穿电压计算值/kV				击穿电压测量值/kV	击穿场强/(kV/cm)
	$\ln\gamma^{-1}$	$\ln\gamma^{-1}$	$\ln\gamma^{-1}$	$\ln\gamma^{-1}$		
1	29.5	31.3	32.8	34.2	31.35	31.35
2	53	56	58.5	61	58.7	29.35
3	75	79.5	83	86	85.5	28.6

也就是电子崩中的电子数达到某个很大的数值 $e^{\alpha d}>10^8$（$e^{20}=4.85\times10^8$），放电过程将由于空间光电离而发生质变，转入自持放电过程。

在汤森放电过程中，铜电极时 $\gamma\approx0.025$，$\alpha d=\ln\gamma^{-1}$，$e^{\alpha d}=40$，即几十个电子即可自持放电。而在 pd 较大时，却要 $\alpha d=20$，$e^{\alpha d}$ 达 10^8 个电子方可自持放电，此时 $\gamma=2\times10^{-9}$，可见两处数值相差甚远。

4. *一些放电现象的解释*

1）放电外形

如果 pd 比较小，则或者 p 较小，或者 d 较小，或者 p 与 d 均较小。p 较小时电子崩里的电荷密度低，d 较小时电子崩短，其共同特点是电子崩中的电荷数量少。这样从阴极出发的 n_0 个电子崩均能走完全程，故汤森放电的放电区域占据两个电极之间的空间。

如果 pd 比较大，则或者 p 较大，或者 d 较大，或者 p 与 d 均较大。p 较大时电子崩里的电荷密度高，d 较大时电子崩长，其共同特点是电子崩中的电荷数量多。这样从阴极出发的 n_0 个电子崩不是都能走完全程，个别发展快的屏蔽了其他发展慢的，也就是说最后只有一个电子崩能够继续向前发展。这样，放电区域将是带有分枝的明亮的细的通道，其分枝应该是二次崩。

2）放电时间

光子以光速传播，所以流注发展速度极快，这可以说明 pd 很大时放电时间特别短。

3）阴极材料的影响

根据流注理论，维持放电自持的是空间光电离，而不是阴极表面的电离过程，这就说明为什么当 pd 较大时，击穿电压和阴极材料基本无关；而当 pd 较小时，第二个电离过程是正离子引起阴极表面电离，故击穿电压和阴极材料有关。

2.5 不均匀电场中气体击穿过程

在高电压工程中应用的气体绝缘间隙，大多数都是不均匀电场。因此研究不均匀电场气体击穿及其发展过程更具有实际意义。实际应用的不均匀电场气体间隙根据其不均匀程度可分为稍不均匀电场和极不均匀电场，两种不均匀电场的击穿机理和绝缘强度不同。

2.5.1 电场均匀程度划分

稍不均匀电场和极不均匀电场没有统一的划分标准，划分它们也比较困难。工程上一般用电场不均匀程度划分。

电场的不均匀程度一般可用电场不均匀系数 f 来描述

$$f = E_{\max}/E_{\mathrm{av}} \tag{2-31}$$

式中，$E_{\max}$为电场中最大电场强度；E_{av}为平均电场强度。

即

$$E_{\mathrm{av}} = U/d \tag{2-32}$$

式中，U 为间隙上施加的电压；d 为电极间最短的绝缘距离。

均匀电场，$f=1$；稍不均匀电场，$f<2$；极不均匀电场，$f>4$。应该指出的是，用电场不均匀系数只是大致划分稍不均匀电场和极不均匀电场。

例如，对内外电极半径分别是 r 和 R 的同轴圆柱电极，电极间半径为 x 的任一点场强的解析式为

$$E(x) = \frac{U}{x\ln(R/r)} \tag{2-33}$$

则

$$E_{\max} = \frac{U}{r\ln(R/r)}$$

$$E_{\mathrm{av}} = \frac{U}{R-r} \tag{2-34}$$

于是

$$f = \frac{R-r}{r\ln(R/r)} = \frac{R/r-1}{\ln(R/r)} \tag{2-35}$$

当 $R/r<3.5$ 时，$f<2$，可以看作是稍不均匀场；而当 $R/r>10$ 时，$f>4$，可以

看作是极不均匀场。

对于其他结构，E_{av} 容易获得，然后可以用各种办法得到 E_{max} 和 f。用电场不均匀系数 $f<2$ 与 $f>4$ 划分电场不均匀程度，其原因在于 $f<2$ 与 $f>4$ 的放电现象与过程不同。

2.5.2 稍不均匀电场中气体击穿

稍不均匀电场意味着电场不是很不均匀，强场区电子电离系数达到足够数值时，间隙中大部分区域的电场也达到了足够高的场强，起始电子崩在强场区发展起来，经过一部分间隙距离后形成流注。流注一经产生，随即发展至贯通整个间隙，导致完全击穿。

在高电压工程中常用的球球间隙、同轴圆柱间隙等在间隙距离不太大时均属于稍不均匀电场。稍不均匀电场间隙的击穿特点和均匀电场相似，气隙实现自持放电的条件就是气隙的击穿条件。也就是说，稍不均匀电场直到击穿为止不发生明显的电晕放电，击穿电压的分散性也不大，这些和均匀电场击穿特点相似。但是，由于电场不均匀，因此稍不均匀电场的平均击穿场强比均匀电场稍低一些。

2.5.3 极不均匀电场中的电晕放电

1. 电晕放电现象

在极不均匀场中，当电压高到一定程度后，在气体间隙完全被击穿之前，大曲率电极附近（强场区）会有薄薄的发光层，有点像“月晕”。说明在这个区域已经发生了气体放电，这种放电现象称为电晕放电。

电晕放电现象仅发生在极不均匀场中。因为极不均匀电场的强场区，也就是大曲率电极附近很小的区域内场强足够高，容易达到气体放电的条件，而其他弱场区还处于良好的绝缘状态。因此，电晕放电在强场区发生。

电晕放电是极不均匀电场特有的一种自持放电形式。开始爆发电晕时的电压称为电晕起始电压 U_c，而此时的场强称为电晕起始场强 E_c。

根据电晕层中放电过程的特点，电晕放电可分为两种形式，即电子崩形式和流注形式。当起晕电极的曲率很大时，电晕层很薄，且比较均匀，放电电流比较稳定，自持放电采取汤森放电形式，即出现电子崩式的电晕。随着电压升高，电晕层不断扩大，个别电子崩形成流注，出现放电的脉冲现象，开始转入流注形式的电晕放电。若电极曲率半径加大，则电晕一开始就很强烈，一出现就形成流注形式。电压进一步升高，个别流注强烈发展，出现刷状放电，放电的脉冲现象更加强烈，最后可贯通间隙，导致间隙完全击穿。冲击电压下，电压上升极快，来不及出现分散的大量的电子崩，因此电晕从一开始就具有流注的形式。爆发电晕时能听到声音，看见发光，嗅到臭氧味，能测到电流。

2. 电晕放电的起始电压与起始场强

电晕放电属于极不均匀场的自持放电，理论上可由 $\gamma\exp\left(\int\alpha \mathrm{d}x\right)=1$ 来计算电晕起始电压 U_c，但计算十分复杂且结果并不准确，所以实际上 U_c 是由实验总结出的经验公式来计算。电晕的产生主要取决于电极表面的场强。

例如，对于输电线路导体，在标准大气状态下，电晕起始场强 E_c（交流时指幅值，单位为 kV/cm）的经验公式为

$$E_c=30\left(1+\frac{0.3}{\sqrt{r}}\right) \tag{2-36}$$

式中，r 为导线半径（cm）。

在非标准大气状态下，要对电晕起始场强 E_c 的经验公式进行修正，即

$$E_c=30\delta\left(1+\frac{0.3}{\sqrt{r\delta}}\right) \tag{2-37}$$

式中，δ 为气体相对密度。

实际的导线并不是绝对光滑的，因此当导线表面粗糙时，要对式（2-37）进行修正，即

$$E_c=30\delta m\left(1+\frac{0.3}{\sqrt{r\delta}}\right) \tag{2-38}$$

式中，m 为导线表面粗糙系数，理想光滑导线 $m=1$，绞线 $m=0.8\sim0.9$。

3. 电晕放电的危害及利用

在高电压工程上极不均匀电场应用广泛，架空输电线就是一个实际应用的例子。在雨、雪、雾等恶劣天气下，在高压输电线附近常常可以听到电晕的嗞嗞声，夜晚还可以看到导线周围有紫色晕光。一些高压设备上也会出现电晕放电，电晕放电会带来许多不利影响或危害。气体放电过程中的光、声、热等效应以及化学反应等都引起能量损失；电晕放电过程中的脉冲现象会产生高频电磁波，引起电磁干扰；电晕放电还能使空气发生化学反应，产生臭氧及氧化氮等，会加重对导体腐蚀作用。所以，应力求避免或限制电晕放电。例如，在建设超高压输电线路时，由导线电晕造成的能量损失及电磁波干扰就是必须考虑的问题。最有效消除电晕的方法是改进电极的形状，增大电极的曲率半径。例如，采用扩径导线，以减小电极表面场强。在某些载流量不大的场合，可采用空心薄壳、扩大尺寸的球面或旋转椭圆面等形式的电极。

在某些特殊情况下，电晕的某些效应也有可以利用的一面。例如，电晕放电可以削弱输电线上的冲击波幅值，降低陡度；也可利用电晕放电制造臭氧发生器、电除尘器等；特殊情况下还可以利用电晕放电来改善电场分布。

2.5.4 极不均匀电场中气体击穿及极性效应

在极不均匀电场中，放电总是从曲率半径较小的电极表面开始，因为这个地方电

场最强。极性不同，电晕起始电压 U_c 和击穿电压 U_b 都不同，这就是极性效应。曲率半径较小的电极接电源正极为正极性，反之为负极性。极性效应产生的原因是不同极性放电过程中产生的空间电荷对电场的畸变结果不同。下面结合极不均匀电场中气体击穿过程的讲述同时讲述极性效应。

1. 电子的碰撞电离过程

1）正极性

间隙中出现的电子向棒电极运动，进入强电场区后将发生电子的碰撞电离而形成电子崩，如图 2-10（a)所示。当电子崩达到棒电极后，其中的电子进入棒电极（阳极），而正离子相对电子缓慢地向板电极（阴极）移动。于是在棒极附近，积聚起正空间电荷，如图 2-10（b）所示，从而减弱了紧贴棒极附近的电场，而略微加强了正电荷区外部空间的电场，如图 2-10（c）中曲线 2 所示，曲线 1 为外电场的分布。这样，棒电极附近的电场被削弱，难以形成稳定的电晕放电；但是，由于空间电荷加强了正电荷区外部空间的电场，因此若发生了稳定的电晕放电容易发展成为击穿。也就是说，对于正极性，由于空间电荷使电场发生畸变，使之电晕起始电压较高，但击穿电压较低。

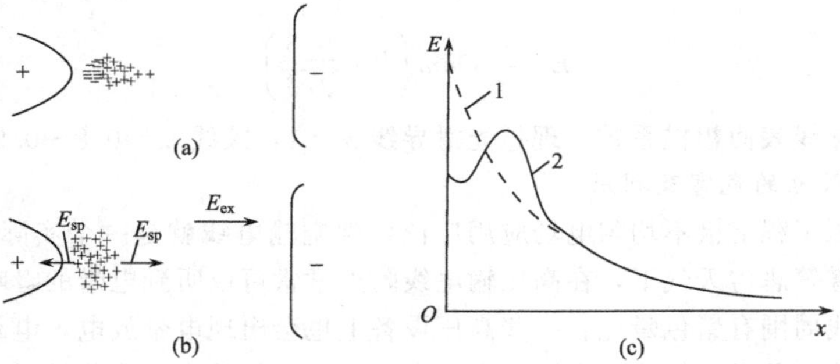

图 2-10　正极性时电子的碰撞电离阶段空间电荷对外电场的畸变情况示意图

E_{ex}-外电场；E_{sp}-空间电荷电场

2）负极性

阴极表面产生的电子沿电场方向运动发生电子的碰撞电离形成电子崩，如图 2-11（a)所示。当电子崩中的电子离开强场区后，电子就不再能引起碰撞电离，而以越来越慢的速度向阳极运动，一部分电子直接消失于阳极，一部分可能发生了复合，其余的被吸附形成负离子；电子崩中的正离子逐渐向棒极（阴极）运动而消失于棒极，但是由于其运动速度较慢，所以在棒极附近总是存在着正空间电荷。结果在棒极附近出现了比较集中的正空间电荷，而在其后则是非常分散的负空间电荷，如图 2-11（b）所示。负空间电荷由于浓度小，对外电场的影响不大，而正空间电荷将使电场发生畸变，如图 2-11（c）中曲线 2 所示，曲线 1

为外电场分布。从图 2-11（c）中可以看出，棒极附近的电场得到增强，易于形成稳定的电晕放电，但是不容易向前发展形成击穿，因为棒极前端电场被空间电荷削弱了。也就是说，对于负极性，由于空间电荷使电场发生畸变，使之电晕起始电压较低，但击穿电压较高。

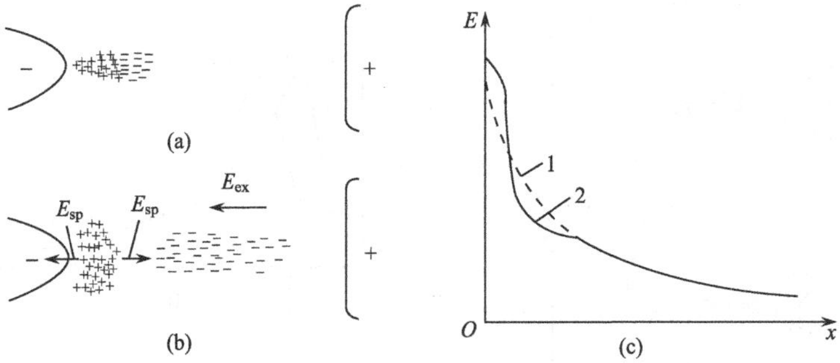

图 2-11　负极性时电子的碰撞电离阶段空间电荷对外电场的畸变情况示意图

E_{ex}-外电场；E_{sp}-空间电荷电场

实验结果和前面分析的一样，极不均匀电场非对称分布时，即棒-板间隙，正极性时电晕起始电压比负极性时高，击穿电压比负极性时低，即 $U_{c+}>U_{c-}$，$U_{b+}<U_{b-}$。

对于稍不均匀电场，由于没有稳定的电晕放电过程，电晕的起始电压就是间隙击穿电压。因此，在稍不均匀场中，正极性时间隙的击穿电压比负极性时略高。

2. 流注形成阶段

1）正极性

由于电子的碰撞电离阶段产生的空间电荷减弱了紧贴棒极附近的电场，而略为加强了正电荷区外部空间的电场。因此若电压足够高，则棒电极附近形成流注，且流注等离子体前方具有正电荷，如图 2-12（a）所示。这样，等离子体和正电荷区电场被削弱，而加强了其头部电场，如图 2-12（d）曲线 2 所示，曲线 1 为外电场的分布。正电荷前方电场得到加强，使得前方电场易于产生新的电子崩，其电子被吸引入正电荷区内，加强并延长了流注通道，其尾部的正离子则构成了流注头部的正电荷区，如图 2-12（c）所示。流注及其头部的正电荷使强电场区更向前移动，如图2-12（d）中曲线 3 所示，其结果就好像将棒极向前延伸长了似的（当然应考虑到通道中的压降），于是促进了流注通道的进一步发展，流注通道的头部逐渐向阴极推进。

2）负极性

虽然在棒极附近容易形成流注，产生电晕，但此后流注向前发展却困难得多。电压达到电晕起始电压后，紧贴棒电极的强电场使得同时产生了大量的电子崩，汇入围绕棒极的正空间电荷区。由于同时产生了许多电子崩，造成了扩散状分布的等

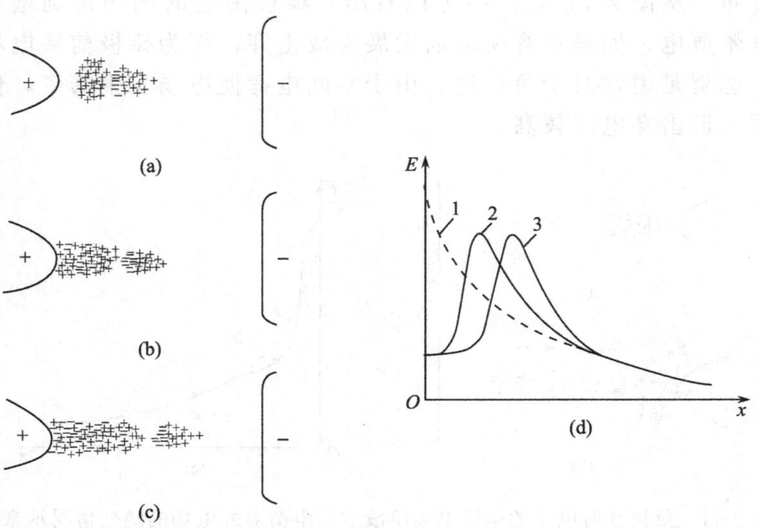

图 2-12　正极性时流注的形成与发展示意图

离子体层，如图 2-13（a）、（b）所示。基于同样的原因，负极性下非自持放电造成的正空间电荷也比较分散，这也有助于形成扩散状分布的等离子体层。这样的等离子体层起着类似增大了棒电极曲率半径的作用，因此将使前沿电场受到削弱，如图 2-13（d）中的曲线 2 所示，曲线 1 为外电场分布。继续升高电压时，在相当一段电压范围内，电离只是在棒极和等离子体层外沿之间的空间内发展，使得等离子体层逐渐扩大和向前延伸一些。直到电压很高，使得等离子体层前方电场足够强后，这里才又将形成电子崩。电子崩中的正电荷使得等离子体层前沿的电场又进一

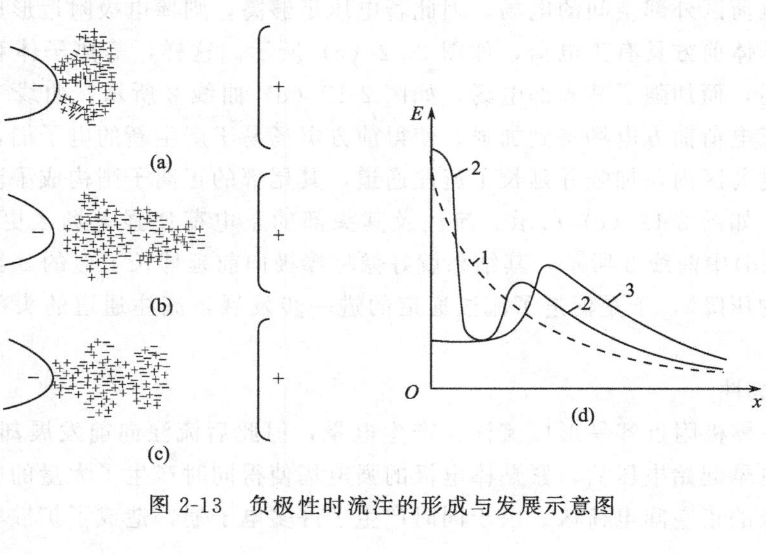

图 2-13　负极性时流注的形成与发展示意图

步加强，形成了大量的二次电子崩。它们汇集起来后使得等离子体层向阳极推进，如图 2-13（c）所示。由于同时形成了许多电子崩，通道头部也是比较呈扩散状的，通道前方电场被加强的程度也比正极性下要弱得多，如图 2-13（d）中曲线 3 所示。

3. 先导放电阶段

间隙距离较长时（如棒板间隙距离大于 1m），当流注通道发展到足够长度后，将有较多的电子循通道流向电极，通过通道根部的电子数最多，于是流注根部温度升高，出现了热电离过程。这个具有热电离过程的通道称为先导通道。

图 2-14 所示为正先导的形成过程。正流注通道中的电子被阳极吸引，当电子的浓度足够高时，将产生足够大的电流，流注通道中将出现热电离。热电离引起了通道中带电质点浓度的进一步增大，即引起了电导的形成和放电电流的继续加大。于是，流注通道变成了具有高导电能力的等离子体通道——先导通道 mk，这时在先导通道 mk 的头部又产生了新的流注 nm，于是先导不断向前推进。

先导具有高电导，相当于从电极伸出的导电棒，它保证在其端部有高的场强，因此就容易形成新的流注。在长空气间隙中，由于击穿过程有先导阶段，使击穿电压出现饱和性，故平均击穿场强 E_b 在 1～2kV/cm 之间，间隙越长，平均击穿场强 E_b 越小。

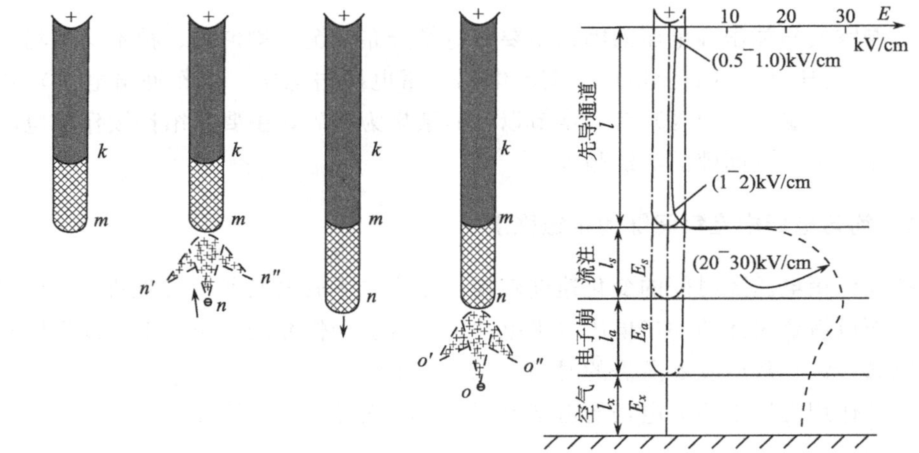

(a) 先导和其头部流注km　(b) 流注头部电子崩的形成　(c) mk由流注转变为先导和形成流注nm　(d) 流注头部电子崩的形成　(e) 沿着先导和空气间隙电场强度的分布

图 2-14　正极性间隙中先导的发展

先导通道中的电荷浓度可达 10^{18} 个/cm^3，先导电流可达几百安培。

负先导的发生类似，只不过这时电子流动的方向是从电极到流注头部，这给先导的推进带来困难。因此，间隙的击穿要在更高的电压下才能发生。

当先导推进到间隙深处时，其端部会出现许多流注，其中的任何一个都可能成为先导继续发展的方向。通道电离越强的流注，越可能成为先导发展的方向，但是和流注本身的发展一样，其方向具有偶然性。这就说明了长间隙放电，例如雷电放电的路径具有分支的特点。

4. 主放电阶段

当先导接近相对电极时，主放电过程就开始了。不论是正先导还是负先导，当通道头部发展到接近对面电极时，在剩余的这一小段间隙中场强剧增，会有十分强烈的放电过程，这个过程将沿着先导通道以一定速度向反方向扩展到棒极，同时中和先导通道中多余的空间电荷，这个过程称为主放电过程。主放电过程使贯穿两极间的通道最终改造成为温度很高的、电导很大的、轴向场强很小的等离子体火花通道（若电源功率足够大，则转为电弧通道），从而使间隙完全失去了绝缘性能，气隙的击穿就完成了。主放电阶段的放电发展速度很快，可达 10^9 cm/s。

长间隙击穿过程大致可分为电子的碰撞电离阶段、流注形成发展阶段、先导放电阶段和主放电四个阶段。对于短间隙，没有先导放电阶段。

2.6 持续作用电压下空气间隙的绝缘强度

影响空气间隙击穿电压的因素主要有电场分布情况（均匀场、稍不均匀场、极不均匀场）、电压种类（直流电压、交流电压、雷电冲击电压、操作冲击电压）和大气状态（气压、温度、湿度）等。本节以实验结果为基础，主要介绍持续作用电压（直流或工频）下空气间隙的绝缘强度。

2.6.1 均匀电场中空气间隙的绝缘强度

持续作用电压随时间的变化速度较慢，相比之下放电发展所需要的时间可以忽略不计。而以后要讲述的冲击电压（雷电冲击电压、操作冲击电压）则持续作用时间极短，以微秒计，放电发展所需的时间不能忽略不计。

持续作用电压下均匀电场的击穿电压可用下面经验公式计算

$$U_b = 24.22\delta d + 6.08\sqrt{\delta d} \tag{2-39}$$

式中，U_b 为间隙击穿电压（峰值）（kV）；d 为间隙距离（cm）；δ 为空气相对密度。

均匀电场击穿的特点是击穿前无电晕，无极性效应，直流或交流（幅值）电压下的击穿电压相同，均可用式（2-39）计算。

图 2-15 给出了间隙距离 10cm 以内均匀电场击穿电压的实测结果。从图 2-15 中可见，当间隙距离不太小时（$d>1$cm），均匀电场中空气的电气强度（击穿场强）大致等于 30kV/cm（交流指幅值）；而间隙距离较大时，电场将不再均匀，这时应该是稍不均匀电场。

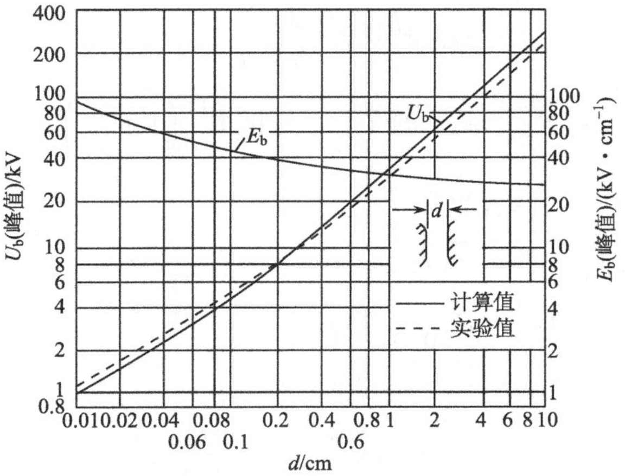

图 2-15　均匀电场中空气间隙击穿电压 U_b 及击穿场强 E_b 和间隙距离 d 的关系

2.6.2　稍不均匀电场中空气间隙的绝缘强度

稍不均匀电场击穿的特点是击穿前有电晕，但是不明显。由于有电晕放电过程，因此具有极性的影响，但是极性效应不很明显，即 $U_{b+}>U_{b-}$，但相差不大。这样，稍不均匀电场的击穿电压与电场均匀程度 f 关系极大，因而既没有能够概括各种电极结构的统一的经验公式，也没有适用于各种电极形状的统一实验数据。通常是用一些典型电极结构做出一批实验数据，虽然实际的电极结构可能要复杂得多，但是只能从典型电极中选取类似的结构进行估算。

稍不均匀电场的击穿电压通常可以根据起始场强经验公式进行估算，从

$$f = E_{max}/E_{av}, \quad E_{av} = U/d$$

可得

$$U = E_{max} \cdot d/f \tag{2-40}$$

电场不均匀系数 f 取决于电极形状及布置，可用静电场计算的方法或电解槽实验的方法求得。图 2.16 给出了几种典型电极结构下的电场不均匀系数。

如前述，对于稍不均匀场，当 E_{max} 达到临界场强 $E_0(E_c)$ 时，U 达到击穿电压 U_b，从而

$$U_b = E_0 \cdot d/f \tag{2-41}$$

对于图 2-16 中的几种电极结构，其电晕起始场强 E_c、电极表面最大场强 E_{max}、电场不均匀系数 f 及电晕起始电压 U_c 的经验计算公式如下。

球-板电极

$$E_c = 27.7\delta\left(1+\frac{0.337}{\sqrt{r\delta}}\right) \tag{2-42}$$

$$E_{max} = 0.9U\frac{r+d}{rd} = 0.9\frac{U}{d}\left(1+\frac{d}{r}\right) \tag{2-43}$$

$$f = \frac{0.9}{1+\dfrac{d}{r}} \tag{2-44}$$

$$U_c = E_c\frac{dr}{0.9(d+r)} \tag{2-45}$$

柱-板电极

$$E_c = 30.3\delta\left(1+\frac{0.298}{\sqrt{r\delta}}\right) \tag{2-46}$$

$$E_{max} = \frac{0.9U}{r\ln\left(\dfrac{d+r}{r}\right)} \tag{2-47}$$

$$f = \frac{0.9d}{r\ln\left(\dfrac{d+r}{r}\right)} \tag{2-48}$$

$$U_c = E_c\frac{r\ln\left(\dfrac{d+r}{r}\right)}{0.9} \tag{2-49}$$

平行圆柱电极

$$E_c = 30.3\delta\left(1+\frac{0.298}{\sqrt{r\delta}}\right) \tag{2-50}$$

$$E_{max} = \frac{0.9U}{2r\ln\left(\dfrac{d+2r}{2r}\right)} \tag{2-51}$$

$$f = \frac{0.9d}{2r\ln\left(\dfrac{d+2r}{2r}\right)} \tag{2-52}$$

$$U_c = E_c\frac{2r\ln\left(\dfrac{d+2r}{2r}\right)}{0.9} \tag{2-53}$$

同轴圆柱电极

$$E_c = 31.5\delta\left(1+\frac{0.305}{\sqrt{rd}}\right) \tag{2-54}$$

$$E_{max} = \frac{U}{r\ln\left(\dfrac{R}{r}\right)} \tag{2-55}$$

$$f=\frac{R-r}{r\ln\left(\frac{R}{r}\right)} \tag{2-56}$$

$$U_c=E_c r\ln(\frac{R}{r}) \tag{2-57}$$

同心球电极

$$E_c=24\delta\left(1+\frac{1}{\sqrt{rd}}\right) \tag{2-58}$$

$$E_{max}=\frac{R-U}{r(R-r)} \tag{2-59}$$

$$f=\frac{R}{r} \tag{2-60}$$

$$U_c=E_c\frac{(R-r)r}{R} \tag{2-61}$$

球-球电极

$$E_c=27.7\delta\left(1+\frac{0.337}{\sqrt{rd}}\right) \tag{2-62}$$

$$E_{max}=0.9\frac{U}{d}\left(1+\frac{d}{2r}\right) \tag{2-63}$$

$$f=0.9\left(1+\frac{d}{2r}\right) \tag{2-64}$$

$$U_c=E_c\frac{d}{0.9\left(1+\frac{d}{2r}\right)} \tag{2-65}$$

在式(2-42)～式(2-65)中，E_c、E_{max}的单位为kV/cm（交流时指峰值）；U_c的单位为kV（交流时指峰值）；r、R、d的含义如图2-16所示，其单位均为cm。

对于不易求E_c的稍不均匀场电极结构，在进行击穿电压大致估算时也可以近似地用E_c=30kV/cm，这时间隙击穿电压U_b为

$$U_b=30d/f \tag{2-66}$$

对稍不均匀电场间隙的击穿电压估算，也可以根据实际的电极结构选取类似的典型电极，然后查典型电极结构击穿电压的实验曲线。

对球-球、球-板、垂直圆柱、同轴圆柱等典型电极，一般都有击穿电压实验数据可供查取，也有典型电极结构的曲线可供查找。

2.6.3 极不均匀电场中空气间隙的绝缘强度

极不均匀电场结构在高电压工程中应用广泛，可以用棒-板和棒-棒作为典型电极

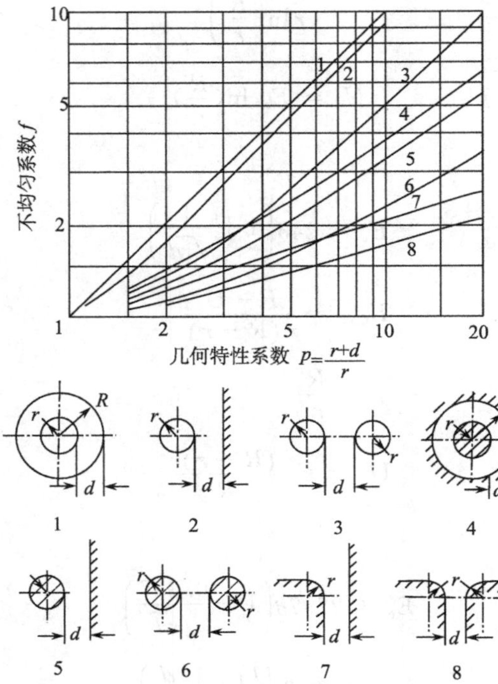

图 2-16　几种典型电极结构示意图及不均匀系数

1-同心球；2-球-平板；3-球-球；4-同轴圆柱；5-圆柱-平板；
6-圆柱-圆柱；7-曲面-平面；8-曲面-曲面

结构（或尖-板和尖-尖电极结构）来等效。这样，它们的击穿电压具有代表性，也就是说当工程上遇到各种极不均匀电场时，可以应用这些典型电极的击穿电压数据来做简单估算。如果电场分布对称，可参照棒-棒（或尖-尖）电极数据；如果电场分布不对称，则可参照棒-板（或尖-板）电极的数据。

1. 直流电压下的击穿电压

从图 2-17 与图 2-18 中可见，极不均匀电场中直流击穿电压的极性效应非常明显。同样间隙距离下，不同极性间，击穿电压相差一倍左右。而棒-棒电极的击穿电压介于棒-板电极两种极性的击穿电压之间，这是因为这种电场有两个强场区，同等间隙距离下，电场均匀程度较棒-板电极更好。

图 2-18 所示为较大间隙距离时的 U_b 曲线，可见此时空气间隙的电气强度约为：正极性，$E_b \approx 4.5\text{kV/cm}$；负极性，$E_b \approx 10\text{kV/cm}$。

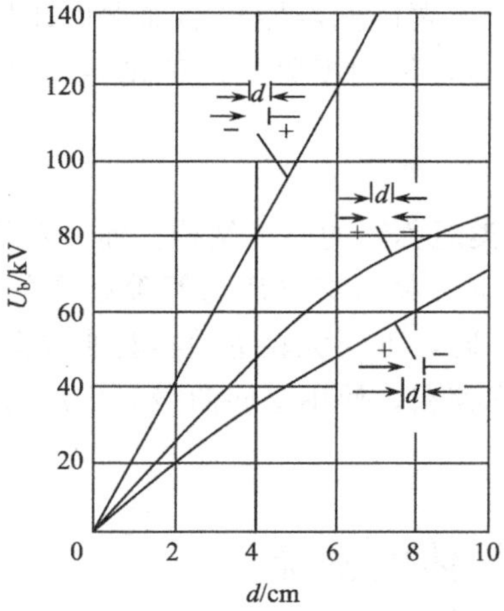

图 2-17　棒-板及棒-棒空气间隙的直流击穿电压和间隙距离的关系

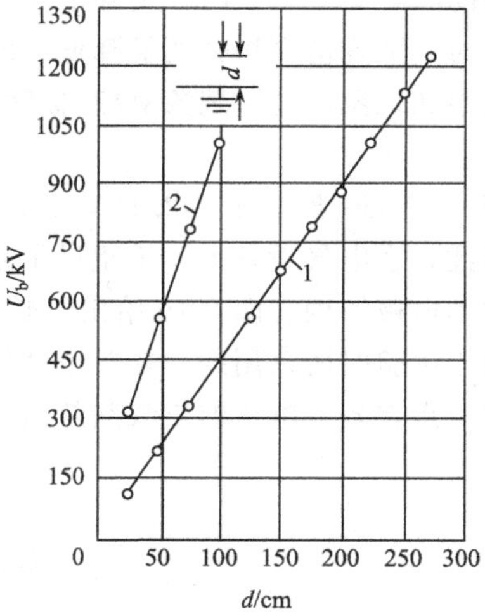

图 2-18　棒-板空气间隙的直流击穿电压和间隙距离的关系

1-正极性；2-负极性

2. 工频电压下的击穿电压

对于棒-板电极，逐渐升高工频电压，击穿电压都发生在正半周峰值附近，故击穿电压与直流的正极性相近。工频击穿电压的分散性不大，相对标准偏差 σ 一般不超过 2%。图 2-19 给出了棒-棒及棒-板间隙工频击穿电压与间隙距离的关系曲线。在 1m 左右的间隙距离下，击穿场强约为：棒-棒，$E_b \approx 5.66$kV/cm（峰值）；

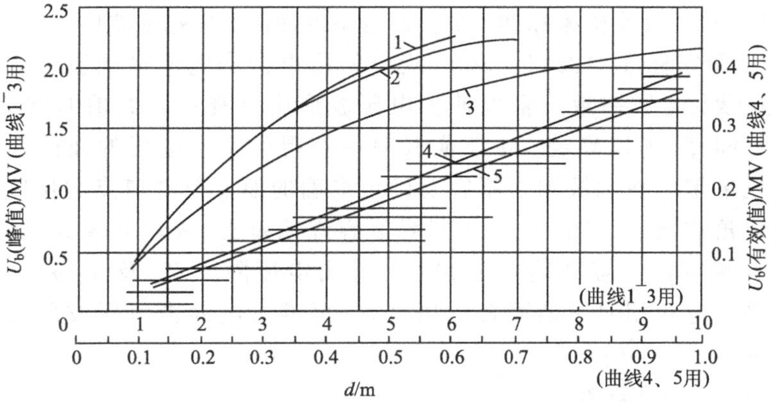

图 2-19　棒-棒及棒-板空气间隙工频击穿电压和间隙的关系

（棒-棒实验所用棒为 ϕ50mm 的钢管，加高压的上棒长 5m，接地下棒分别长 6m（曲线 1）及 3m（曲线 2）；棒-板实验所用棒为 10mm×10mm 细钢棒，板为 8mm×8mm 薄钢板）

1，2，4-棒-棒电极；3，5-棒-板电极棒-板，$E_b \approx 5.23$kV/cm（峰值）。

当间隙距离不太大时，击穿电压基本上与间隙距离呈线性上升的关系；当间隙距离很大时，平均击穿场强明显降低，即击穿电压不再随间隙距离的加大而线性增加，呈现出饱和现象，这一现象对棒-板间隙尤为明显，饱和现象是由于先导的出现而引起的。

当 $d=10$cm 时，$E_b \approx 2.1$kV/cm（峰值）。

因此，在电气设备上，希望尽量采用棒-棒类对称型的电极结构，而避免棒-板类不对称的电极结构。图 2-19 给出了长间隙距离下工频击穿电压与间隙距离的关系曲线。由于试验时所采用的“棒”或“板”不尽相同，不同实验室的实验曲线会有所不同。这一点在各种电压的空气间隙击穿特性中都存在，使用这些曲线时应注意其试验条件。

2.7 冲击电压下气体的击穿

2.7.1 冲击电压种类、参数及标准波形

1. 雷电冲击电压及波形

雷电是一种气体放电现象，其产生的雷电流具有冲击波的特点，即迅速上升，平缓下降。雷电压是由雷电流产生的，因此也具有冲击特性，也是一个冲击波，称为雷电冲击电压或雷电过电压。

为了模拟雷电放电引起的过电压，在实验室中常用冲击电压发生装置产生冲击电压。实际的雷电冲击电压参数分散性很大，为使试验结果可以互相比较，需要规定标准冲击电压波形。标准波形是根据电力系统中实测到的由雷电产生的电压波形制定的。由国际电工委员会或国家标准委员会制定雷电冲击电压标准波形。

图 2-20 是国家标准 GB311—2005 规定的雷电冲击电压标准波形，该波形与 IEC 推荐的波形及参数一致。雷电冲击电压波形由（视在）波前时间 T_1 及（视在）半峰值时间 T_2 加以确定。由于实验室中获得的冲击电压的波前起始部分及峰值部分比较平坦，在示波图上不容易确定准确的原点及峰值点的位置，因此采用了等值的斜角波前（见图 2-20）。其峰值容许偏差 $\pm 3\%$，$T_1=1.2\mu s$，容许偏差 $\pm 30\%$；$T_2=50\mu s$，容许偏差 $\pm 20\%$。冲击电压除了 T_1 及 T_2 外，还应指出其极性（不接地电极相对于地而言的极性）。标准雷电冲击电压波形可以表示为 $+1.2/50\mu s$ 或 $-1.2/50\mu s$。

2. 操作冲击电压及波形

电力系统的输电线路及电气设备都有各自的电感和电容，由于系统运行状态的突然变化（不管是正常操作还是故障动作），都将导致电感和电容元件间电磁能的互相转换，会引起振荡性的过渡过程。

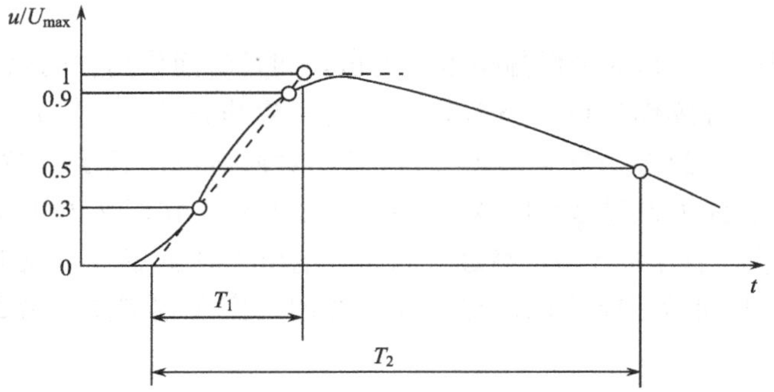

图 2-20　标准雷电冲击电压波形

T_1-波前时间；T_2-半峰值时间；U_{max}-冲击电压峰值

这个过渡过程会在某些电气设备或局部电网上造成很高的电压，即远远超过正常运行的电压，称为操作冲击电压或操作过电压。

操作过电压幅值与波形显然跟电力系统的参数有密切关系。由于其过渡过程的振荡基值是系统运行电压，因此电压等级越高，操作过电压的幅值也越高。在不同的振荡过程中，振荡幅值最高可达最大相电压幅值的 3～4 倍，频率可达到几百到几千赫兹。

直到 20 世纪 50 年代，各国还都认为操作冲击电压下空气间隙击穿电压及绝缘子的闪络电压和工频击穿电压差别不大，且波形影响可以忽略不计，可以用工频电压乘以操作冲击系数来反映操作冲击放电电压。

随着电力系统电压等级的提高，操作冲击下的绝缘问题越来越突出。近年来广泛开展了操作冲击电压下气体绝缘放电特性的研究，发现了一系列新特点。因此，现在认为，操作过电压下的气体绝缘应直接根据操作冲击电压波形下的放电电压进行设计。

操作过电压波形随着电压等级、系统参数、设备性能、操作性质、操作时机等因素的变化有很大的变化，和雷电冲击电压一样，为了使所得到的结果可以互相比较，也需要规定标准波形。我国国家标准 GB311—2005 和 IEC 推荐的操作冲击电压标准波形一样，如图 2-21 所示。峰值允许误差±3%；波前时间 $T_{cr}=250\mu s$，允许误差为±20%；半峰值时间 $T_2=2500\mu s$，允许误差为±60%；90%峰值以上持续时间 T_d 未作规定，记做 250/2500μs。

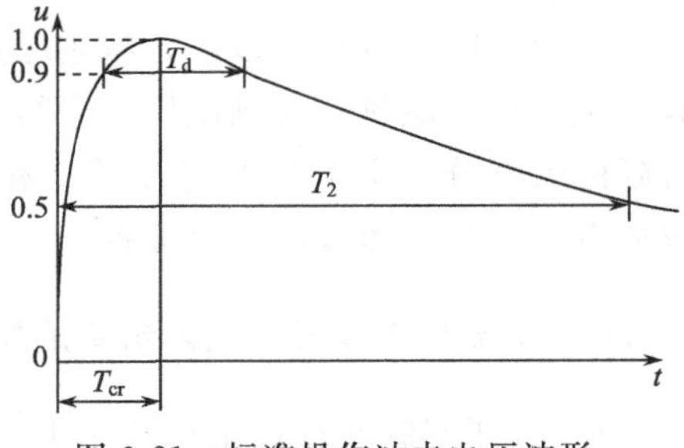

图 2-21　标准操作冲击电压波形

2.7.2 放电时延

每个气体间隙都有它的最低静态击穿电压，即长时间作用在间隙上能使其击穿的最低电压，也就是持续作用电压下气体间隙的击穿电压 U_b。所以，欲使间隙击穿，外加电压必须不小于静态击穿电压 U_b。但是，对冲击电压而言这仅仅是必要条件，而不是充分条件。为了说明这个问题，如图 2-22 所示。在图 2-22 中，对静态击穿电压为 U_b 的间隙施以直流电压 u，经过时间 t_0，电压上升至 U_b，但是间隙并不立刻击穿，而需经过 t_1 时间后才能完成击穿，即间隙的击穿不仅需要足够的电压，还需要足够的时间。

从开始施加电压的瞬时起到气隙完全击穿为止总的时间为 t_d，它是由 3 部分组成，如图 2-22 所示。

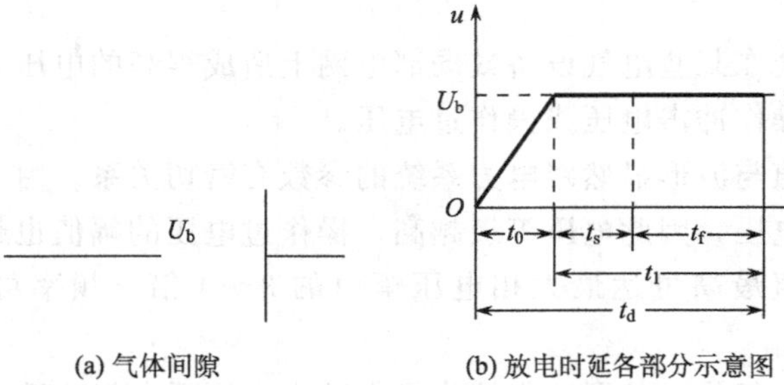

图 2-22 放电时延示意图

(1) 升压时间 t_0：电压从零升高到静态击穿电压 U_b 所需的时间。

(2) 放电统计时延 t_s：从电压升到 U_b 的时刻起到气隙中出现第一个有效的能形成碰撞电离的电子出现所用的时间。

(3) 放电形成时延 t_f：从出现第一个有效的能形成碰撞电离的电子时刻起到气隙完全被击穿所用的时间。

显然，$t_d = t_0 + t_s + t_f = t_0 + t_1$，其中 $t_1 = t_s + t_f$ 称为放电时延。

在短间隙中（1cm 以下）特别是电场比较均匀时，$t_f \ll t_s$。这时全部放电时延实际上主要由放电统计时延决定；在极不均匀电场的长间隙中，放电形成时延将占放电时延的大部分。由于放电统计时延和放电形成时延的长短均具有统计性（分散性），故放电时延的长短也具有统计性。

2.7.3 冲击电压作用下气体击穿的特点

1) 气体间隙在冲击电压作用下的击穿电压比持续作用电压下的击穿电压高

由于气体间隙击穿需要两个条件，即间隙上的作用电压必须大于或等于其静态击穿电压 U_b，即 $U \geqslant U_b$；该电压的作用时间必须达到或超过放电时延 t_1，即 $t \geqslant t_1$。

如图 2-23 所示，施加的冲击电压 1 的幅值已经达到了间隙的静态击穿电压 U_b，但该间隙并不能击穿，因为该电压的作用时间没有达到放电时延；只有冲击电压的幅值达到了曲线 2 所示的值时，该电压的作用时间才达到放电时延，这时该气体间隙将发生击穿。因此从图 2-23 中的曲线 2 可以看出，气体间隙在冲击电压作用下的击穿电压比持续作用电压下的击穿电压高。

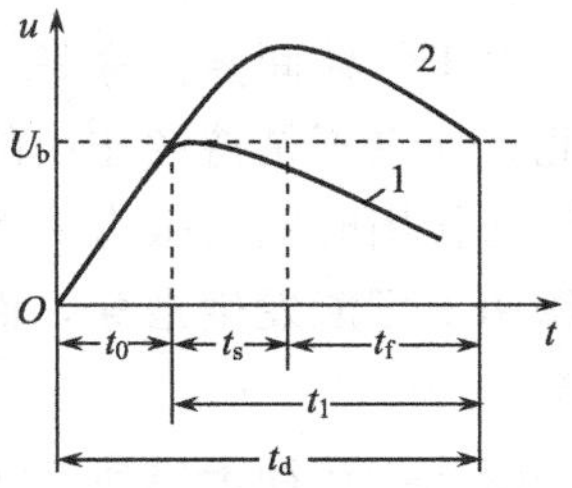

图 2-23　冲击电压作用下气体间隙击穿示意图

2）气体间隙在冲击电压作用下的击穿电压具有分散性

在图 2-23 中，当冲击电压达到了曲线 2 所示的幅值时，该气体间隙将发生击穿。但是该冲击电压撤去后，再次施加该冲击电压，气体间隙不一定发生击穿，因为放电时延具有分散性。

3）50％击穿电压

由于放电时延具有分散性，导致冲击电压作用下的气体间隙击穿电压也具有分散性。故施加某一冲击电压在静态击穿电压为 U_b 的间隙上可能发生击穿，也可能不发生击穿。因此存在一个电压值，当将此电压施加到该间隙上时，发生击穿与不击穿的概率各为 50％时，称此电压为该间隙的 50％击穿电压，记为 U_{b50}。

因此，对于冲击电压，一般采用 50％击穿电压 U_{b50} 来衡量间隙的绝缘能力，即在多次施加同样幅值的冲击电压时，有半数导致间隙击穿的电压。确定某间隙 50％击穿电压的最简单的方法是，保持标准波形不变，逐级升高电压幅值，每级电压值加 10 次，直至每 10 次中有 4～6 次击穿，则此电压可作为该间隙的 50％击穿电压。每级加压次数越多，所得的 U_{b50} 越准确。

4）冲击系数

50％击穿电压 U_{b50} 与静态放电电压 U_b 之比称为冲击系数，即 $\beta=\dfrac{U_{b50}}{U_b}$。对于均匀电场和稍不均匀电场，冲击系数约为 1。即直流电压下的击穿电压、交流电压下的击穿电压幅值、50％冲击电压下的击穿电压三者基本相等；且放电时延短，因此击穿通常发生在冲击波的峰值附近。对极不均匀电场，由于放电时延较长，冲击系数通常大于 1，其击穿通常发生在波尾。

5）极性效应、饱和性

实验结果表明，雷电冲击电压下，气体间隙击穿具有极性效应，其结果是：对于极不均匀电场，正极性的击穿电压比负极性时低，即 $U_{b+}<U_{b-}$；对于稍不均匀电场，正极性时的击穿电压比负极性时略高。

由于雷电冲击电压作用时间短，所以雷电的饱和现象不很明显，放电电压与气隙距离一般呈线性关系。

2.7.4 雷电冲击电压下气体击穿的伏秒特性

1）伏秒特性及其制定

由于气体间隙击穿是一个过程，因此气体间隙击穿需要一定的时间（放电时延）。因此，如果不是持续作用的电压，而是脉冲性质的电压，气体间隙的击穿电压就与该电压的作用时间有很大关系。同一个气体间隙，在峰值较低但持续时间较长的冲击电压作用下可能发生击穿，而在峰值较高但持续时间较短的冲击电压作用下可能不发生击穿。

因此，在冲击电压作用下，仅用击穿电压值描述间隙的绝缘特性是不全面的，一般用间隙上出现的电压最大值和间隙击穿所需时间的关系曲线来表示间隙的冲击绝缘特性，此曲线称作间隙的伏秒特性。伏秒特性的制定如图 2-24 所示。保持一定的波形而逐级升高冲击电压的峰值，电压较低时，击穿发生在波尾。在击穿前的瞬时，电压虽然已经从峰值下降到一定数值，但该电压峰值仍然是气体间隙击穿过程中的主要因素，因此以该电压峰值为纵坐标，以击穿时刻为横坐标，得点“1”、“2”。电压再升高时，击穿可能正好发生在波峰，则该点当然是伏秒特性曲线上的一点。电压进一步升高时，气隙很可能在电压尚未升到冲击波的峰值时就已经被击穿，如图 2-24 中的点“3”。把这些相应的点连成一条曲线，就是该气体间隙在冲击电压作用下的伏秒特性曲线。

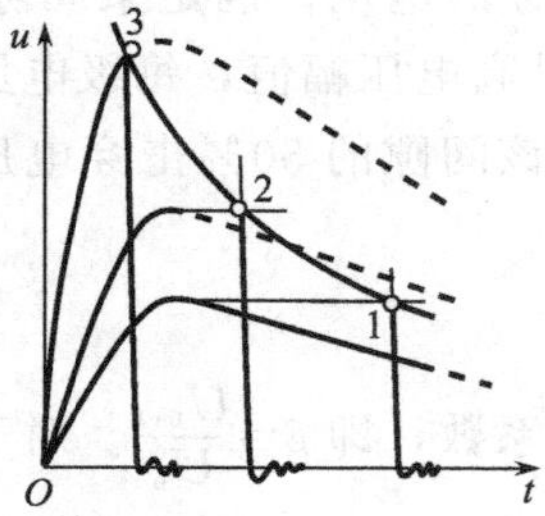

图 2-24　伏秒特性绘制方法

（虚线表示没有被试间隙时的波形）

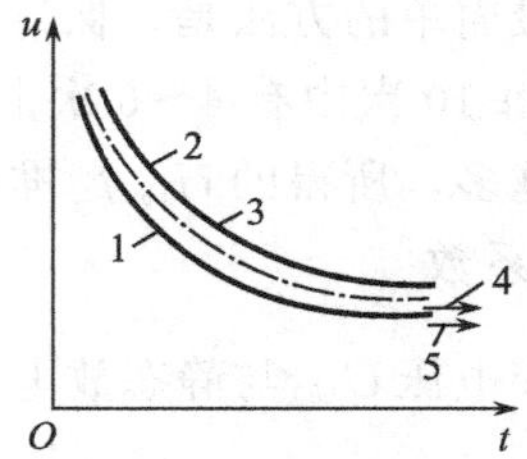

图 2-25　50％伏秒特性示意图

1-0％伏秒特性；2-100％伏秒特性；3-50％伏秒特性；4-50％冲击击穿电压；5-0％冲击击穿电压

应该指出的是，由于放电时延具有分散性，所以在每级电压作用下可能得到一系列放电时延。实际的伏秒特性是以上、下包线为界的一个带状区域，工程上一般采用 50％伏秒特性，或称平均伏秒特性，如图 2-25 所示。其制作方法是，在每级电压下，放电时延小于下包线横坐标所示数值的概率为 0％（下限），小于上包线横坐标所示数值的概率为 100％（上限），就上下限之间选一个数值，使放电时延小于该值的概率等于 50％，即某个电压下多次击穿中放电时延小于该值者恰占一半，这个数值可称为 50％概率放电时延，以 50％概率放电时延为横坐标，纵坐标仍为该电压值，连成曲线就是50%伏秒特性。同理，上下包线可相应地称为100%及0%伏秒特性。较多地采用的是50%伏秒特性，它从较少次实验中就可得到。但应用它时应该注意，它只是大致地反映了该间隙的伏秒特性，在其两侧还有一定的分散范围。

应该注意，同一个气体间隙，对于不同的电压波形，其伏秒特性是不一样的。如无特别说明都是指标准冲击波下的伏秒特性。

上述伏秒特性的概念也适用于气体介质中的沿面放电，液体介质、固体介质和组合绝缘等各种场合。

图2-26给出了一组棒-棒空气间隙的伏秒特性曲线。

工程上有时也采用2μs冲击击穿电压，这是击穿时放电时延小于或大于2μs的概率各为50%的冲击电压值。在均匀及稍不均匀电场中，其值跟50%冲击击穿电压相差不多；但在极不均匀电场中，其值要比50%冲击击穿电压高得多。用2μs冲击击穿电压和50%冲击击穿电压这两个数值可以大致反映出击穿电压和放电时间的关系，而2μs冲击击穿电压的测定要比测伏秒特性曲线简单多了。

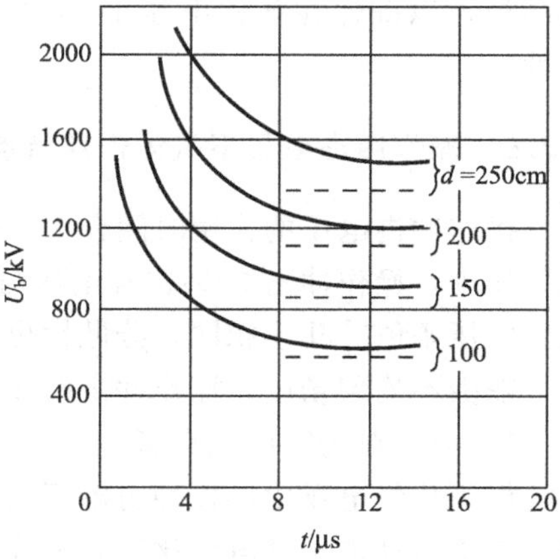

图2-26　棒-棒空气间隙的伏秒特性曲线
（虚线表示该间隙在工频电压下的击穿电压）

2）伏秒特性的应用

间隙伏秒特性的形状取决于电极间的电场分布。在极不均匀电场中平均击穿场强较低，放电时延较长，其伏秒特性如图2-27中的S_1；在均匀及稍不均匀电场中，平均击穿场强较高，相对来说放电时延较短，其伏秒特性如图2-27中的S_2。

伏秒特性对于比较不同设备绝缘的冲击击穿特性有重要意义。如果一个电压同时作用在两个并联的气隙S_1和S_2上，其中某一个气隙先击穿了，则电压被短接截断，另一个气隙就不会再被击穿了。这个原则如果用于保护装置和被保护设备，就是前者保护了后者。设前者的伏秒特性为S_2，后者的伏秒特性为S_1，比较图2-27和图2-28所示的两种情况。

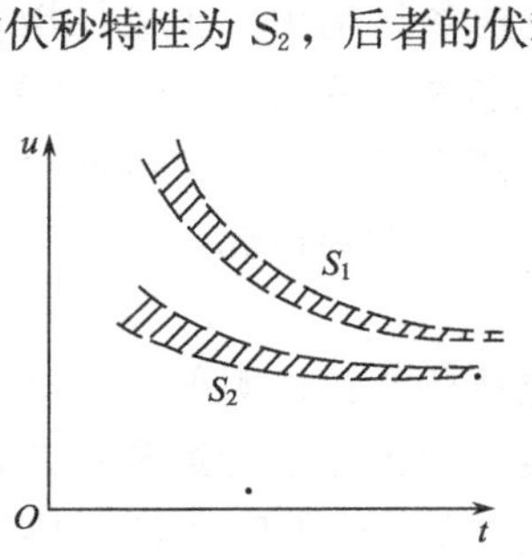

图2-27　极不均匀电场（S_1）与稍不均匀电场（S_2）气体间隙的伏秒特性

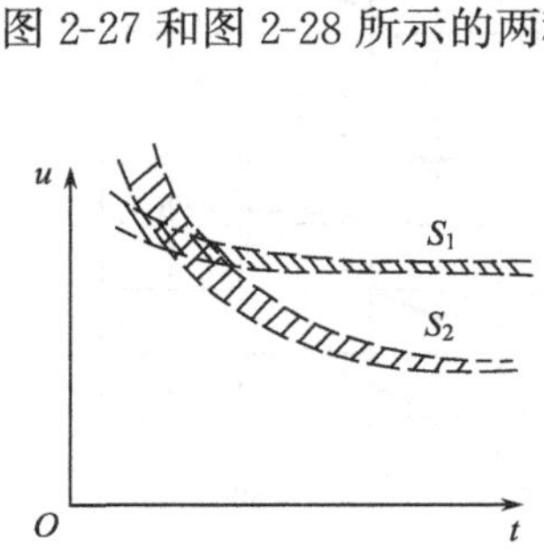

图2-28　两个气体间隙的伏秒特性交叉的情况

在图 2-27 中，S_2 全面位于 S_1 的下方，这意味着在任何电压波形下，S_2 都比 S_1 先被击穿，这就能可靠地保护 S_1 不被击穿。

在图 2-28 中，时延较长的区域 S_2 位于 S_1 的下方；而在时延较短的区域，S_2 则位于 S_1 的上方。这种情况意味着：当冲击电压峰值较低时，击穿前时间较长，则 S_2 先被击穿，能保护 S_1 不被击穿；但当冲击电压峰值较高时，击穿前时间很短，则 S_1 先被击穿，而 S_2 不会被击穿；当冲击电压峰值对应于交叉区域中时，可能是 S_1 先被击穿，也可能是 S_2 先被击穿。

因而，在阀式避雷器等保护装置中，保护间隙都是尽量采用均匀或稍不均匀电场结构，以确保在各种电压下保护装置的伏秒特性曲线都低于被保护设备的伏秒特性。

2.7.5 操作冲击电压下气体击穿特点

操作冲击电压的作用时间介于工频电压与雷电冲击电压之间，因此在均匀与稍不均匀场中，操作冲击 50%击穿电压与雷电冲击 50%击穿电压、直流击穿电压、工频击穿电压幅值等几乎相同，分散性也不大，击穿发生在峰值附近。

在极不均匀场中，操作冲击电压下具有以下一些特点：

1）波形对击穿电压有影响

极不均匀电场中操作冲击电压波形对击穿电压有很大的影响。由于极不均匀电场中标准雷电冲击击穿电压比工频击穿电压高。故可以设想，操作冲击电压作用下气体的击穿电压应该介于标准雷电冲击击穿电压和工频击穿电压之间。但是实际的操作冲击电压下的 50%击穿电压有时甚至比工频击穿电压还要低。图 2-29 是棒-板间隙正极性操作冲击 50%击穿电压和波前时间的关系。

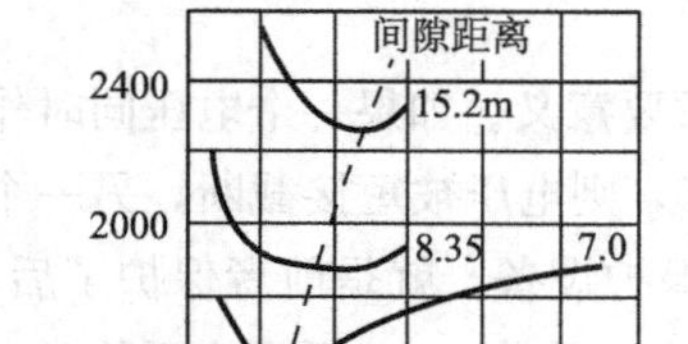

图 2-29　棒-板间隙正极性操作冲击 50%击穿电压和波前时间的关系

对于其他形式的气体间隙也大多存在如图 2-29 所示的曲线规律，如导线对地、导线对塔柱等间隙，但是棒-板间隙最为显著，特别是正极性。

2）极性效应

在各种不同的电场结构中，正极性操作冲击的 50%击穿电压都比负极性的低，所以是更危险的。在讨论操作冲击电压下的间隙击穿特性时，如无特别说明，一般均指正极性的情况。

3）饱和现象

与工频击穿电压的规律性类似，长气隙在操作冲击电压作用下也呈现出显著的饱和现象，特别是棒-板型气体间隙，其饱和程度尤甚。典型的实验结果如图 2-30 所示。这是因为长间隙下先导形成之后，放电更容易发展的缘故。

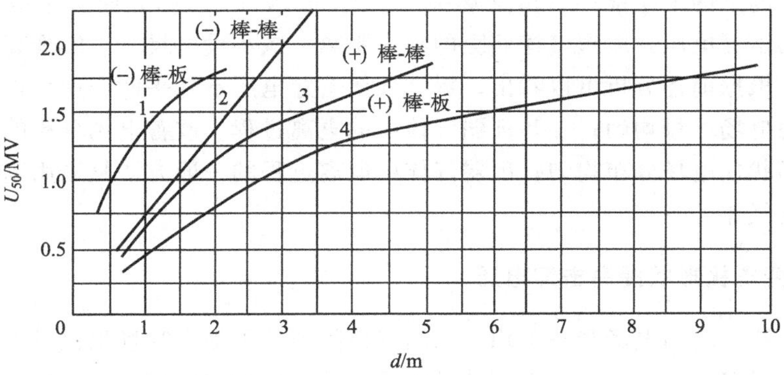

图 2-30　操作冲击电压作用下棒-板及棒-棒空气间隙的 50%击穿电压和间隙距离的关系

1-棒-板，负极性；2-棒-棒，负极性；3-棒-棒，正极性；4-棒-板，正极性；1，4-10mm×10mm 钢棒，地面铺 7m×7m 钢板；2，3-ϕ50mm 钢管，上棒长 5m，下棒长 6m

4）分散性

在操作冲击电压作用下，气隙 50%击穿电压的分散性比雷电冲击下大得多。波前时间较长时（如大于 1000μs）比波前时间较短时（如 100～300μs）尤甚，对棒-板间隙 50%击穿电压的相对标准偏差前者达 8%左右，波前时间较短时约 5%。而雷电冲击电压下，分散性小得多，约为 3%；工频下分散性更小，一般不超过 2%。

5）邻近效应

电场分布对操作冲击电压的 50%击穿电压影响很大，接地物体靠近放电间隙会显著降低正极性击穿电压，但能提高一些负极性击穿电压。

6）50%击穿电压极小值经验公式

正极性棒-板空气间隙操作冲击电压的 U 形曲线中 50%击穿电压极小值 U_{b50min} 与间隙距离 d 的关系可归纳为如下经验公式

$$U_{\mathrm{b50min}}=\frac{3400}{1+\dfrac{8}{d}} \tag{2-67}$$

式中，U_{b50min} 与 d 的单位分别为 kV 和 m。

对于 1～20m 的长间隙，此公式与实验结果吻合得很好。

综上所述，影响操作冲击电压 U_{b50} 的因素很多，因此在工程设计上，不仅不能仅靠计算确定尺寸，也无法缩小尺寸做试验，而且应该在 1∶1 的模型上做试验，工作量及财力物力消耗都很大。

2.8　提高空气击穿电压的主要措施

从前面的学习可以看出，气体是一种良好的绝缘材料，但是其绝缘能力有限，空气在均匀电场下的绝缘能力（击穿场强）仅有 30kV/cm。因此应该采取措施，提高气体间隙的击穿电压，缩短气体间隙的绝缘距离，减小设备尺寸，实现高压电气设备的小型化。根据前述分析可以看出，提高气体击穿电压不外乎两个途径：一是改善电场分布，使电场尽量均匀；二是削弱气体中的电离过程。改善电场分布的一般方法是改变电极形状使电场分布均匀；削弱气体中电离过程的一般方法是采用高气压、高真空和高强度气体。

2.8.1 改变电极形状提高击穿电压

如前所述，均匀电场和稍不均匀电场气体间隙的平均击穿场强比极不均匀电场气体间隙的高得多。因此，在高电压技术中要尽量采用均匀电场或稍不均匀电场气体间隙。如果由于结构限制，必须应用极不均匀电场时，可以改进电极形状、增大电极曲率半径，以改善电场分布，提高间隙的击穿电压。同时，在实际应用中要使电极表面应尽量避免毛刺、棱角等以消除电场局部增强的因素，且尽可能采用对称结构（棒-棒结构）。

图 2-31 所示为一些改变电极形状、改善电场分布的实际应用。

图 2-31（a）、（b）是增大电极曲率半径，改善电场分布的例子；图 2-31（c）是消除边缘效应，提高击穿电压的例子；图 2-31（d）是在穿墙高压引线上加金属扁球，墙洞边缘做成近似垂链线旋转体，以此改善其电场分布的例子。

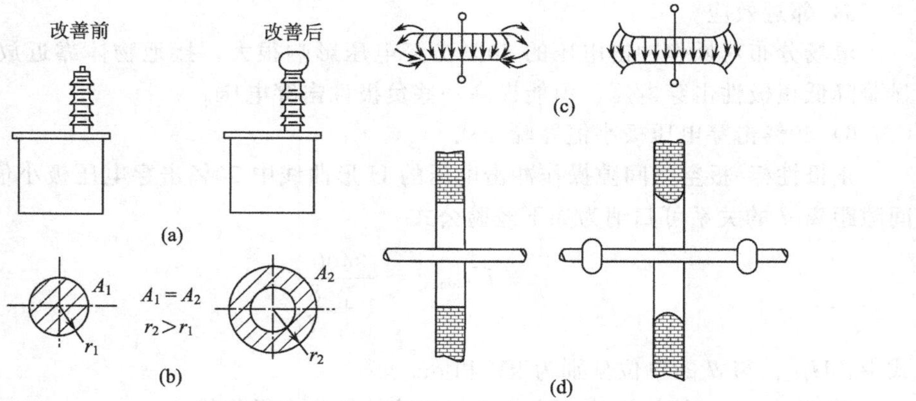

图 2-31 改变电极形状、改善电场分布的实际应用

调整电场，降低局部过高的场强，不只对于气体间隙，而且对于其他各种绝缘结构也是提高其电气强度的有效措施。实际应用中，可以根据绝缘结构特点，采用其他调整电场的方法。

2.8.2 采用高气压提高击穿电压

采用前述的提高气体击穿电压的方法是很有限的，例如空气的电气强度绝不会超过 30kV/cm。为了大幅度地提高气体间隙的击穿电压，可以采用削弱气体中电离过程的方法。采用高气压就是提高气体击穿电压一种有效方法，因为高气压减小了电子的平均自由行程，削弱了电子的碰撞电离过程，从而提高了击穿电压。采用高气压时，有些方面须给予特殊注意。

1）电场均匀程度的影响

在均匀电场中，不同间隙距离下空气间隙的击穿电压和气体压强与间隙距离的乘积 pd 的关系如图 2-32 所示。从图 2-32 中可知，当间隙距离不变时，击穿电压随着气体压强的提高而很快增加，但是当压强增加到一定程度后，击穿电压增加的陡度逐渐减小，说明此后继续增加压强的效果不明显。

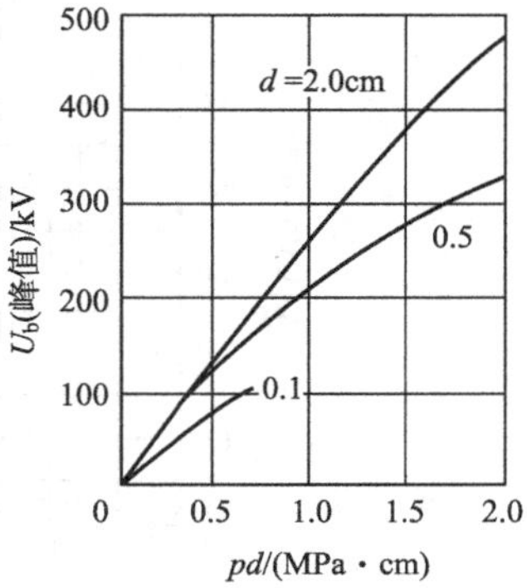

图 2-32　均匀电场中不同气体间隙距离下空气击穿电压与 pd 关系曲线

在高气压下，电场的均匀程度对击穿电压的影响比在大气压强下更显著，电场均匀程度下降，击穿电压将剧烈降低。因此采用高气压的电气设备应使电场尽可能均匀。

在实际工程中，采用的高气压，其气压不会太高。一方面因为气压太高时，例如超过 10 个大气压时，击穿电压随着气压升高的规律将不符合巴申定律，气压越高，二者的分歧越大。同一 pd 条件下，压强越高，其击穿电压越低。另一方面因为压强越高，对容器的机械强度以及密封等问题的要求也越高，大大增加了制造成本。

2）电极表面状态的影响

实验表明，在高气压下，气体间隙的击穿电压和电极表面的粗糙度有很大关系。电极表面越粗糙，气体间隙的击穿电压就越低，气体压强越大，这个影响就越显著。一个新的电极最初几次的击穿电压往往较低，经过多次限制能量的火花击穿后，气隙的击穿电压就有显著的提高，分散性也减小，这个过程称作对电极进行“老炼”处理。气压提高，“老炼”处理所需的击穿次数也越高。电极表面不光洁、有污物等因素在高气压下对气体间隙击穿电压的影响都要比常压下显著。

因此，高气压下应尽可能改进电极形状，以改善电场分布，使电场分布更均匀；电极应仔细加工使之光洁，可以采用抛光、镀铬等措施；气体要过滤，滤除尘埃和水分；充气后需放置较长时间静化后再使用。

2.8.3 采用高真空提高击穿电压

采用高真空与采用高气压的情况类似，也是削弱了电极间气体的电离过程。虽然采用高真空后电子的自由行程变大，但间隙中几乎无气体分子被碰撞，因此电子的碰撞电离过程几乎不可能存在，这样可以显著地提高间隙击穿电压，如图 2-33 所示。

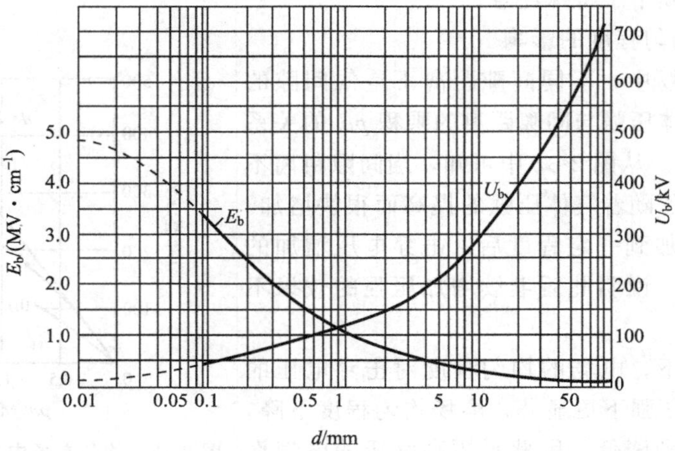

图 2-33　真空中直流电压下，球-板间隙的击穿电压及击穿场强和间隙距离的关系
（球电极为不锈钢制，直径 25.4mm，作为阴极；板电极为钢制，直径 50.8mm；击穿场强 E_b 是根据击穿电压 U_b 计算得的阴极表面的最大场强）

当气压 $p<133\times10^{-4}$Pa（即 10^{-4}mmHg）后，击穿场强 E_b 很高，这时 E_b 与 p 关系不大。高真空下，电子的碰撞电离已不起主要作用，强电场放射才是导致高真空击穿的主要原因。因而与强电场放射有关的因素，例如，电极材料的逸出功、电极表面光洁度、清洁度（吸附气体杂质）等都影响击穿电压 U_b。

另外，高能电子从阳极撞出正离子和光子，正离子和光子到达阴极又将引起阴极表面电离，不仅发射出电子，还可能使电极表面局部金属汽化，金属蒸气进入电极空间。所以电极材料的熔点及机械强度也影响击穿电压。电极材料熔点越高或机械强度越高，间隙击穿电压也越高。

在高压电气设备内部，有时气、液、固等几种绝缘材料并存，而液体、固体等绝缘材料在高真空下会逐渐释放出气体，所以到目前为止，电力设备中实际采用高真空的还很少，只有在真空断路器等特殊场合下才采用高真空作为绝缘。

2.8.4 采用高电气强度气体提高击穿电压

高气压或高真空达到一定程度后，给设备密封带来很大困难，造价也会大为上升，其应用受到限制。近几十年来，人们发现许多含卤族元素的气体化合物，如六氟化硫（SF_6）、四氯化碳（CCl_4）、氟利昂（CCl_2F_2）等的电气强度都比空气高很多，这些气体通常称为高电气强度气体。采用这些气体代替空气可以提高间隙击穿电压，缩小设备尺寸，降低工作气压。

表 2-6 中列出了几种气体的相对电气强度。相对电气强度是指在气压与间隙距离相同的条件下该气体的电气强度与空气电气强度之比。

表 2-6 几种气体的相对电气强度

气体	N_2	SF_6	CCl_2F_2	CCl_4
相对电气强度	1.0	2.3～2.5	2.4～2.6	6.3
一个大气压下的液化温度/℃	−195.8	−63.8	−28	26

CCl_4、CCl_2F_2 虽然相对电气强度高，但因液化温度高而难以采用。CCl_4 在放电过程中如果有空气存在，还能形成剧毒物质碳二酰氯（光气）。所以，目前只有 SF_6 得到了广泛的应用，它除了具有较高的耐电强度外，还具有很强的灭弧性能。

2.9 六氟化硫气体绝缘

2.9.1 六氟化硫气体特点及应用

SF_6 是无色、无味、无毒、非燃性的惰性气体，具有较高的电气强度，优良的灭弧性能，良好的冷却特性，不可燃。

SF_6 气体电气强度高的原因可以从以下几方面来分析：

(1) 由于含有卤族元素，这些气体具有很强的电负性，气体分子容易和电子结合成为负离子，从而削弱了电子的碰撞电离过程，同时又加强了复合过程。

(2) 由于分子量比较大，分子直径较大，使得电子在其中的自由行程缩短，不易积聚能量，从而减少了电子的碰撞电离能力。

(3) 电子在和这些气体的分子相遇时，还易引起分子发生极化等过程，增加能量损失，从而也减弱了电子的碰撞电离的能力。

将它用于高压电气设备的绝缘，可以免除火灾威胁，缩小设备尺寸，提高系统运行的可靠性。另外，SF_6 分子中，6 个氟原子 F 围绕硫原子 S 对称排布，呈正八面体结构。由于 S-F 的键矩小，键合能量高，所以 S-F 的化学性能非常稳定，仅当温度很高（>1000K）时，分子才发生热电离。SF_6 的缺点是：放电时 SF_6 会发生分解形成硫的低氟化物，这些产物有毒，并能腐蚀许多绝缘材料和导电材料；在较高的压力下，SF_6 会液化。

由于 SF_6 气体具有较高的耐电强度和很强的灭弧性能，而且其液化温度较低、化学性质稳定、价格便宜，供应量大，因此广泛用于高压断路器、GIS、充气管道电缆中。近年来充 SF_6 气体的开关柜也得到了很快的发展。此外，SF_6 气体还作为绝缘介质，使用于电缆、电流互感器、电压互感器、套管、避雷器和试验变压器等设备中。

2.9.2 六氟化硫气体击穿

1. 均匀电场六氟化硫气体击穿

SF_6 是一种高电气强度气体介质，均匀电场中的电气强度约为相同气压下空气的2～3倍，0.3MPa 时 SF_6 电气强度约和变压器油的相当。图 2-34 所示为 SF_6 气体、空气、变压器油在工频电压下击穿电压与气体压强之间的关系曲线。

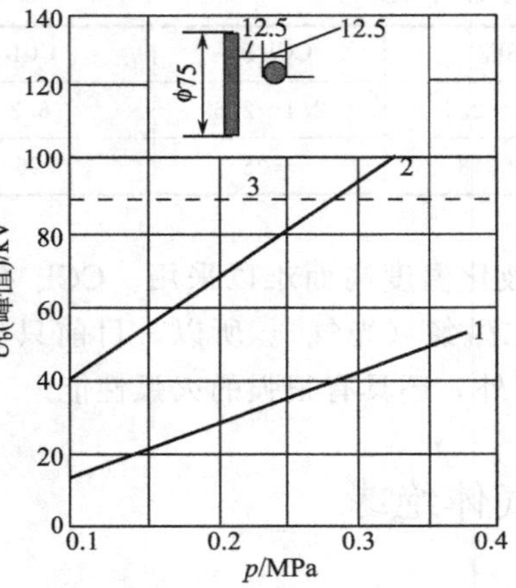

图 2-34 SF_6 气体、空气、变压器油在工频电压下的击穿电压与气体压强之间的关系

1-空气，2-SF_6，3-变压器油

1) SF_6 的电子电离系数和附着系数

均匀电场下的 SF_6 气体击穿机理和其他气体的击穿机理相同。但是，由于 SF_6 气体分子具有很强的电负性，因此对于 SF_6 气体不仅要考虑电子在电场作用下因碰撞电离而不断产生的新的带电质点，同时还要考虑 SF_6 分子吸附电子形成负离子阻碍电子的碰撞电离过程。这样，SF_6 中电子沿电场方向运动时，电子增加的规律应该修正为

$$n = \exp\left[\int_0^x (\alpha - \eta)\mathrm{d}x\right] \tag{2-68}$$

式中，n 为一个电子沿电场方向行经 x 距离由于碰撞电离产生的电子总数；α 为电子碰撞电离系数，表示一个电子在电场方向行经单位长度内由于碰撞电离产生的电子数；η 为电子附着系数，表示一个电子在电场方向行经单位长度内由于碰撞电离产生的电子数中被吸附的电子数。

从式（2-68）可以看出，在相同条件下，电子在 SF_6 气体中运行产生的实际电子数要比在空气中少，因此 SF_6 气体的击穿电压要比空气高。

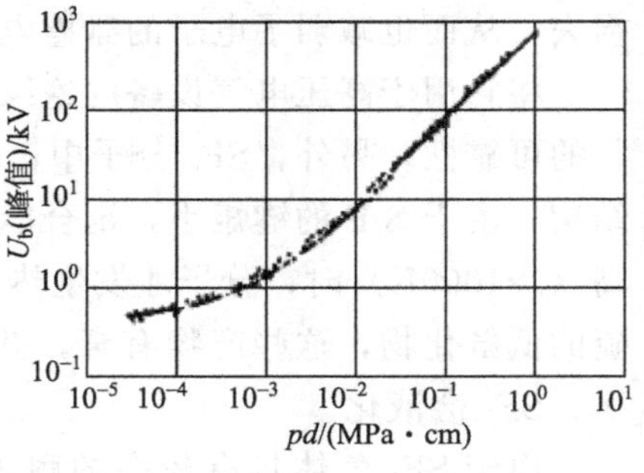

图 2-35 SF_6 气体的巴申曲线

2) 巴申定律

在均匀电场中，气体击穿通常符合巴申定律，即温度不变时，均匀电场中气体的击穿电压 U_b 是气体压强与电极间距离乘积 pd 的函数。图 2-35 所示的是 SF_6 气体的巴申曲线，U_b 的最

小值出现在 $pd=3.5\times10^{-5}$ MPa·cm，其值为507V。图 2-36 所示为不同气压下 SF_6 气体击穿电压与间隙距离之间的关系曲线。

3）导电微粒的影响

SF_6 气体对灰尘和导电微粒十分敏感。研究表明，少量的气体杂质或绝缘微粒不会引起击穿电压的明显下降，而自由金属微粒或灰尘却会剧烈降低 SF_6 的击穿电压。

导电微粒影响 SF_6 击穿电压的原因有：①导电微粒附着于电极表面，形成突出物，造成电场局部强化，因而影响 SF_6 击穿。②交流电场中，导电微粒在某一电极上充电，然后在极性相反的电极上产生微弱的放电，并导致整个间隙击穿；而在冲击电压作用下，微粒来不及移动，故对击穿电压的影响很小。

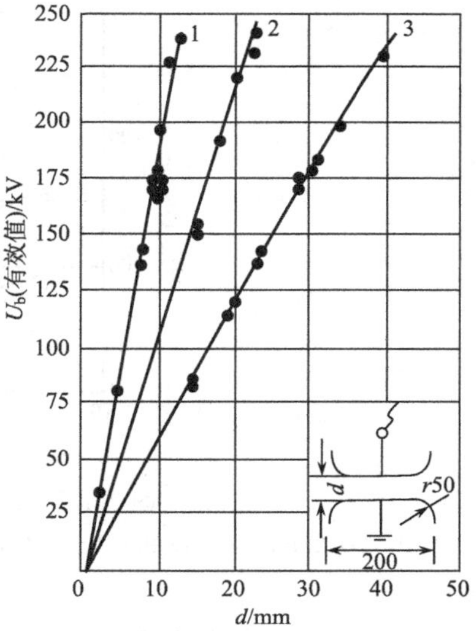

图 2-36　均匀电场 SF_6 工频击穿电压与间隙距离的关系

1-P=0.1MPa；2-P=0.2MPa；3-P=0.5MPa

在装配和维修 SF_6 电气设备时必须注意清洁，以尽可能减少导电微粒。但在设备加工、装配过程中总会存在一些金属微粒，特别是对于较长的输电电缆，更难以避免；开关电器在运行过程中也会产生一些金属微粒，所以在实际结构中常常采取措施以捕捉和收集导电微粒。此外也可以利用净化效应来提高击穿电压。对于充 SF_6 气体的电气设备，如果将放电能量限制在不致损坏电极表面的程度，则金属微粒、脏污等将在击穿时被清除掉，而使击穿电压逐次提高，最后达到一个稳定值。这种现象称为净化效应。

4）面积效应

电气设备中，电极面积越大时，电极表面严重的突出物和一些影响击穿电压的偶然因素出现的概率也越大，因而击穿电压下降。这种随着电极面积增大，击穿电压下降的现象称为面积效应。电极表面越光滑，气压越高，面积效应也越强（图 2-37），这是因为电极表面偶然因素的影响更为显著的缘故。冲击电压作用时间较短，影响击穿的偶然因素出现的概率减少，所以面积效应较持续作用电压时弱。

2. 稍不均匀电场六氟化硫气体击穿

稍不均匀电场中，电场强度足够大时，SF_6 气体中的电子崩能不断发展，最后电子崩转变为流注导致气体击穿。电子崩转变为流注的条件即为间隙击穿的条件，可以由此条件出发，计算稍不均匀电场 SF_6 间隙的击穿电压。

电场的不均匀程度对 SF_6 气体击穿的影响很大。在均匀、稍不均匀电场中，SF_6 气体的击穿电压比空气高出很多。

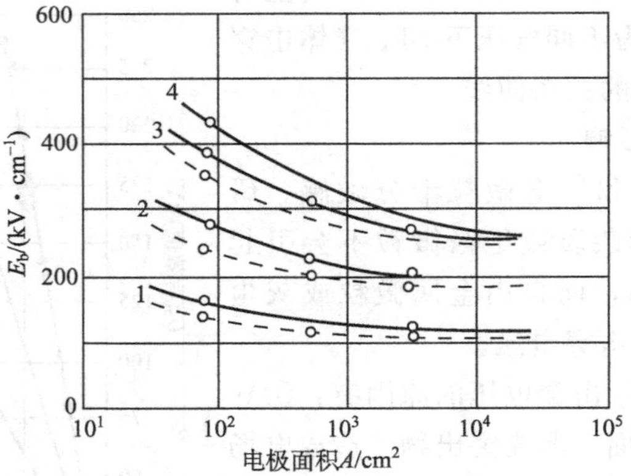

图 2-37　SF_6 中击穿场强与电极面积的关系

P：1-0.2MPa；2-0.4MPa；3-0.6MPa；4-0.8MPa；实线-粗糙度±0.5μm；虚线-粗糙度±20μm

3. 极不均匀电场六氟化硫气体击穿

电场不均匀程度对 SF_6 击穿电压的影响远比对空气的影响大。具体地说，与均匀电场中的击穿电压相比，SF_6 气体在极不均匀电场中击穿电压下降的程度比空气大，这是 SF_6 气体绝缘的一个重要特点。这是因为：一方面，SF_6 气体中电子有效电离系数 α 随电场强度而增加的速率比空气的大，约为空气的几十倍。换句话说，随着电场强度的增加，SF_6 气体中电子崩内电子数的增长比空气中的要快。另一方面，SF_6 气体分子的直径大、分子量也大，由它电离而生成的离子迁移率小、驱引速度低，使得棒电极周围的空间电荷比较密集，不容易形成能改善电极附近电场分布的均匀空间电荷层。这就缩小了极不均匀电场中 SF_6 和空气绝缘能力差别。因此，在工程上 SF_6 绝缘结构大多采用稍不均匀电场结构。

和其他气体一样，在极不均匀电场中，SF_6 击穿电压随气体间隙距离的增加也具有饱和现象；击穿电压具有极性效应，正极性击穿电压比负极性的低。

SF_6 气体也具有冲击特性。均匀电场中 SF_6 气体的冲击系数为 1；稍不均匀电场中，雷电冲击电压负极性的冲击系数约为 1.3，正极性约为 1.5；操作冲击电压负极性的冲击系数约为 1.1，正极性约为 1.3。

2.9.3　含有六氟化硫气体的混合气体绝缘

将 SF_6 气体和其他气体按一定的容积比混合，就组成了含 SF_6 的混合气体。

SF_6 气体虽然电气强度较高，但也有价格高、液化温度和压强低等缺点。将 SF_6 气体与价格较低的空气、氮气、二氧化碳等气体混合，其电气强度虽然比纯 SF_6 低，但只要混合比例合适，其电气强度的下降并不是很大。用这些含 SF_6 的混合气体来制造需要用气体量大的电气设备（如 SF_6 电缆），在经济技术上是可行的。

人们早在20世纪50年代就开始对N_2-SF_6混合气体进行研究。图2-38所示为稍不均匀电场中，N_2-SF_6混合气体工频击穿电压U_b与混合比（容积）的关系。当SF_6含量下降到只占50%时，混合气体的U_b只比纯SF_6气体的略有下降。即使SF_6含量降到只占10%，混合气体U_b的下降也不超过30%。混合气体的这一特点在工程上具有实用价值。同时，由于N_2-SF_6混合气体可用于比相同压强纯SF_6气体更低的温度下，这使得它成为工业上很有应用价值的一种气体。

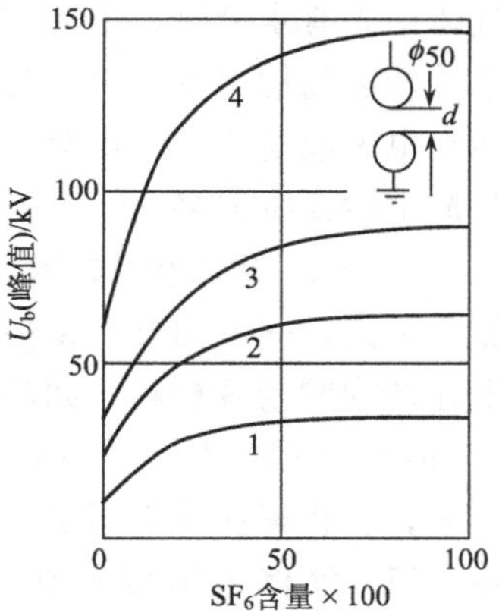

图2-38　N_2-SF_6混合气体的工频击穿电压

1-d=2mm，p=0.22MPa；
2-d=2mm，p=0.43MPa；
3-d=5mm，p=0.22MPa；
4-d=5mm，p=0.43MPa

将SF_6和一些含卤族元素的气体组成混合气体，其电气强度可能比纯的SF_6气体更高，用这种混合气体制造的电气设备的体积更小。

2.9.4 应用六氟化硫气体时的注意事项

SF_6是一种良好的绝缘灭弧介质，在高电压工程中应用广泛。但是该气体在工程上应用也有一些需要引起注意的。

SF_6的基本物理特性如表2-7所示。SF_6是分子量较大的重气体，容易液化。在SF_6绝缘通常使用范围（$-40℃\leqslant T\leqslant 80℃$，$P<0.8$MPa）内，主要是气态占优势。只有当温度低于−18℃时，需要考虑气体的液化问题，必要时需要加电热装置。

表2-7　SF_6的物理特性

分子量	146.06
相对介电常数（0.1MPa，20℃）	1.002409
介质损耗因数（0.1MPa）	$<5\times10^{-6}$
密度（0.1MPa，20℃）	6.164g/L
临界压力	3.68MPa
临界温度	45.5℃
比热（30℃）	5.01J/(g·K)
热导率	0.81×10^{-5}J/(cm·s·K)
在1cm^3油中溶解度	0.297cm^3
在1cm^3水中溶解度	0.01cm^3
水SF_6在中的溶解度	0.05±0.01

SF_6是一种稳定的气体，但在电弧的高温作用下将分解为硫和氟原子，它们可能与SF_6及电极材料中所含氧气、电极金属蒸汽等作用而生成低氟化物和金属氟化物。

当气体中含有水分时，上述部分产物还会发生水解作用而生成腐蚀性很强的氢氟酸。在水分较多的情况下，SF_6 在 200℃以上也会发生水解反应而生成 HF 和 SO_2。SF_6 气体在电晕放电作用下也会产生上述低氟化物，但因电晕放电温度较低，故生成物较电弧放电时要少得多。

HF、SO_2 等对绝缘材料、金属材料有腐蚀作用，特别是对含硅材料有很强的腐蚀性。因此，一方面要严格控制 SF_6 中的含水量（<15ppm），另一方面要选用能耐受上述产物的绝缘材料，如环氧树脂、聚四氟乙烯、氧化铝陶瓷等。

SF_6 气体是一种无毒气体，但是它仍会引起窒息而对生命造成威胁。由于 SF_6 比空气重，会积聚在地面附近，因此在检修充 SF_6 的电气设备时要注意防止因缺氧而窒息。SF_6 气体若纯度不够，就会含有 HF、SO_2 等杂质，这些杂质都是有毒的；SF_6 因放电而产生的一些分解物也是有毒的，对这些毒性问题应给以足够的重视。要严格控制 SF_6 的纯度；在充 SF_6 的电气设备中应放置吸附剂（分子筛或活性氧化铝）；工作人员接触有毒气体时需戴防毒面具和防护手套；工作场所应强力通风。

第 3 章　沿面放电及气体状态对外绝缘的影响

电力系统中的高压绝缘可以大致划分为输电线路绝缘、发电厂和变电站绝缘、电气设备绝缘。对于输电线路，架空线采用空气绝缘，属于外绝缘；电力电缆绝缘属于内绝缘。对于发电厂和变电站，其绝缘也采用空气绝缘，属于外绝缘。对于电气设备，设备外壳之外，所有暴露在大气中需要绝缘的部分都属于外绝缘；外壳内部不同导体之间的绝缘属于内绝缘。现阶段，所有外绝缘均采用空气作为绝缘介质，但是气体没有强度，需要用固体将不同电位的导体连接或固定住，这就需要固体绝缘，也就是绝缘子。这样就构成了绝缘结构，其击穿有三个途径，一是将气体间隙击穿，二是将固体介质击穿，三是沿固体和气体介质的交界面击穿。这三个途径中，沿固体和气体介质的交界面击穿最可能发生（在以后的学习中将体会到）。

在气体与固体电介质的交界面上发生放电的现象称为沿面放电。当沿面放电发展成贯穿性的击穿时叫闪络（即沿面击穿）。

3.1　高压绝缘子

3.1.1　绝缘子分类

高压绝缘子从结构上可分为 3 类：①绝缘子，用作带电体和接地体之间的绝缘和固定连接，如悬式绝缘子、支柱绝缘子、横担绝缘子等，如图 3-1（a）～（c）所示。②套筒，用作电气设备内绝缘的容器，多数用电工陶瓷和环氧树脂制成，如互感器瓷套、避雷器瓷套、断路器瓷套和变压器的绝缘外壳等，如图 3-1（d）所示。③套管，用作导电体穿过接地隔板，如穿越墙壁的穿墙套管，变压器、电容器等的出线套管等，如图 3-1（e）所示。

高压绝缘子应用的绝缘材料也可分为 3 类：①电工陶瓷（电瓷）。电瓷是无机绝缘材料，由石英、长石和黏土作原料经高温焙烧而成。它抗老化性能好，能耐受不利的大气环境和酸碱污秽长期作用而不受侵蚀，且具有足够的电气和机械强度。因而在高压输电 100 多年的历史中，电工陶瓷绝缘子在按材料分类的各类绝缘子中占据了主导地位。但电工陶瓷绝缘子耐污秽性能差，且笨重易碎，运输安装成本大，制造能耗高，生产时污染严重。②钢化玻璃。玻璃也是一种良好的绝缘材料，它具有和电瓷同样的环境稳定性，而且生产工艺简单，生产效率高。经过退火和钢化处理后，机械强度和耐冷热急变性能都有很大的提高。输电线路采用钢化玻璃绝缘子还有一个优点，就是它具有损坏后“自爆”的特性，便于及时发现。钢化玻璃目前几乎仅用于盘形悬式绝缘子。③硅橡胶、乙丙橡胶等有机材料。有机合成绝缘子的种类也很多，由环氧

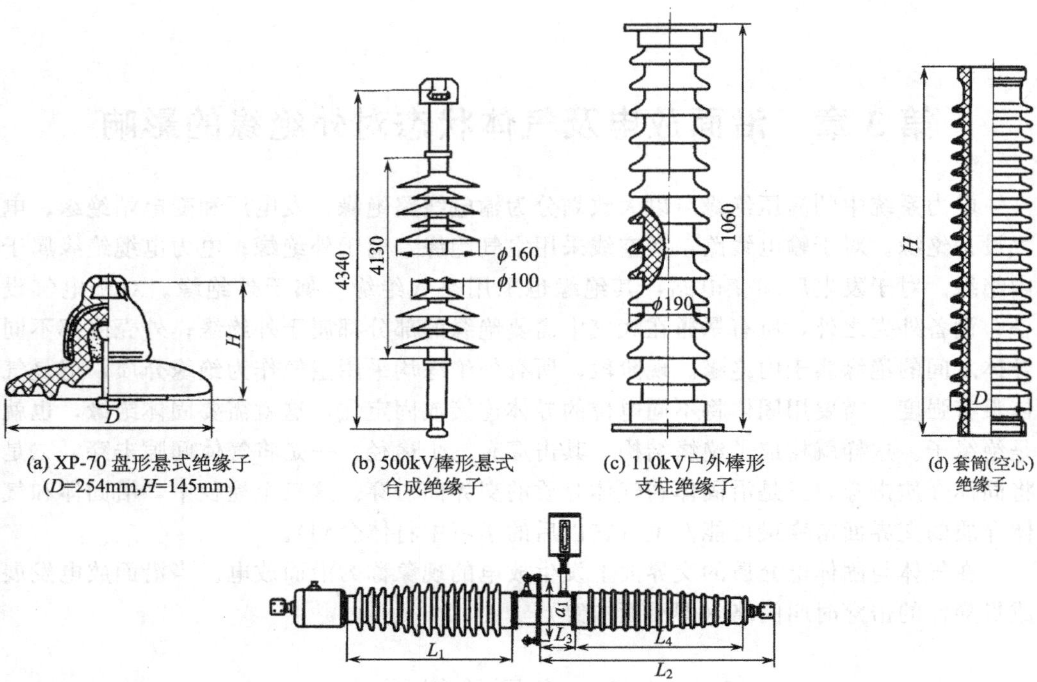

(a) XP-70 盘形悬式绝缘子 (D=254mm,H=145mm)　(b) 500kV棒形悬式合成绝缘子　(c) 110kV户外棒形支柱绝缘子　(d) 套筒(空心)绝缘子

(e) 户外穿墙套管

图 3-1　几种常见的绝缘子外形结构

引拔棒和硅橡胶伞裙护套构成的合成绝缘子是新一代的绝缘子，具有强度高、重量轻、耐污闪能力强等优点。它的出现打破了无机材料在高压外绝缘中一统天下的局面，在我国及许多国家得到大量应用，深受电力部门的欢迎，显示出迅猛的发展势头和良好的发展前景。

3.1.2　绝缘子性能

从外绝缘的工作条件看，绝缘子应具有下面几个方面的基本要求。

1）电气性能

绝缘子的电气性能由贯通两电极的沿绝缘体外部空气的放电电压-闪络电压（U_f）来衡量。运行中的绝缘子应能在正常工作电压和允许的过电压作用下可靠工作，出厂的绝缘子必须要耐受住规定的试验电压，不发生闪络。根据工作条件的不同，闪络电压有以下几种：

(1) 干闪闪络电压。指绝缘子在清洁、干燥状态下的闪络电压，是户内绝缘子的主要性能。主要分工频干闪闪络电压、冲击干闪闪络电压两种。

(2) 湿闪闪络电压。指清洁绝缘子在人工淋雨状态下的闪络电压，是户外绝缘子的主要性能。主要分工频湿闪闪络电压，冲击湿闪闪络电压，对直流绝缘子有直流湿闪闪络电压。

(3) 污秽闪络电压。指在一定的表面污秽度下的绝缘子在受潮情况下的闪络电压，一般仅指交流绝缘子的工频污闪电压及直流绝缘子的直流污闪电压。

2) 机械性能

绝缘子的机械性能按它在运行中承受外力的形式可分为以下几种：

(1) 拉伸负荷。例如悬挂输电线导线的绝缘子受导线重力和导线拉力作用，造成拉伸负荷。拉伸负荷以作用在绝缘子两端的轴向拉伸力（单位为 kN）来表示。

(2) 弯曲负荷。例如支柱绝缘子受导线拉力、风力以及短路电流电动力的作用，力的方向与绝缘子轴线垂直，造成弯曲负荷。弯曲负荷以作用在绝缘子顶部的垂直力（单位为 kN）来表示。

(3) 扭转负荷。例如隔离开关的支柱绝缘子在开关操作过程中会受到扭转力矩作用。扭转负荷以作用在绝缘子顶部的扭矩（单位为 kN·m）来表示。

3) 冷热性能及环境老化性能

运行中的绝缘子可能承受温度的骤变，对电瓷材料而言会产生附加的内部应力，可能造成开裂。要求电瓷绝缘子能够承受 70K 温度剧变的冷热循环试验而不被破坏。

对有机材料的合成绝缘子而言，抗长期老化性能是突出问题，要求它通过耐漏电起痕试验、憎水性试验、数千小时的单因素或多因素人工加速老化试验等的考验。

4) 其他性能

运行中的绝缘子处在长期工作电压和机械负荷的联合作用下，长期的机械负荷可能会导致绝缘子内部应力集中区域的局部开裂或局部微小裂纹，降低绝缘子的电气性能，所以还应对瓷绝缘子进行机电联合负荷试验。

另外，考虑到线路绝缘子可能面临的雷击闪电后的工频大电弧考验，还有工频大电弧试验的要求；考虑到高压输电线路对通信可能的干扰，对绝缘子及连接金具还有无线电干扰试验的要求等。

3.2 气体中沿固体介质表面放电

沿气体、固体电介质交界面处的气体放电是电力系统的主要事故之一。沿面放电是一种气体放电现象，由于介质分界面上的电压分布不均匀，沿面闪络电压比气体或固体单独存在时的击穿电压都低。

沿面放电和固体介质表面的电场分布有很大关系。以绝缘结构来分析，固体电介质处于电极间电场中的形式有以下 3 种类型。

(1) 固体介质处于均匀电场中，固体介质与气体的分界面和电力线方向平行，如图 3-2 (a) 所示。这种情况虽在工程中较少遇到，但实际绝缘结构中常有介质处于稍不均匀电场中的情况，它的放电现象和均匀电场中的情况有很多相似之处。

(2) 固体介质处于极不均匀电场中，且电场强度垂直于介质表面的分量要比平行于介质表面的分量大得多，如图 3-2（b）所示。即极不均匀电场具有强垂直分量，套管就属于这种情况。

（3）固体介质处于极不均匀电场中，但在介质表面大部分地方（除紧靠电极的很小区域），电场强度平行于表面的分量要比垂直分量大，如图 3-2（c）所示。即极不均匀电场具有弱垂直分量，支柱绝缘子就属于这种情况。

这 3 种情况下的沿面放电现象有很大差别，下面分别讨论。

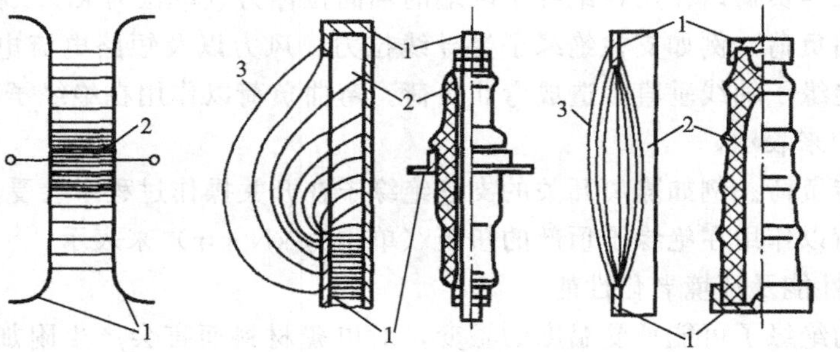

(a) 均匀电场　(b) 极不均匀电场具有强垂直分量　(c) 极不均匀电场具有弱垂直分量

图 3-2　固体电介质处于电极间电场中的几种典型布置方式

1-电极；2-固体介质；3-电位线

3. 2. 1　均匀电场中的沿面放电

图 3-2（a）所示为一放在均匀电场中的圆柱形固体介质，圆柱表面和电力线平行。虽然固体圆柱的存在似乎并未影响极板间的电场分布，且用固体置换气体，整个间隙的击穿电压似乎至少不应比纯空气间隙低，似乎电极间任何地方的气体发生击穿的可能性是相同的。但实际上放电总是发生在固体介质表面，而且沿固体表面的闪络电压比纯空气间隙的击穿电压要低得多。图 3-3 给出了一组实测曲线，造成这种现象的主要原因如下：

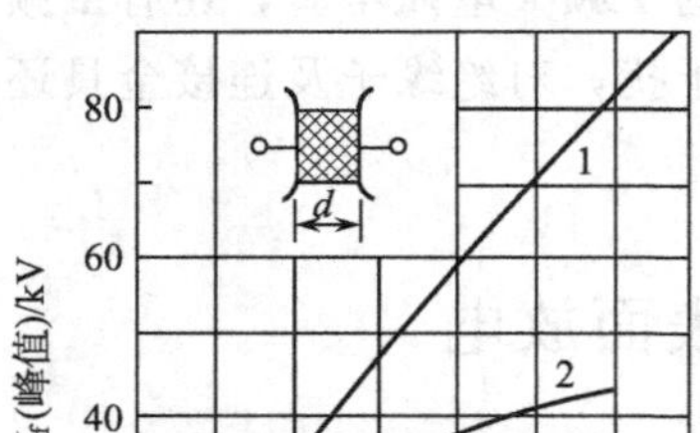

图 3-3　均匀电场中沿固体介质表面闪络电压与闪络距离之间的关系

1-空气间隙击穿；2-雷电冲击沿面闪络电压；3-工频沿面闪络电压

（1）固体介质表面会吸附气体中的水分形成水膜。由于水膜具有离子电导，离子在电场中沿介质表面移动，电极附近逐渐积累起电荷，使介质表面电压分布不均匀，从而使沿面闪络电压低于空气间隙的击穿电压。

（2）介质表面电阻不均匀以及介质表面有伤痕

裂纹会畸变电场的分布，使闪络电压降低。

（3）若电极和固体介质端面间存在气隙，气隙处场强大，极易发生电离，产生的带电质点到达介质表面，会畸变原电场分布，从而使闪络电压降低。

越易吸湿的固体，例如玻璃、电瓷等，沿面闪络电压越低。由于表面水分中离子沿电场移动需要时间，因此工频电压、直流电压作用下的沿面闪络电压比冲击电压下的沿面闪络电压还要低。

均匀电场沿面放电的情况在工程实际中很难遇到，而稍不均匀情况有应用。

3.2.2 极不均匀电场中的沿面放电

1. 极不均匀电场具有强垂直分量时的沿面放电

套管绝缘子具有这种电场形式，实例如图 3-2（b）所示。在这种结构中介质表面各处的场强差别很大，在工频电压作用下会出现滑闪放电，放电过程如下：

如图 3-4 所示，随着外施电压的增高，在法兰的边缘处首先出现浅蓝色的电晕放电，然后随着电压的进一步升高，放电形成平行向前伸展的许多细光线，称作辉光放电。辉光放电的长度随着电压的升高而增长。当电压到某临界值时，其中某些细线的长度迅速增长，并转变为较明亮的浅紫色的树枝状火花。此种放电很不稳定，迅速改变放电路径，并有爆裂声响，这种放电现象称滑闪放电。

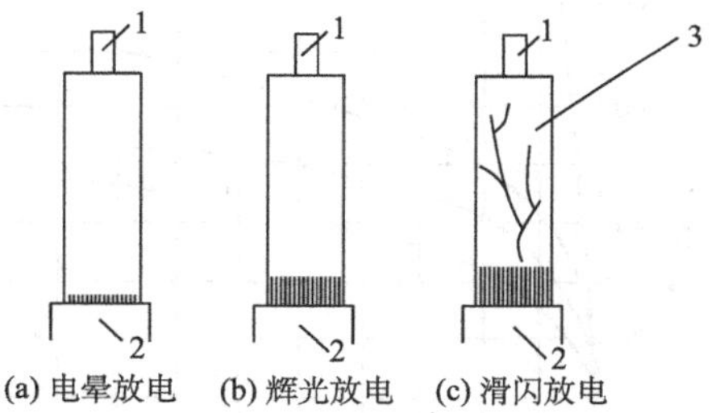

图 3-4 工频电压下沿面放电发展过程示意图
1-导电杆；2-法兰；3-固体电介质

滑闪放电的火花长度随外施电压的升高而迅速增长，因而出现滑闪后，电压只需增加不多，放电火花就能延伸到另一电极，形成闪络。

滑闪放电是具有强垂直分量绝缘结构的特有放电形式。其他绝缘结构不会出现滑闪放电现象。

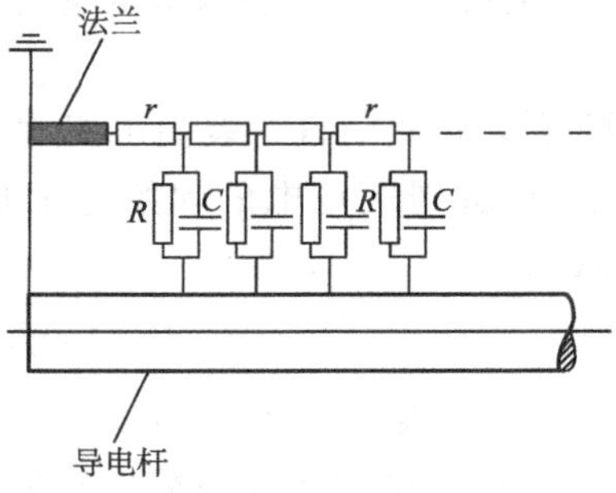

图 3-5 套管绝缘子等效电路
C-表面电容；R-体积电阻；r-表面电阻

滑闪放电现象可用图 3-5 所示的等效电路来解释。不难看出，在法兰附近沿介质表面的电流密度最大，在该处介质表面的电位梯度也最大，当此处电位梯度达到使气体电离的数值时，就出现了初始的沿面放电。随着电压的升高，此放电进一步发展。在电场垂直分量的作用下，带电质点撞击介质表面，引起局部温度升高，达到足以引起热电离的温度。从而使通道中带电质点数量剧增，电阻剧降，通道头部场强增加，导致通道迅速增长，出现滑闪放电。出现热电离是滑闪放电的特征。出现滑闪放电后，放电发展很快，迅速贯通两电极，完成闪络过程。

滑闪放电的起始电压 U_0 和各参数的关系是

$$U_0 = E_0 / \sqrt{\omega C_0 \rho_s} \tag{3-1}$$

式中，E_0 是滑闪放电的起始场强；ω 是电压的角频率；C_0 是比表面电容；ρ_s 是表面电阻率。

比表面电容是单位面积介质表面与另一电极间的电容值，对于导电杆半径为 r_1，绝缘层外半径为 r_2 的绝缘结构（见图 3-4），其比表面电容 C_0 为

$$C_0 = \varepsilon_r [4\pi \times 9 \times 10^{11} \times r_2 \ln(r_2/r_1)] \tag{3-2}$$

式中，C_0 的单位为 F/cm^2；r_1、r_2 的单位为 cm。

出现滑闪放电的条件是：电场必须有足够的垂直分量；此外电压必须是交变的，在直流电压作用下不会出现滑闪放电现象。

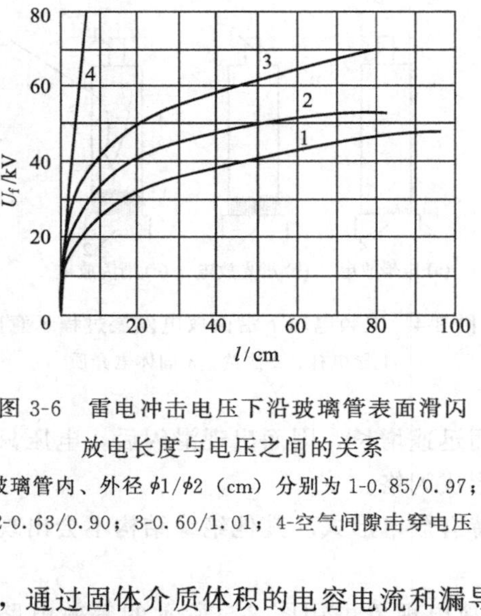

图 3-6　雷电冲击电压下沿玻璃管表面滑闪放电长度与电压之间的关系

玻璃管内、外径 $\phi 1/\phi 2$ (cm) 分别为 1-0.85/0.97；2-0.63/0.90；3-0.60/1.01；4-空气间隙击穿电压

电压交变的速度越快，越容易滑闪放电，冲击电压比工频电压更易引起滑闪，图 3-6 给出了一组冲击沿面闪络电压曲线。滑闪放电电压和比表面电容 C_0 有关，C_0 越大，越易滑闪。增大固体介质的厚度，或采用相对介电常数较小的固体介质，都可提高滑闪放电电压。减小表面电阻率 ρ_s，也可提高滑闪放电电压，工程上常采用在套管的法兰附近涂半导电漆的方法来减小表面电阻率 ρ_s。

滑闪情况下，沿面闪络电压和沿面距离不成正比关系，因此靠增长沿面距离来提高闪络电压的方法，在此种绝缘结构下效果并不显著。这是因为当沿面距离增加时，通过固体介质体积的电容电流和漏导电流都将随之很快增长，不仅没有改善滑闪起始区域的场强，反而使沿面电压分布更加不均匀。

在工频交流电压的作用下，ω 是定值，对一定的绝缘介质而言，表面电阻率 ρ_s 也是定值，滑闪放电的起始场强 E_0 也基本变化不大。因此滑闪放电的起始电压 U_0 主要和比表面电容值 C_0 有关。由试验获得的经验公式为

$$U_{cr} = 1.36 \times 10^{-4} / C_0^{0.44} \tag{3-3}$$

式中，U_{cr} 为工频滑闪放电的起始电压有效值（kV）；C_0 为比表面电容（F/cm^2）。

式（3-3）的适用范围是 $C_0 > 0.25 \times 10^{-12} F/cm^2$。工程上可用此经验公式来估算套管的滑闪放电起始电压。当 C_0 小于此值时，式（3-3）只能做近似估算。

工频滑闪放电起始电压U_{cr}的计算对绝缘结构的设计非常重要。工频试验电压下，只要不出现滑闪放电，绝缘尺寸应尽量小。

冲击电压下，电压的等效频率比工频高得多，电场的强垂直分量更明显。从式（3-1）可知，冲击电压下的滑闪放电电压将更低。因此冲击试验电压下允许滑闪，但滑闪放电的火花不得贯通两电极。

2. 极不均匀电场具有弱垂直分量时的沿面放电

这种情况以支柱绝缘子较为典型，如图 3-2（c）所示。这时，电场本身已极不均匀，介质表面电荷的堆积已不会再造成电场更大的改变。另外，电场的垂直分量小，沿面电容电流也小，没有明显的滑闪放电。因而在这种情况下沿面放电电压比同电极结构下纯空气间隙放电电压降低不多，提高放电电压的途径也主要是用均压屏蔽环等改变电极形状，缓和局部的高场强，适当均匀整体电场分布。

对于极不均匀电场具有弱垂直分量时的沿面放电，其闪络电压可以按下面经验公式计算。

工频电压作用下

$$U_f = 5.6l_d^{0.9} \quad \text{kV} \quad \text{（有效值）} \tag{3-4}$$

式中，l_d 为干闪距离(cm)，20cm≤l_d≤250cm。

操作冲击电压下

$$U_f = 31.5l_d^{0.6} \quad \text{kV} \tag{3-5}$$

式中，l_d 为干闪距离(cm)，200cm≤l_d≤700cm。

雷电冲击电压下

$$U_f = 7.8l_d^{0.92} \quad \text{kV} \tag{3-6}$$

式中，l_d 为干闪距离(cm)，20cm≤l_d≤250cm。

对于干闪距离在 2m 以上的支柱绝缘子，应采用能够使沿绝缘子柱电压分布均匀的有效措施，如加装均压环等以提高闪络电压。

3.2.3 介质表面被雨水淋湿时的沿面放电

电介质表面如果被雨水完全淋湿，雨水会形成连续的导电膜，泄漏电流就会大增，导致沿面闪络电压降低。即使介质表面部分被雨水淋湿，那么干区首先击穿并向湿区发展导致贯穿性击穿，因此闪络电压也将降低。总之在淋雨状况下固体介质的沿面闪络电压会明显降低。降低的程度随着电压的种类和电压作用时间、雨水电阻率、降雨方向与水平面的角度、降雨量的不同而异。一般来说，电压波形的等值频率越低、电压作用时间越长、雨水电阻率越低、降雨方向与水平面的角度越小、降雨量越大，闪络电压的降低程度越大。以常用的线路盘形悬式绝缘子为例，其干闪与雨闪电压之比与作用电压种类的关系如下。

雷电冲击电压：$U_{雨闪} =$ （0.9～0.95）$U_{干闪}$

一分钟工频电压：$U_{雨闪}=(0.50\sim0.72)U_{干闪}$

一分钟直流电压：$U_{雨闪}=(0.36\sim0.50)U_{干闪}$

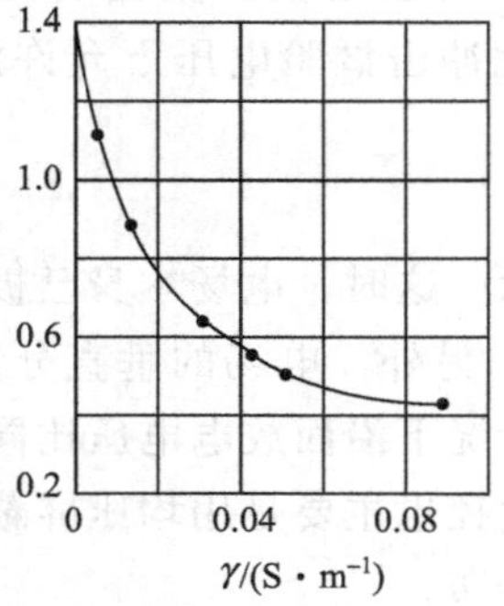

图 3-7　雨水电导率对湿闪电压的影响

（取雨水电导率 γ 为 10^{-2}S·m^{-1}时的闪络电压为 1.0）

以上数据是在标准雨下的试验结果。图 3-7 所示为雨水的电导率对湿闪电压的影响。

考核外绝缘抗湿闪能力应用湿闪试验。在 GB775.2—2003 绝缘子试验方法中规定：人造雨水的体积电阻率在 20℃时应为 100±15Ω·m；喷出的雨滴应细小均匀，降雨方向与水平面近似成 45°角；降雨量的水平分量和垂直分量都应在 1.0～1.5mm/min 范围内。

3.2.4　介质表面脏污时的沿面放电及污秽地区绝缘

绝缘子是外绝缘最主要的部件，运行在户外的各种绝缘子必须长年面对大气环境的侵袭，雨会导致湿闪，覆冰会导致冰闪，雷击过电压会造成雷闪，操作过电压会导致操作闪络。但是几种闪络中对电力系统危害最大的却是污闪，雷闪占外绝缘闪络次数的第一位，但污闪造成的损失却是雷害的近 10 倍。

电力系统的绝缘事故不外乎两方面原因：一是电压升高，二是绝缘能力下降。污闪发生在工作电压作用下，因而属于典型的绝缘能力下降的问题。污秽对固体介质沿面闪络电压的影响极大，以盘形悬式绝缘子为例，一片普通型盘形悬式绝缘子的干闪电压约为 75kV，雨闪电压约为 45kV，但在潮湿脏污条件下的污闪电压可能不到 10kV。又由于绝缘子污染及湿润都是在较大范围内发生的情况，不是个别绝缘子串的问题，因而污闪事故的波及面大，往往造成长时间、大面积的停电事故，是对电力系统安全运行的严重威胁，必须给予高度重视。

1971～1994 年全国 35～500kV 输电线路共发生污闪 3542 条次，1971～1992 年全国 35～500kV 变电站共发生污闪 1768 站次。1990 年春、1996 年底、1999 年春，华东、华中、华北等地，以及 2001 年春东北、华北等地一再发生大范围的污闪事故。高电压外绝缘的大面积污闪事故已成为我国电力系统安全运行的主要威胁之一，污秽绝缘水平已成为选择超高压、特高压系统外绝缘水平的决定性因素。直流电压下，污闪问题更严重，成为直流输电中的几大难题之一。

绝缘子污闪早期最让人困惑的就是其过分低的闪络电压。比如极不均匀电场棒-板空气间隙的工频击穿场强一般为 5kV/cm（峰值）；5m 长的棒-棒空气间隙，其工频击穿场强约为 4kV/cm（峰值）；即使 10m 长的棒-板空气间隙，其工频击穿场强也还有 2kV/cm（峰值）。而属于棒-棒间隙的绝缘子串空气间隙，其平均工作场强一般仅为 0.9kV/cm（峰值），却还一再发生污闪，说明污闪的确有不同于空气间隙击穿的机理。

1. 污闪及其过程

绝缘子表面长年在户外运行，不可避免会变脏、落灰，即会逐渐积聚一层污秽层，在潮湿天气下，污秽层受潮成为覆盖在绝缘子表面的导电层，最终引发局部电弧并发展成沿面闪络，即污闪。污闪大致可以分为如下几个阶段或过程。

1）污秽的沉积

在风力、重力、电场力等因素的作用下，大气中的飘尘、飞灰等污秽物会接近并逐渐沉积在绝缘子表面，绝缘子外形通常影响绝缘子周围的气流场，也对绝缘子的积污有明显的影响。绝缘子表面的污秽物，按其来源主要分来自发电厂、钢铁厂、水泥厂的粉尘，化工厂的废气，汽车尾气等工业性污秽，来自沿海地区风中的盐微粒等海洋污秽，以及来自盐碱地区、农田化肥、居民生活的自然污秽与农业污秽。

污秽的成分随地区和污秽源的不同有很大差别。污秽物的成分尽管复杂，但从总体上可将它们分为可溶于水的导电物质和不溶于水的惰性物质两大类。

绝缘子运行一段时间后，表面就会逐渐积聚一层污秽，风雨较大时会冲掉一些。因而积污实际上是一个污秽积累与自清洁并存的过程。

2）污秽的受潮

在干燥状态下，绝缘子表面的积污层对沿面闪络电压没有明显影响。但在潮湿的气候条件下，如雾、毛毛雨、凝露、融雪、融冰等的条件下，绝缘子的污层会受潮，污物中的电解质成分会溶于水中，形成导电的水膜。于是将有泄漏电流沿绝缘子表面流过。污物中的非电解质成分起吸附水分的作用。大雨虽对污层也有湿润作用，但大雨对污层同时也起到清洗的作用，因此对污闪而言，大雨并不是最危险的气象条件。

在大雾、毛毛雨、凝露、融雪、融冰等降水不大但很潮湿的天气下，污层会逐渐吸湿受潮但又没有流失，因此是发生污闪最危险的气象条件。

3）干区的形成及局部电弧的产生

由于泄漏电流的焦耳热效应会使水分蒸发，在绝缘子的某些部位电流密度较大，热效应显著，因而先形成干区。干区的出现，使沿绝缘子表面的电压分布发生了变化。在干区两端承受着较大的电压，当干区某处的场强超过空气放电的临界值时，该处就会发生沿面放电，放电的形式可能是火花放电，或是编织状的浅蓝色或黄色细线放电，或是跨越干区的局部小电弧。放电的形式和绝缘子的脏污及受潮程度有关，这类放电是很不稳定的，间歇状的，放电出现的部位及时间都是随机的，这种间歇的放电现象可能会持续相当长的时间。

4）局部电弧的发展及闪络的完成

视绝缘子的脏污和受潮状况的不同，局部电弧的发展变化可能逐渐减弱，绝缘子可继续运行，也可能会发展成贯穿两极间的闪络，从而造成污闪事故。

奥本诺斯于 20 世纪 50 年代首先提出了表面电弧与剩余污层电阻相串联而发生污闪的物理模型，如图 3-8 所示。当外施电压为 U 时，电弧的维持方程为

$$U = AXI^{-n} + IR(X) \qquad (3\text{-}7)$$

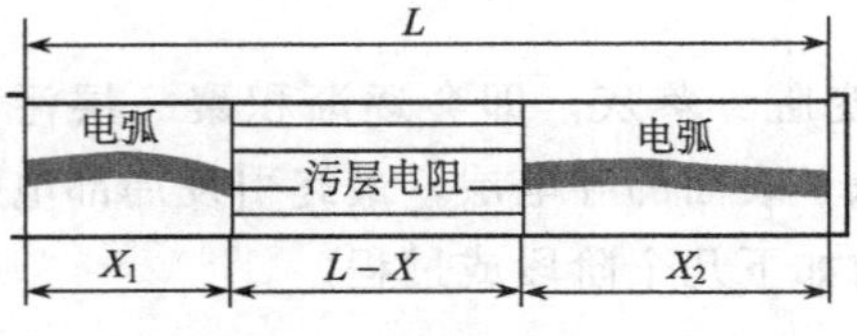

图 3-8　污闪的物理模型

X-总弧长，$X=X_1+X_2$；L-爬电距离；

$L-X$-剩余污层长度

式中，X 为电弧长度；I 为流过表面的电流；$R(X)$ 为电弧长度为 X 时的剩余污层电阻；A，n 为静态电弧特性常数。

式（3-7）中 AXI^{-n} 代表局部电弧的压降，为负伏安特性，压降随电流的增大而减小；$IR(X)$ 代表剩余污层电阻上的压降，为正伏安特性，压降随电流的增大而增大。外施电压 U 为二者之和，如图 3-9 所示。对于某一电弧长度 X，必有一外施电压的最小值 U_{min}。若外施电压小于 U_{min}，则电弧不能维持；若外施电压大于 U_{min}，则电弧可以维持并向前延伸发展。最小维持电压 U_{min} 和弧长 X 的关系如图 3-10 所示。当弧长小于临界弧长 X_c 时，每增加弧长 ΔX，必须将外施电压相应增加 ΔU，否则电弧不能维持，弧长将缩回原长；当弧长大于 X_c 时，即使外施电压不增加，电弧仍能自动延伸，直至贯通两端电极。

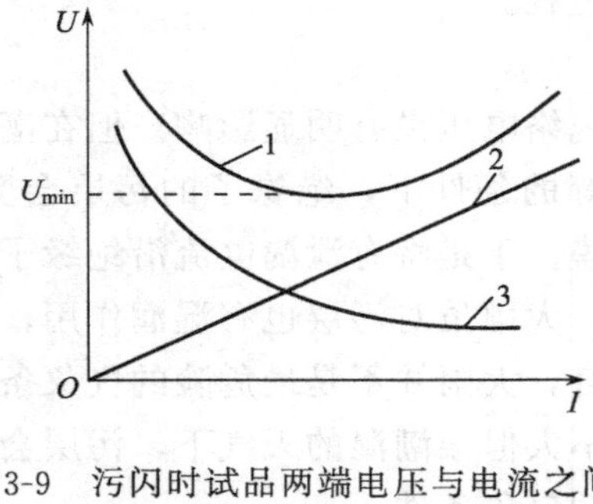

图 3-9　污闪时试品两端电压与电流之间关系

1-合成电压 U；2-污层电阻压降 IR（X）；

3-局部电弧压降 AXI^{-n}

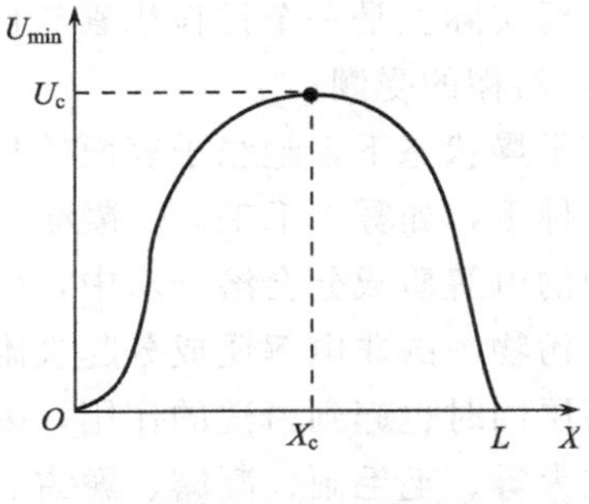

图 3-10　最小维持电压 U_{min} 和弧长 X 的关系

为简化分析，假设沿脏污表面是一块长度为 L 的矩形玻璃板，板上污层均匀，即每单位长度污层电阻为 r_c，板上电流分布亦均匀，即 $R(X)=r(L-X)$。可以推导出电弧发展的临界弧长 X_c 及污闪临界电压 U_c 为

$$X_c = L(n+1) \tag{3-8}$$

$$U_c = A^{\frac{1}{n+1}} \cdot L^{\frac{n}{r_c^{n}+1}} \tag{3-9}$$

式中，L 为绝缘子的爬电距离；X_c 为临界弧长；A、n 为电弧常数。

式（3-9）表明，绝缘子的污闪电压随着爬电距离 L 的增加而增加，因而增加爬电距离是提高绝缘耐污闪能力的常用措施。在式（3-7）的模型中没有考虑交流电流过零时电弧会熄灭的问题，后经深入研究，补充了交流电弧过零后的恢复条件，得到对于存在明显熄灭、重燃现象的交流电弧污闪模型为

$$U_m = AXI^{-n} + I_m R(X)$$

$$E_m = 1050/I_m$$

对不存在明显熄灭、重燃现象的交流电弧污闪模型为

$$U_m = AXI^{-n} + I_m R(X)$$

$$E_m = 531/I_m$$

上述两组公式中的第一式均为交流污秽放电峰值时刻的方程，U_m、I_m 均为峰值。此交流方程当然也要求最大弧长达到临界弧长才可能闪络，但交流电弧要发展到临界弧长一般要经过若干个周波才能实现，所以两组公式中都要补充第二式来满足交流电弧的恢复条件。

也正因为绝缘子表面电弧在一定条件下的自动发展，使得绝缘子的污闪电压大大低于纯空气间隙的击穿电压。因此沿面电弧何以能自动发展，成为了研究的重点。为了揭示电弧达到临界长度后失稳、自动发展的物理本质，有人提出可能是由于某种力在推动使电弧发展。

按照奥本诺斯模型，用模拟电荷法来计算，结果表明，若表面电导率为 20μS，则电弧根部场强为 8.4kV/cm，弧根与空气接触面的最大场强为 7kV/cm，均比 30kV/cm 低得多。实测弧根前部 3m 内的平均场强仅为 0.5kV/cm，同时高速摄影机在 5000 幅/秒速度下测得电弧的发展速度仅为 183～337m/s。这些实测结果与计算结果均表明，无论从弧根处的场强，还是从电弧的发展速度来看，当电弧发展达到临界点后，仍是电弧的延伸而不是空气的击穿。

从热角度的研究结果表明，弧温随弧长的发展而升高，当弧长为爬电距离的 20%～30%时，弧温不到 5000K；当弧长达到爬电距离的 60%～70%时，弧温达 5000～10000K；在临闪前，弧温达到 10000～14000K，在这个温度下污秽层中的钠离子达到完全电离。由于这个实验只是在 NaCl 污层上进行的，还不能说明临界点就是全电离点，但可以说污闪的临界条件是由于温度的原因而不是电场的原因。

2. *绝缘子表面污秽度的评定*

绝缘子表面越“脏”，污闪电压就越低，污秽度评定的内容就是如何定量地评价绝缘子“脏”的程度。绝缘子表面的污秽可分为湿润后导电的部分（如 NaCl、$CaSO_4$ 等各种盐）和不导电的部分（如 SiO_2 等各种灰）。导电部分对泄漏电流、污闪的发生自然有利；不导电部分吸收水分，保持了绝缘子表面一定的含水量，从而对泄漏电流与污闪的发生也有显著影响。污秽度可以用不同的参数、方法来表示，下面介绍几种具体的污秽度评定方法。

1）等值盐密法

这是全世界用得最广泛的方法，许多国际、国家标准都采用等值盐密法来划分污秽等级。所谓等值盐密法就是把绝缘子表面的污秽密度按照其导电性转化为单位面积上 NaCl 含量的一种表示方法。具体来说是用 300ml 蒸馏水，洗下并溶解一片绝缘子（表面积约 $1500cm^2$）表面的污秽，在另一杯 300ml 蒸馏水中逐渐放入 NaCl，直至两

杯水的电导率相等，则用放入的 NaCl 量（单位为 mg）除以绝缘子表面积（单位为 cm^2），所得结果称该绝缘子的等值附盐密度，简称等值盐密，单位为 mg/cm^2。

但等值盐密只反映了污秽中的导电部分，因此往往同时将从绝缘子表面洗下的 300ml 污秽溶液过滤、烘干，测量其中不溶物的含量，除以绝缘子表面积，得到附灰密度，简称灰密，单位也是 mg/cm^2。

等值盐密法的最大优点是直观易懂，对人员和测量设备要求不高，便于大范围测量，因此得到广泛应用。我国从 20 世纪 70 年代开始大范围采用等值盐密法，积累了大量数据。1992～1995 年各地电力部门逐渐绘制了覆盖全国的污区分布图，对全国的外绝缘污秽等级进行了划分，目的是按照不同污秽状况选择相应的绝缘水平。绘制污区图的主要依据除污湿特征和各地区具体的运行经验外，就是等值盐密。我国国家标准 GB/T16434—1996 推荐了高压架空线路和发电厂、变电所外绝缘污秽等级和对应的盐密值，如表 3-1 所示。

表 3-1　高压线路、发电厂、变电所污秽等级

污秽等级	污湿特征	盐密/(mg/cm^2)	
		线路	发电厂、变电所
0	大气清洁地区及离海岸盐场 50km 以上无明显污染地区	≤0.03	
Ⅰ	大气轻度污染地区，工业区和人口低密集区，离海岸盐场 10～50km 地区。在污闪季节中干燥少雾（含毛毛雨）或雨量较多时	0.03～0.06	≤0.06
Ⅱ	大气中等污染地区，轻盐碱和炉烟污秽地区，离海岸盐场 3～10km 地区，在污闪季节中潮湿多雾（含毛毛雨）但雨量较少时	0.06～0.1	0.06～0.1
Ⅲ	大气污染较严重地区，重雾和重盐碱地区，近海岸盐场 1～3km 地区，工业与人口密度较大地区，离化学污源和炉烟污秽 300～1500m 的较严重污秽地区	0.1～0.25	0.1～0.25
Ⅳ	大气特别严重污染地区，离海岸盐场 1km 以内，离化学污源和炉烟污秽 300m 以内的地区	0.25～0.35	0.25～0.35

等值盐密法的缺点是不能反映污秽成分，不能反映非导电物的含量和污秽在绝缘子上的分布。并且从污闪的 4 阶段来说，等值盐密只反映积污结果，不能反映污秽的受潮和局部电弧的发展。因此国内外对等值盐密法的有效性也有很多争论。因此，国家标准 GB/T16434—1996 明确规定，在确定污区等级时，当运行经验、污湿特征和等值盐密三者不一致时，应依据运行经验决定。

除等值盐密法外，CIGRE（国际大电网会议）同时还推荐有评定绝缘子污秽度的其他方法，如积分电导率法、泄漏电流脉冲计数法、最大泄漏电流法和绝缘子污闪梯度法等多种方法，另外，还有受到许多研究者关注的局部电导率法。

2）积分电导率法

此法测量绝缘子受潮后的表面电流，按照不同绝缘子的几何形状，计算出绝缘子的表面电导值，表示绝缘子的污秽度。此法包含了绝缘子积污及受潮两个阶段，对污闪过程的反映比等值盐密法更全面，但对测量条件、设备及操作技术要求较高。另外，在现场对体积大的试品进行湿润也有困难，测量结果受绝缘子形状影响较大，稍有不慎，就会得出不合理的结果。

3）泄漏电流脉冲计数法

泄漏电流并非是一个稳定值，而是不断变化的，时大时小，时有时无。因此用泄漏电流超过某预值的脉冲电流的次数来表示绝缘子的污秽度，称脉冲计数法。此法的优点是可以在线连续监测，实行起来也比较方便，而且这种方法还反映了绝缘子污闪4个阶段的全过程情况，因此自然污秽试验站常常采用此方法进行常年观测。此方法的缺点是脉冲频数只能在相对意义上反映污秽度的轻重，由于绝缘子受潮状况的不可控，脉冲计数与污闪电压之间没有直接的定量关系。

4）最大泄漏电流法

该法测量污秽绝缘子受潮后的表面泄漏电流，以一定时间内泄漏电流最大值的大小评定绝缘子的污秽度。这种污秽度评定方法也反映了绝缘子污闪 4 个阶段的全过程情况，也可以用于在线监测，还可以用来报警。但此法受环境条件影响较大，只能用于经常潮湿的地区，而不能用于有干季节的地区。

5）污闪梯度法

此法将不同形式、不同串长的多串绝缘子长时间挂在自然污秽试验站，最先闪络的必然是耐污性能最差的绝缘子或串长最短的绝缘子串。此法以绝缘子的最短耐受串长，或最大污闪电压梯度来表征当地的污秽度，其结果可以直接用于污秽绝缘的选择。此法的优点是在真实的污秽情况下测定真实绝缘子串的耐污性能，以及绝缘子耐污性能之间的优劣顺序，直接给出绝缘水平。缺点是费时费钱，得出一个结论动辄数年，而且这一地区的结论不一定能够应用于其他地区。

6）局部电导率法

此法是用小探头测出绝缘子表面数点的局部电导率，然后算出整个绝缘子的污秽度。这种方法简便易行，不加高压，绝缘子不用整体受潮，不仅综合了以上几种方法的优点，而且可以多年连续监测某一片绝缘子的污秽度的变化。但目前实际使用还很少，处于积累经验并逐步推广阶段。

3. 绝缘子的污秽试验

仅仅评定了绝缘子的污秽度还远远不够，必须把污秽度与污闪电压联系起来才能对运行中绝缘子的可靠性提出评价，为新建线路绝缘水平的选择提供依据。

1）人工污秽试验

人工污秽试验是建立在人工模拟绝缘子污染、放电的基础上的，模拟绝缘子表面的积污、污层的受潮和施加的电压。IEC 及我国的绝缘子人工污秽试验都分固体层法与盐雾法两类。

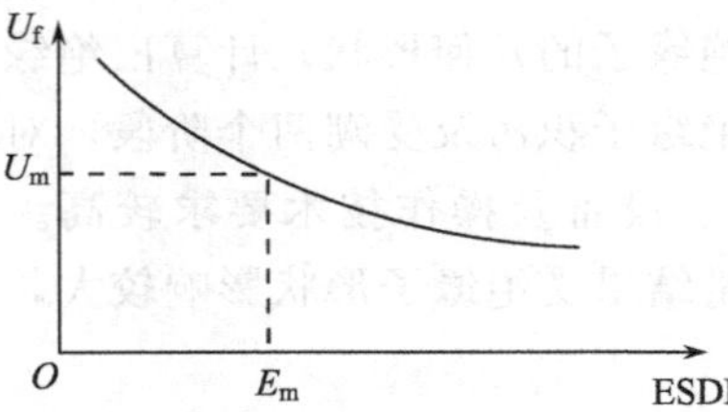

图 3-11　污闪电压与等值盐密的关系

（1）固体层法。固体层法是先将绝缘子人工涂敷上一层模拟污层，把定量的 NaCl（模拟导电性污秽）及硅藻土（SiO_2 粉末，模拟自然污秽中吸水但不导电的物质）用水混合起来，涂到绝缘子表面，形成一层模拟污层。然后在人工雾室中用自来水产生雾（与盐雾相比，称清洁雾），使绝缘子受潮，求出绝缘子的闪络电压或耐受电压。固体层法的模拟，比较接近于在运行中已经污染的绝缘子突然面临潮湿气象条件时的情况。在不同等值盐密下进行大量试验后，即可得出某种绝缘子的等值盐密 ESDD 与闪络电压 U_f 的关系曲线，如图3-11所示。

在图 3-11 的曲线上，可由绝缘子串的最高运行电压 U_m 找出最大耐受盐密 E_m。在运行中不断监测绝缘子的等值盐密，若 ESDD 接近最大耐受值，则应提前采取措施。

（2）盐雾法。盐雾法是将含一定 NaCl 的盐水雾化后喷到原本清洁的绝缘子周围，以求得在该盐度下绝缘子的闪络电压或耐受电压。盐雾法的模拟比较接近于在运行中绝缘子突然面临高含盐量的海雾侵袭时的情况。IEC 及我国标准规定的盐度范围为每立方米自来水中含 2.5～224kg 的 NaCl。

人工污秽试验的优点是可以在较短期内获得大量试验数据，其缺点是与自然污秽的等价性存在不客观性。

2）自然污秽试验

自然界的污秽是多种多样的，用 NaCl 不可能准确模拟全部污秽，因此除人工污秽试验外，还有自然污秽试验。

自然污秽试验也分两类：一类是把运行一段时间自然积污的绝缘子取回，在雾室中用清洁雾受潮，加电压，求闪络电压与等值盐密的关系，称为自然污秽人工雾试验；另一类是在自然污秽试验站中直接获得自然积污、自然受潮下的污闪梯度。

自然污秽试验可以较为真实地反映运行中绝缘子的实际污秽状况，但取得一个数据花费时间太长，而且试品有限，数据也很有限。并且各地污秽性质不同，某地区的运行经验也难以在其他地区推广。

4. 提高沿面放电电压的方法

为提高沿固体电介质表面的闪络电压。工程上常采用下述一些方法。

1）屏障

如果使安放在电场中的固体介质在电场等位面方向具有突出的棱缘（称为屏障），则能显著提高沿面闪络电压。图 3-12 所示为在光滑圆柱上加棱后对闪络电压提高程度的试验结果。此棱缘不仅起到增加沿面爬电距离的作用，而且也起到阻碍放电发展的屏障作用。实际绝缘子的伞棱都起着屏障的作用。

2）屏蔽

屏蔽是指改善电极形状，使电极附近的电场分布趋于均匀，从而提高沿面闪络电压。如图 3-13 所示，A 是无屏蔽电极，表面电场分布不均匀，沿面放电容易从此电极处开始；B 电极是屏蔽电极，电场分布将变得均匀，沿面放电电压将得到提高。如果此绝缘子两端都采用 B 电极，则两电极附近的电场分布都可以得到改善，从而提高沿面闪络电压。很多高压电气设备出线套管的顶端都采用屏蔽电极，有在固体介质内嵌入金属以改善电场分布的方法，称作内屏蔽。图 3-14 所示为组合电器内同轴系统支撑绝缘子也称盆式绝缘子的结构实例，内嵌的金属环起到改善电极与固体介质接触部位电场分布的作用，因而能提高沿面闪络电压。图 3-15 是内屏蔽电极用在支柱绝缘子中的示意图。

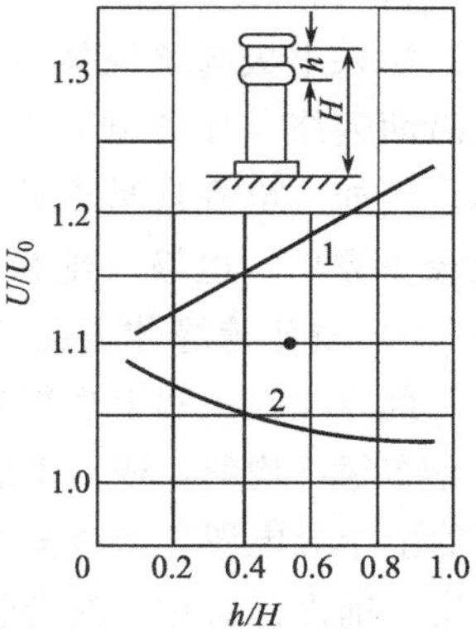

图 3-12 棱缘位置对冲击闪络电压（8μs）的影响

1-负极性；2-正极性；U_0-光滑圆柱闪络电压

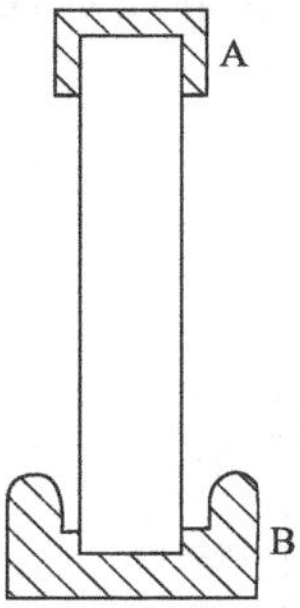

图 3-13 外屏蔽示意图

A-无屏蔽电极；B-屏蔽形式电极

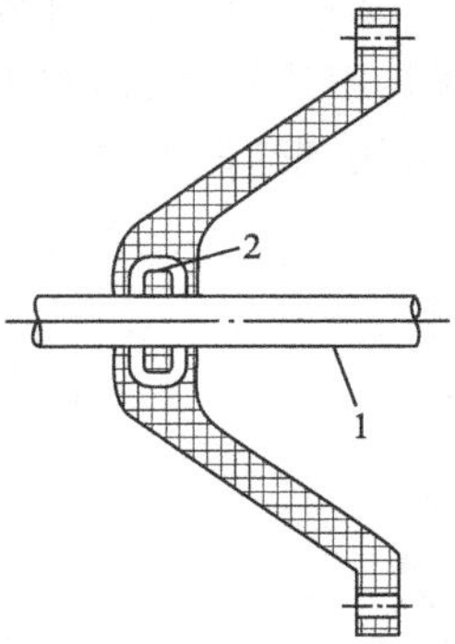

图 3-14 盆形绝缘子中的内屏蔽电极

1-导电杆；2-内屏蔽电极

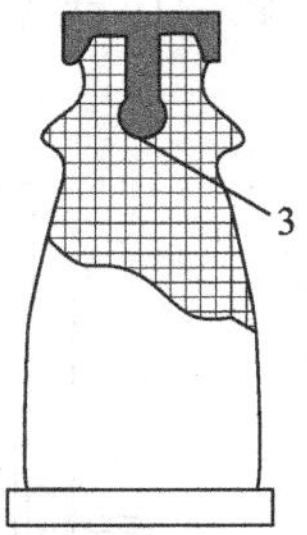

图 3-15 支柱绝缘子中的内屏蔽电极

3-内屏蔽电极

3）提高表面憎水性

以纤维素为基础的有机绝缘材料具有很强的吸潮性能，受潮后绝缘性能显著变坏。玻璃和电瓷是离子型电介质，它们虽然不吸水，但均具有较强的亲水性，吸附的水分能在表面形成连续水膜，大大增加了表面电导，降低了沿面闪络电压。

硅有机化合物具有很强的憎水性，用硅有机化合物对纤维素电介质（如电缆纸、电容器纸、布、带、纱等）做憎水处理后，纤维素分子被憎水剂分子所包覆，纤维素中的空隙被憎水剂高分子物质填满，从而大大降低了纤维素电介质的吸水性，提高了憎水性。对电瓷、玻璃等介质也可用表面涂抹憎水涂料的方法提高沿面闪络电压。

4）消除绝缘体与电极接触面处的缝隙

如果电极与绝缘体接触面不密合，留有缝隙，则在此缝隙处极易发生局部放电，使沿面闪络电压急剧降低。消除缝隙最有效的方法是将电极与绝缘体浇铸嵌装在一起。例如，电瓷或玻璃绝缘体与电极常常用水泥浇铸在一起；SF_6 气体绝缘装置内的绝缘支撑件、电极、绝缘体也直接浇铸在一起。

5）改变绝缘体表面的电阻率

此方法在工程上也得到较多的应用，例如大电机定子绕组槽口附近导线绝缘上的电位分布很不均匀，槽口附近绝缘表面的电位梯度很高，很容易发生沿面放电。在槽口附近涂上半导电漆，使该段绝缘表面电阻减小很多，这样就能大大减小该绝缘表面的电位梯度。前面已讲过，对套管类具有强垂直分量电场分布的绝缘结构来说，为了提高沿面闪络电压，除了减小表面电容外，减小绝缘体的表面电阻率也是一种行之有效的方法。

6）强制固体介质表面的电位分布

在高压套管及电缆终端头等设备中，常用在绝缘内部加电容极板的方法来使轴向及径向的电位分布均匀，从而达到提高沿面闪络电压的目的。图 3-16 就是电容式套管内加电容极板的结构示意图。

在工程实际中还用在绝缘表面加中间电极，并固定这些电极的电位等方法来使沿面的电位分布较均匀。图 3-17 就是应用这种方法的原理示意图。在静电加速器、串接高压试验变压器等设备中常常会用到这些方法。

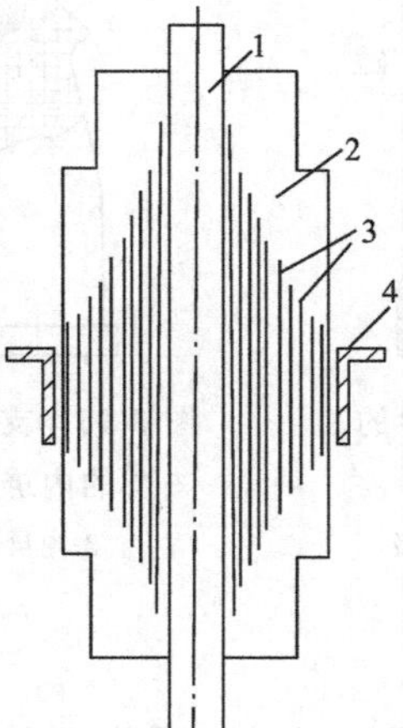

图 3-16　用电容极板调整电场示意图

1-导杆；2-绝缘层；3-中间电容极板；4-法兰

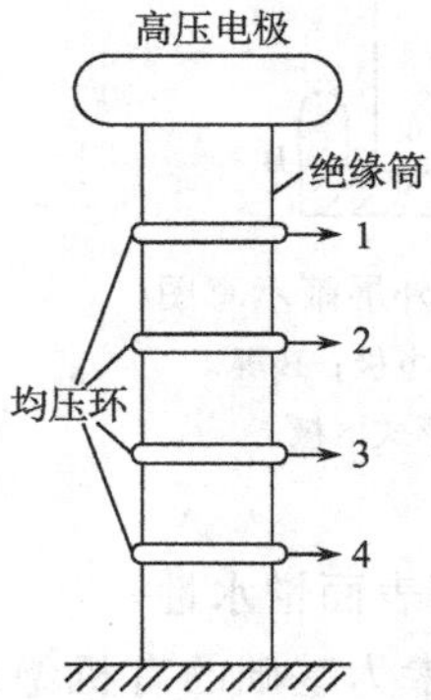

图 3-17　强制固定绝缘表面电位

7）提高污闪电压的方法

(1）增加爬距。

污闪是沿面放电，不同于滑闪。增加沿面距离（又称爬电距离），可直接加大沿面电阻，抑制泄漏电流，提高闪络电压。因此对盘形悬式绝缘子串，常用增加片数或采用大爬距绝缘子的方法。

（2）加强清扫。

定期或不定期清扫，人工除去绝缘子表面污秽，当然可以提高闪络电压。对于我国的污秽情况与气象情况而言，清扫最有效的季节在积污严重而降水尚未到来的冬季。带电清扫一般只适用于设备集中、交通方便的变电站，而且带电水冲洗还有冲洗不当反而闪络的危险。对输电线路则是停电人工清扫，人工上塔，用湿布去擦，工作量极大，劳动条件极差，又在野外，清扫效果也很不稳定、很不理想。国外没完全放弃此法，只是用了一些机械工具。

（3）采用硅油、地蜡等涂料。

在绝缘子表面涂上一层憎水性物质，使受潮的污层形不成连续导电膜，抑制泄漏电流，从而提高闪络电压。但这些涂料往往寿命短，秋天涂上去，春天再擦下来，不胜其烦。

（4）硅橡胶合成绝缘子。

用耐老化性能极好，憎水性很强的硅橡胶制造绝缘子。同样等值盐密条件下，合成绝缘子的闪络电压是瓷绝缘子的两倍以上。

传统瓷绝缘子及玻璃绝缘子之所以耐污性能差，主要原因就是其表面的亲水性。绝缘子表面的污秽层在雾、露、小雨等潮湿天气条件下，形成了沿绝缘子表面连续的导电层，因而沿面绝缘强度急剧下降。硅橡胶复合绝缘子作为电力系统新一代的绝缘子，其优异的防污闪性能首先得益于硅橡胶材料所特有的表面憎水性的迁移性能，另外，简单平滑的伞形与较细的杆径也是复合绝缘子优异耐污性能的重要因素。

（5）RTV 涂料（室温硫化硅橡胶涂料）。

这是一种长效憎水防污涂料，寿命大大超过一般涂料。国内最早的 RTV 涂料已在户外晒了 10 多年，带电运行 10 年以上。其防污闪机理也是改变瓷绝缘子的表面性质，使之成为憎水性表面。

3.3 大气状态对外绝缘的影响

前面可以看出，空气间隙的击穿电压及绝缘子的闪络电压（外绝缘）和大气状态（气压、温度、湿度）有关。大气状态不同时，外绝缘的击穿电压值可由大量实验总结出来的规律换算。我国国家标准 GB311—2005 和 GB68775—2006 中规定标准大气状态为：气压－0.1013MPa，温度－20℃，绝对湿度－11g/m^3，并规定了大气状态不同时外绝缘击穿电压相互间的换算方法。估算外绝缘的击穿电压时应考虑到运行地点大气状态变化的影响。高压电气设备标准中规定的试验电压值只适用于标准大气状态。利用校正因数可将测得的击穿电压值换算到标准大气状态下的电压值；反之，也可将标准大气状态下规定的试验电压值换算到试验条件下的数值。

实验表明，空气中击穿电压随其着空气密度的增大而加大。这是由于随着密度的增加，空气中电子的平均自由行程缩短，电离过程减弱。

实验表明，湿度的影响比较复杂。均匀电场中空气的击穿电压随着湿度增大而增加，但程度极微。例如，间隙距离为1cm，大气压强下，当湿度由9.62g/m^{3}提高到24g/m^{3}时，击穿电压大约仅增加2%。但在极不均匀电场中，空气中的水分对提高间隙击穿电压的效应就明显得多了。击穿电压和湿度有关可能是由于水分子容易吸引电子而形成负离子之故。随着湿度的增加，电子被水分子吸引而形成负离子的比例加大，间隙中的电离过程削弱，从而击穿电压增大。电场强度越高，电子运动速度也越大，也就越不易形成负离子。均匀电场中，平均击穿场强很高，所以湿度的影响小；而极不均匀电场中、平均击穿场强较低，所以湿度的影响也就较明显了。因此，均匀及稍不均匀电场中，湿度的影响可忽略不计。例如，用球隙测量电压时，只需根据大气相对密度校正其击穿电压，而不必考虑湿度的影响。极不均匀电场中，无论对于空气间隙或绝缘子，其击穿电压通常将随湿度的增加而增加。但是，当相对湿度超过约80%时，击穿电压会变得不规则，特别是发生在绝缘表面的闪络电压，分散性更大，这在试验中应予注意。

根据国家标准，大气状态不同时，外绝缘的击穿电压可按下式校正

$$U = \frac{K_d}{K_h} U_0 \tag{3-10}$$

式中，U_0为标准大气状态下外绝缘的击穿电压；U为实际大气状态下外绝缘的击穿电压；K_d为空气密度校正因数；K_h为湿度校正因数。

显然，大气状态不同时，外绝缘的试验电压也应按式（3-10）换算。

空气密度校正因数K_d为

$$K_d = \left(\frac{p}{p_0}\right)^m \left(\frac{273 + t_0}{273 + t}\right)^n \tag{3-11}$$

式中，p为实际大气状态下的压强（Pa）；t为实际大气状态下的温度（℃）；p_0、t_0为标准大气状态下空气的压强和温度。

湿度校正因数K_h为

$$K_h = K^w \tag{3-12}$$

式中因数K如图3-18所示，它是绝对湿度的函数，根据电压形式不同分别采用曲线1或2。湿度测量通常采用通风式精密干湿球湿度计。绝对湿度是干、湿两个温度计读数的函数，可由图3-19查出；同时也可查到相对湿度。

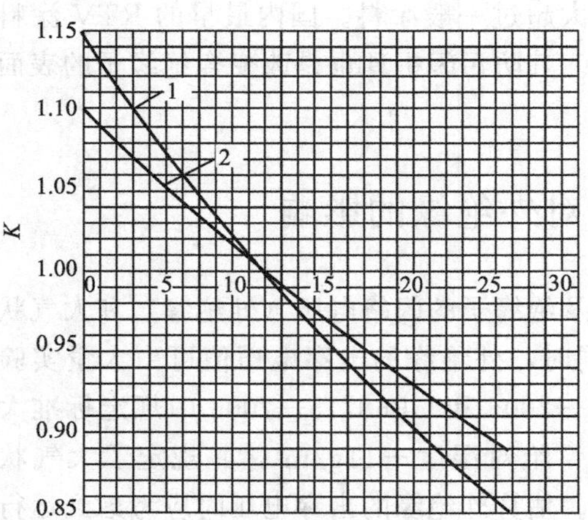

图3-18　湿度校正因数K与绝对湿度的关系
1-交流电压、操作冲击电压；2-直流电压、雷电冲击电压

式（3-11）和式（3-12）中的指数 m、n 和 w 取决于电压的形式、极性和放电距离 d，如表 3-2 所示。由于缺少更确切的材料，假定 m 和 n 相等，也即

$$K_d = \delta^m \tag{3-13}$$

式中，δ 为空气相对密度。

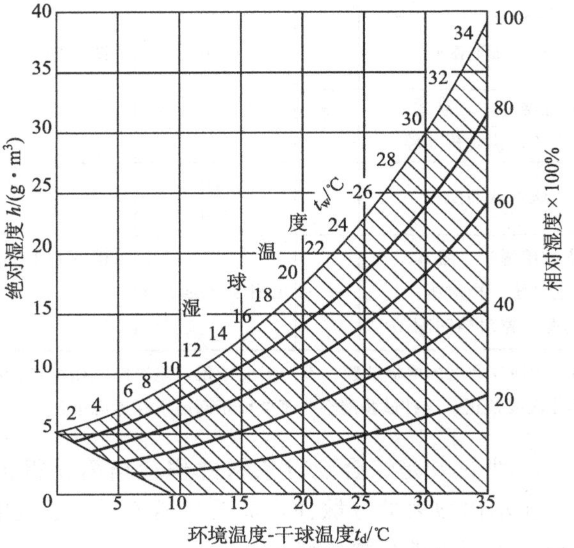

图 3-19　空气湿度与干、湿温度计读数的关系

对于任何不属于表 3-2 所列类型的电极装置，只对空气密度进行校正，其指数取 $m=n=1$，而不作湿度校正。

表 3-2　大气校正因数的应用

试验电压形式	电极形状	极性	空气密度校正	湿度校正	
			指数 m 和 n	因数 K	指数 w
直流电压	球对球间隙	+	1.0	见图 3-18 曲线 2	0
		−			0
	棒对棒间隙，悬式绝缘子	+			1.0
		−			1.0
	棒对板间隙，支柱绝缘子	+			1.0
		−			0
交流电压	球对球间隙	～	1.0	见图 3-18 曲线 1	0
	支柱绝缘子，悬式绝缘子，棒对棒间隙	～	见图 3-20 曲线 3		见图 3-20 曲线 1
	棒对板间隙	～			见图 3-20 曲线 1，当 $h>11\text{g/m}^3$ 取 $w=0$

续表

试验电压形式	电极形状	极性	空气密度校正	湿度校正	
			指数 m 和 n	因数 K	指数 w
雷电冲击电压	球对球间隙	+	1.0	见图 3-18 曲线 2	0
		−			0
	棒对板间隙	+			1.25
		−			0
	支柱绝缘了，悬式绝缘子，棒对棒间隙	+			1.25
		−			1.0
操作冲击电压	球对球间隙	+	1.0	见图 3-18 曲线 1	0
		−	1.0		0
	支柱绝缘子，悬式绝缘子，棒对板间隙，棒对棒间隙	+	见图 3-20 曲线 1		见图 3-20 曲线 2
		−			0

注：对于不属于表 3-2 中所述类型的电极装置，不作湿度校正，只对空气密度进行校正，其指数取 $m=n=1$，湿试验和人工污秽试验不作湿度校正；这种试验的空气密度校正问题正在考虑中。

表 3-2 和图 3-18、图 3-20 是综合现有资料并作适当简化得出的。从不同来源得到的试验数据，往往显示出很大的分散性，甚至互相矛盾。这说明关于大气状态对外绝缘放电电压的影响，还需要进行深入研究。

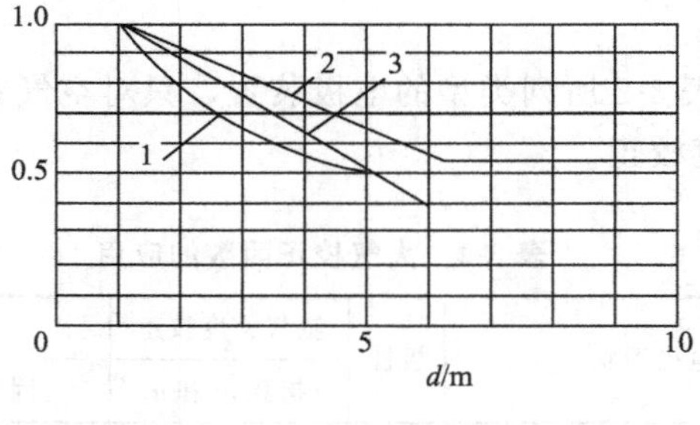

图 3-20　空气密度校正用的指数 m 与 n 值以及湿度校正用的 w 值和放电距离 d 的关系

3.4　海拔高度对外绝缘的影响

高海拔地区由于气压下降（偏离标准大气状态较远），从而空气相对密度下降也比较大，因此空气间隙的击穿电压也随之下降。在海拔 1000～4000m 的范围内，海拔每升高 100m，绝缘强度约降低 1%。GB311—2005 规定对拟用于海拔 1000～4000m 的外绝缘设备，在海拔 1000m 以下的非高海拔地区进行试验时，其试验电压 U 应为

$$U = U_0 K_a = \frac{U_0}{1.1 - H \times 10^{-4}} \tag{3-14}$$

式中，U_0 为标准大气状态下的试验电压（kV）；K_a 为海拔校正因数；H 为设备使用处海拔高度（m）。

上面的校正方法虽然简单，也比较粗糙。海拔高度对外绝缘击穿电压的影响还有待进一步研究。

【例 3-1】 某母线支柱绝缘子拟用于海拔 4500m 的高原地区的 35kV 变电站，问平原地区的制造厂在标准大气状态下进行 1min 干工频耐受电压试验时，其试验电压应为多少？

解 由 GB311.1—2005 的规定可知，35kV 母线支柱绝缘子的 1min 干工频耐受电压应为 100kV，则根据式（3-14）可算得制造厂在平原地区进行出厂 1min 干工频耐受电压试验时，其耐受电压 U 应为 $U=100/(1.1-4500\times10^{-4})=154$kV。这个值与 63kV 母线支柱绝缘子在标准大气状态下的 1min 干工频耐受电压 165kV 几乎差不多。可见，高海拔地区的外绝缘击穿电压会大大下降。

第 4 章　液体、固体电介质的电气性能

液体、固体电介质无论是电气绝缘性能还是应用，都与气体电介质有很多不同。气体电介质主要被用作外绝缘，液体、固体电介质一般构成组合绝缘被用作内绝缘。同时液体电介质还起散热和浸渍剂作用，固体电介质还起到不同电位导体间的机械连接与固定作用。在研究方法上，对于气体电介质只需要研究它的击穿过程或原理，在使用上把握住它的击穿电压或场强；对于液体、固体电介质，首先它们是非自恢复绝缘材料，不允许反复进行击穿实验；其次它们的种类也非常多，性能各异；最主要的，即使是同种材料，其击穿电压或场强的分散也很大，很难确定其绝缘能力，即击穿场强。因此，在研究方法上，更重视在弱电场下研究其与绝缘能力有关的物理过程和物理量，如在电场作用下的极化、电导、损耗等。

另一方面，对于电气设备，考核其外绝缘能力时，只需要做耐压试验；而考核其内绝缘能力时，就不能简单地做耐压试验，而应该像医生看病一样，首先测量其与绝缘能力有关的性能指标，然后分析判断得出结论，需要时做耐压试验。

4.1　电介质的极化、电导与损耗

4.1.1　电介质的分类

和其他物质一样，电介质也是由原子、离子或分子组成的。电负性相差很大的原子相遇时，原子间发生电子转移，电负性小的原子要失去电子而成为正离子，电负性大的原子要获得电子而成为负离子，正、负离子由静电库仑力结合成分子，即正负离子间靠离子键形成晶体。电负性相等或相差不大的两个或几个原子通过共有电子对结合起来，达到稳定的电子层结构，形成共价键，分子间依靠分子键结合在一起。不同结构的电介质有不同的性质，根据其分子的组成结构不同可将电介质分为三种类型。

1）非极性（中性）电介质

分子由共价键结合，且其正负电荷的中心重合，即固有偶极距等于零。由这种分子组成的电介质称非极性电介质，如氮气、聚四氟乙烯等。

2）极性电介质

分子由共价键结合，且其正负电荷的中心不重合，即固有偶极距不等于零。由这种分子组成的电介质称极性电介质，如聚氯乙烯、有机玻璃、蓖麻油、胶木、纤维素等。

3）离子结构电介质

由离子键结合的电介质称为离子结构电介质。离子晶体的排列规则，强度、硬

度、熔点都较高，如云母、石英、电瓷等。

4.1.2 电介质的极化

任何电介质，无论是中性的、极性的或者是离子结构的，只要将它放到电场中都将发生极化。表征电介质极化程度的最常用的物理量是相对介电常数 ε_r，此外还可以用极化强度 P、极化率 α 表示电介质极化程度。例如，一对平行平板电极放在真空中的电容量为 C_0，如果在该平行平板电极间放入相对介电常数为 ε_r 的介质，则其电容量将变为 $\varepsilon_r C_0$，电容量增大 ε_r（$\varepsilon_r \geqslant 1$）倍的原因是由于电介质被极化造成的。

1. 极化种类

由于电介质的分子结构不同，其极化有多种形式：即电子位移极化、离子位移极化、极性分子（偶极子）转向极化、空间电荷极化以及不均匀介质的夹层极化。

1）电子位移极化

电子位移极化发生在所有类型的电介质中。

其原因是组成电介质原子中的电子在外电场的作用下使电子轨道相对于原子核发生位移，从而产生感应偶极矩。这种极化称作电子位移极化。

此种极化的特点是：建立极化的时间极短，$10^{-15}\sim10^{-14}$ s 数量级；极化程度较弱，一般 $\varepsilon_r<2$；极化与电源频率 f 无关（有限范围内）；温度对极化影响不大；极化时无能量损耗；此种极化是弹性位移，即去掉外电场，靠正负电荷的吸引力迅速恢复到非极性状态。

2）离子位移极化

离子位移极化发生在离子结构的电介质中。

其原因是外电场作用使离子结构的电介质内部正、负离子产生微小的有限位移，平均地具有了电场方向的偶极矩，这种极化形式称作离子位移极化。

此种极化的特点是：建立极化的时间较短，$10^{-13}\sim10^{-12}$ s 数量级；极化程度较强，多数 $\varepsilon_r=3\sim10$；极化与电源频率 f 无关（有限范围内）；随着温度的升高，极化程度有所增加，即 ε_r 一般有正的温度系数；极化无能量损失；此种极化是弹性位移。

3）极性分子转向极化

转向极化发生在极性电介质中。

其原因是原来“混乱”分布的极性分子在外电场作用下顺电场方向的取向，具有电场方向的偶极矩，此种极化称作极性分子转向极化。

此种极化的特点是：建立极化的时间较长，$10^{-6}\sim10^{-2}$ s 数量级；极化程度较强，多数 $\varepsilon_r=3\sim7$；极化与电源频率 f 有关，在频率较高时，转向极化跟不上电场方向的变化，从而使极化程度减小；温度对极化有影响，在低温段电介质的分子间联系紧，难以转向，不易极化，随着温度的提高极化容易进行，而在温度较高时分子热运动加剧，妨碍偶极子沿电场方向取向，使极化程度降低，故随着温度的增加极化程度先增加后降低；极化时有能量损耗；此种极化不是弹性位移。

4）空间电荷极化

对于含有离子杂质的非离子结构电介质或具有缺陷的离子结构电介质，介质内部一般具有自由的或弱束缚力的正、负离子，该正、负离子在电场的作用下移动，改变分布状况，在电极附近形成空间电荷，这种极化形式称作空间电荷极化。

该极化进行缓慢，带电质点有宏观位移，因此建立极化的时间较长；极化程度与离子杂质量、介质缺陷程度等有关；该极化损耗能量。

5）夹层极化

夹层极化发生在多种电介质（如组合绝缘）或不均匀介质中。

为了分析问题简单，以双层电介质模型来分析该极化过程。如图 4-1 所示，双层电介质分别用电阻与电容并联模型表示。

在合闸瞬间双层介质的初始电压比由电容决定，稳态时电压比由电导决定，即

$$当\ t=0_+ 时，U_{10}/U_{20}=C_2/C_1；\ t\to\infty 时，U_{1\infty}/U_{2\infty}=G_2/G_1$$

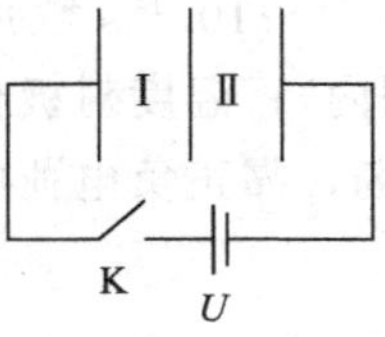

(a) 双层介质模型

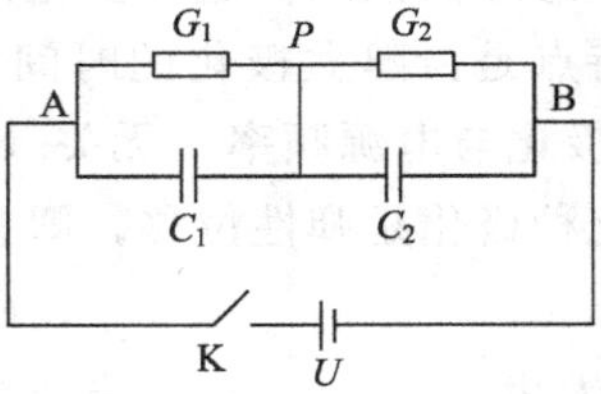

(b) 等效电路

图 4-1　双层介质极化模型

如果 $C_2/C_1=G_2/G_1$，则双层介质的表面电荷不重新分配，初始电压比等于稳态电压比，这种情况很少见。不满足上述条件时，电荷要重新分配，这样在双层介质的交界面处会积累电荷，故称为夹层极化。夹层极化比较缓慢，极化过程中有电荷的宏观运动，有能量损耗。

2. 电介质的相对介电常数

从前面的分析可以看出，电介质的相对介电常数 ε_r 并不是常数，ε_r 不仅随温度、电源频率的变化而变化，而且在深入研究时，ε_r 甚至分实数与虚数两部分。但在通常情况下，仅用到 ε_r 的实数部分。下面分析气体、液体和固体电介质的相对介电常数 ε_r 的大致数值。

1）气体电介质

气体分子间的距离很大，密度很小，气体的极化程度很小，故一切气体的相对介电常数都接近 1，表 4-1 列出了几种气体的相对介电常数值 ε_r。

表 4-1　部分气体的相对介电常数（20℃，1atm）

气体种类	He	H_2	O_2	空气	N_2	CH_4	CO_2	C_2H_4
相对介电常数 ε_r	1.000072	1.00027	1.00055	1.00059	1.00060	1.00095	1.00096	1.00138

气体的相对介电常数随温度的升高略有减小，随压力的增大略有增加，但变化很小。

2）液体电介质

（1）非极性和弱极性电介质。这类介质均发生电子位移极化，对于弱极性电介质还有很弱的转向极化，属于这类液体电介质有很多，如石油及产品、苯、四氯化碳、硅油等。它们的相对介电常数都不大，其值为1.8～2.8。

（2）极性电介质。这类介质发生电子位移极化和极性分子转向极化，故相对介电常数较大，其值在3以上，能用它们做绝缘介质的 ε_r 值一般为3～7。此类液体电介质用作电容器浸渍剂，可使电容器的比电容增大，但通常损耗都较大，相对介电常数与温度和频率的关系如图4-2所示。

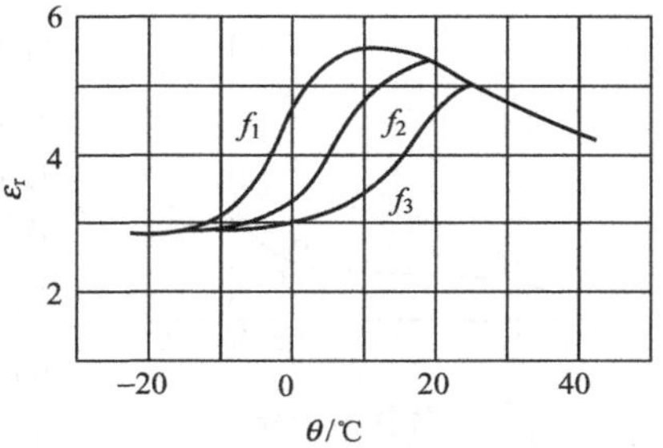

图 4-2　氯化联苯的相对介电常数与温度的关系（频率 $f_3 > f_2 < f_1$）

3）固体电介质

（1）非极性和弱极性固体电介质。此类固体电介质的种类很多，如聚乙烯、聚丙烯、聚四氟乙烯、聚苯乙烯、石蜡、石棉等。这类电介质具有电子式极化，对于弱极性电介质还有很弱的转向极化，其相对介电常数不大，通常为2.0～2.7。

（2）极性固体电介质。这类介质发生电子位移极化和极性分子转向极化，故相对介电常数较大，一般为3～6，属于此类的固体电介质有树脂、纤维、橡胶、虫胶、有机玻璃、聚氯乙烯和涤纶等。

（3）离子结构电介质。这类介质发生电子位移极化和离子位移极化，故相对介电常数较大，一般为5～8，此类固体电介质有陶瓷、云母等。

3. 讨论极化的意义

（1）正确地选择绝缘材料。在实际选择绝缘材料时，除应考虑电气强度外，还应考虑相对介电常数 ε_r。例如，对于电容器，若追求同体积条件下有较大电容量，要选择 ε_r 较大的介质；对于电缆等绝缘，为减少电容电流，要选择 ε_r 较小的介质。

（2）多层介质的合理配合。对于多层介质，在交流及冲击电压下，各层电压分布与其 ε_r 成反比；在直流电压下，各层电压分布与其电导成反比。要注意选择配合，使各层介质的电场分布合理。

（3）极化是介质损耗的一部分（介质损耗由极化和电导引起，将在后续章节介绍），注意极化过程的损耗，特别是在交流电压作用下。

4.1.3 电介质的电导

实际的电介质内部或多或少地都存在少量的带电质点，在电压作用下均会有很弱的电流流过，说明电介质有电导。电介质电导主要是离子电导，随着温度升高，电导率增加。电介质的电导率 γ 为 $10^{-9}\sim10^{-22}$ S/cm。金属电导主要是电子电导，随着温度升高，金属的电导率减少。金属电导率 γ 为 $10^{6}\sim10^{2}$ S/cm。电导率 γ 在二者之间的属半导体。

1）气体电介质的电导

外电离因素使气体中的离子浓度为 500～1000 对/cm³。在外电场作用下，这些带电质点在电场中运动构成气体电介质的电导。气体电介质的电流与电压的关系曲线如图 4-3 所示。在图 4-3 中，电压很低时，电流随 U 的增加而增加，如图 OA 段所示；当 U 进一步增大，外界电离因素产生的带电质点几乎全部流向电极，I 趋向饱和，如图 AB 段所示；这两段中，气体的电导是极其微小的，电导率约在 10^{-22} S/cm 的数量级，A 点和 B 点的场强值分别为 $E_A\approx5\times10^{-3}$ V/cm 及 $E_B\approx10^{3}$ V/cm；当场强超过 U_B 时，气体电介质将发生碰撞电离，从而使气体电介质的电导急剧增大。

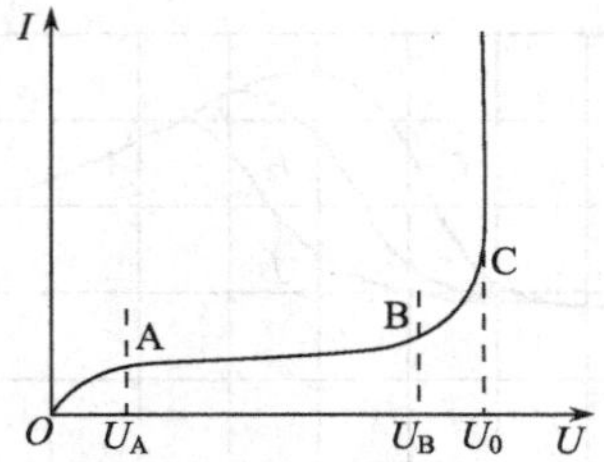

图 4-3　气体电介质电压与电流关系

2）液体电介质的电导

液体电介质电导主要有两种：离子电导和电泳电导。离子电导是由液体分子本身或杂质分子解离产生的；电泳电导是由悬浮于液体中的胶体质点吸附电荷形成的带电质点，例如变压器油中悬浮的小水滴吸附电荷后构成电泳电导。

离子电导的大小与分子结构及液体的纯净程度有关。纯净的非极性液体电介质的电导率 γ 可达 10^{-18} S/cm，弱极性电介质 γ 可达 10^{-15} S/cm。对于极性液体电介质，极性越强，分子的解离度越大，γ 一般在 $10^{-10}\sim10^{-12}$ S/cm 之间。因为极性液体介质损耗大，在高频下很少使用。表 4-2 列出了某些液体电介质的电导率和相对介电常数。

离子电导随温度的升高而增加。因为温度升高，一方面使分子的解离度加大；另一方面离子也较易克服周围位垒而成为自由离子，从而造成液体电介质的电导率迅速增加。液体电介质电导率 γ 与温度的关系为

$$\gamma = A\exp(-B/T) \tag{4-1}$$

式中，A、B 为常数；T 为热力学温度。

表 4-2　液体电介质的电导率 γ 和相对介电常数 ε_r

液体种类	液体名称	温度/℃	相对介电常数	电导率/(S/cm)	纯净程度
中性	变压器油	80	2.2	0.5×10^{-12}	未净化的
		80	2.1	2×10^{-15}	净化的
		80	2.1	10^{-15}	两次净化的
		80	2.1	0.5×10^{-15}	高度净化的
极性	三氯联苯	80	5.5	10^{-11}	工程上应用
	蓖麻油	20	4.5	10^{-12}	工程上应用
强极性	水	20	81	10^{-7}	高度净化的
	乙醇	20	25.7	10^{-8}	净化的

3）固体电介质的电导

对于非离子结构的固体电介质仍然是离子电导，离子电导是由分子本身或杂质分子解离产生的，主要是由杂质离子解离造成的。纯净的非极性或弱极性电介质的电导率 γ 可达 $10^{-17}\sim10^{-19}$ S/cm；极性电介质，电导率可达 $10^{-14}\sim10^{-16}$ S/cm。应该指出，固体电介质的电导除和微观结构有关外，还和材料的宏观结构有关，纤维性材料或多孔性材料因易于吸水，一般电导率较大。

对于离子结构的电介质，参与导电的是离子或空穴。由于离子晶体并非是理想的结晶体，而总是具有某些晶格缺陷。如果晶格结点上的离子离开晶格结点位置，则在该结点上形成空穴；如果晶格结点上的正、负离子逸出介质表面，则在该结点上出现两个空穴。这样，在电场作用下离子或空穴将定向移动形成离子电导。电导的大小和离子本身的性质和缺陷程度有关。

4）固体电介质的表面电导

固体介质除了体电导以外，还存在表面电导。干燥清洁的固体介质的表面电导很小，表面电导主要由表面吸附的水分和污物引起。介质吸附水分的能力与自身结构有关，所以介质的表面电导也是介质本身固有的性质。

固体介质可按水滴在介质表面的存在形式分为憎水性和亲水性两大类，如图 4-4 所示。如果水滴的内聚力大于水和介质表面的亲和力，则表现为水滴的接触角大于 90°，即该固体材料为憎水性材料。憎水性材料的表面电导小，表面电阻率 ρ_s 在 $10^{15}\sim10^{17}$ Ω 数量级，且表面电导受环境湿度的影响较小。非极性和弱极性介质材料，如石蜡、硅橡胶、氟塑料、硅树脂等都属于憎水性材料。如果水滴的内聚力小于水和介质表面的亲和力，则表现为水滴的接触角小于 90°，即该固体材料为亲水性材料。亲水性介质的表面电导大，且受环境湿度的影响大，表面电阻率为 $10^{13}\sim10^{15}$ Ω 数量级。极性和离子型介质都属于亲水性材料。

图 4-4　水滴在固体介质表面的接触角示意图

若介质表面洁净、干燥或涂敷石蜡、有机硅、绝缘漆等，可以降低介质表面电导。

5）研究电导的意义

（1）多层绝缘时，在直流电压作用下，各层电压分布与电阻成正比，选择合适的电阻率，可实现各层之间的电压合理分配。

（2）电导是表征电介质绝缘性能的一个重要物理量，在绝缘预防性试验中，一般要利用绝缘电阻、泄漏电流及吸收比判断设备的绝缘状况（将在后续章节详细介绍）。

（3）选择和应用绝缘材料时，注意环境湿度对固体介质表面电阻的影响，注意亲水性材料的表面防水处理。

4.1.4 电介质的损耗

电介质的损耗是由电导和极化这两个物理过程产生的。在直流电压作用下，电介质的损耗仅有电导损耗，因为极化过程是一次性的，时间很短，该损耗可以忽略不计。故在直流电压作用下不需要再引入新的物理量表征损耗，可用电阻率 ρ 或电导率 γ 表征。

在交流电压作用下，电介质的损耗除考虑电导损耗外，还要考虑极化损耗。因此，仅用电阻率 ρ 或电导率 γ 表征还不够，需要引用一个表示电介质在交流电压作用下能量损耗的物理量。

1）电介质的等效电路

电介质试样或高压电气设备的绝缘可以用等效电路表示，如图 4-5 所示。

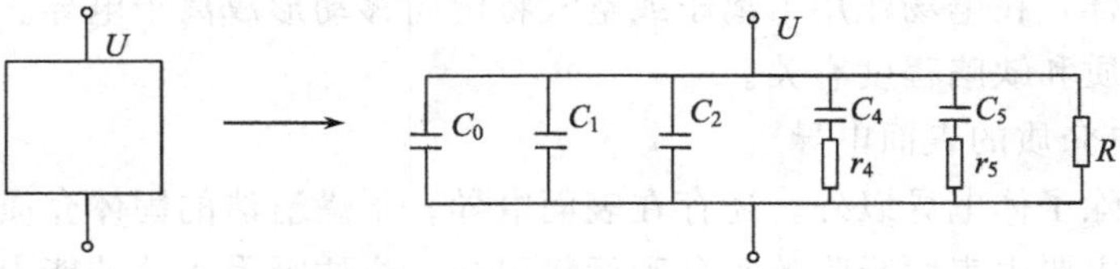

图 4-5　电介质等效电路

图 4-5 中，C_0 为电介质的几何电容；C_1 为电子位移极化对应的等效电容；C_2 为离子位移极化对应的等效电容；C_4 为偶极子转向极化对应的等效电容，r_4 为偶极子转向极化损耗对应的等效电阻；C_5 为空间电荷极化对应的等效电容，r_5 为空间电荷极化损耗对应的等效电阻；R 为绝缘电阻。

图 4-5 的等效电路复杂，应用电路原理化简为如图 4-6 所示的并联等效电路，或如图 4-7 所示的串联等效电路。

这样，在分析问题时，无论是电介质试样还是高压电气设备的绝缘，都可以用如图 4-6 或图 4-7 所示的等效电路表示。

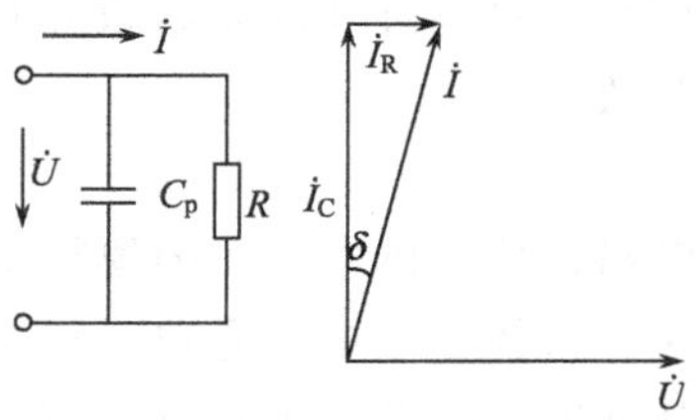

图 4-6　电介质并联等效电路及向量图

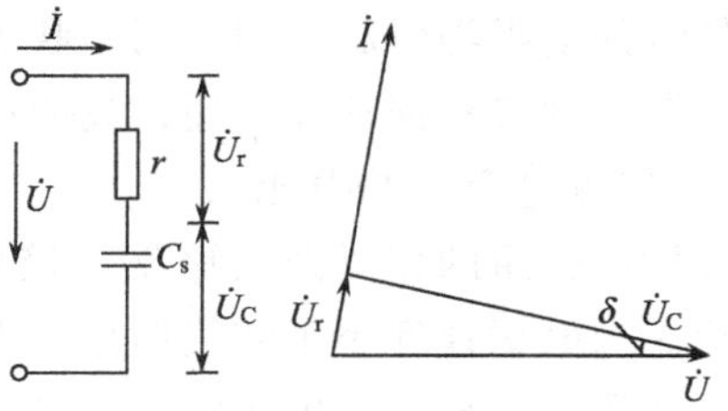

图 4-7　电介质串联等效电路及向量图

2）介质损失角正切值

对于图 4-6 所示的电介质并联等效电路图，电流$\dot{I}_{R}$、$\dot{I}_{C}$、$\dot{I}$分别乘以作用电压$\dot{U}$将获得功率三角形，如图 4-8 所示。

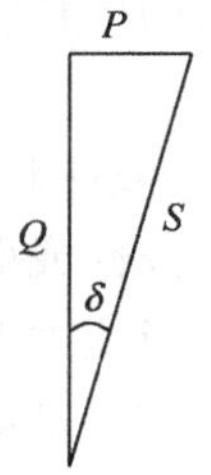

图 4-8　功率三角形

图 4-8 中，δ 是功率因数角的余角，定义为功率损失角。

介质损耗

$$P = Q\tan\delta = U^{2}\omega C_{p}\tan\delta \tag{4-2}$$

式中，P 为电介质有功功率（功率损耗）；Q 为电介质无功功率；ω 为电源角频率；C_{p} 为介质电容；$\tan\delta$ 为介质损失角正切值。

应该用有功功率 P 表示电介质在交流电压作用下的损耗。但是，用 P 表示介质损耗不是很方便，因为 P 与电源电压、电源频率、介质电容等因素有关。因此，在高电压工程上用介质损失角正切值 $\tan\delta$ 代表介质在交流电压下的损耗。这样，$\tan\delta$ 和其他代表材料性能的物理量一样，仅决定于材料本身的性能。

从图 4-6 所示的电介质并联等效电路图可以看出，介质损失角正切值 $\tan\delta$ 为

$$\tan\delta = I_{R}/I_{C} = 1/(\omega C_{p}R) \tag{4-3}$$

当电介质用图 4-7 所示的串联等值电路表示时

$$P = \frac{U^{2}\omega^{2}C_{s}^{2}r}{1+(\omega C_{s}r)^{2}} = \frac{U^{2}\omega C_{s}\tan\delta}{1+\tan^{2}\delta} \tag{4-4}$$

介质损失角正切值 $\tan\delta$ 为

$$\tan\delta = \frac{Ir}{\dfrac{I}{\omega C_{s}}} = \omega C_{s}r \tag{4-5}$$

同一电介质用不同等值电路表示时，其等值电容是不相同的，其关系为

$$C_{p} = \frac{C_{s}}{1+\tan^{2}\delta} \tag{4-6}$$

通常 $\tan\delta$ 远小于 1，故 $C_{p}\approx C_{s}$。

必须指出，所谓等效电路只有计算上的意义，并不反映介质损耗的物理过程。如

果介质损耗主要由电导引起，则常用并联等效电路；如果介质损耗主要由介质极化及连接导线的电阻等引起，则常用串联等效电路；如果计算多种介质串联或并联引起的损耗问题，则应根据计算方便，灵活地选用某种等效电路。

3）气体电介质的损耗

气体电介质的相对介电常数 ε_r 接近 1，极化极弱。故气体电介质的损耗主要是电导损耗。当电场强度小于使气体分子电离所需值时，气体介质的电导也是极小的，所以气体介质的损耗也是极小的（$\tan\delta\approx0$）。正因为如此，常用气体介质电容器作为标准电容器。

但是在强电场下，气体易于电离。例如，在不均匀电场中出现局部放电时，气体电介质的损耗将明显增加。若固体介质中含有气泡，气泡发生局部放电也会使介质损耗增加。

4）液体和固体电介质的损耗

非极性或弱极性的液体或固体电介质，以及结构较紧密的离子结构电介质，它们的极化形式主要是电子位移极化和离子位移极化，这类极化没有能量损耗，这类介质的损耗主要是电导损耗。介质损耗和温度以及电场强度等因素的关系也取决于电导和这些因素的关系。这类介质的 $\tan\delta$ 较小，约 10^{-4} 数量级。聚乙烯、聚苯乙烯，硅橡胶、云母等都属于这类介质，是优良的绝缘材料，可用于高频或精密的设备中。

极性固体和液体介质以及结构不紧密的离子结构固体电介质，除了具有电导损耗外，还有极化损失。这类电介质的损耗和温度、电源频率等因素有较复杂的关系。

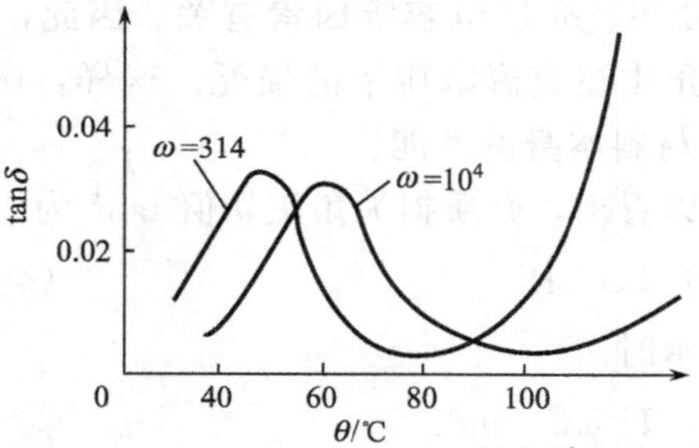

图 4-9　松香油的 $\tan\delta$ 与温度的关系

图 4-9 是松香油的 $\tan\delta$ 和温度的关系，在温度较低时电导损耗和极化损耗都很小，随着温度的升高，偶极子转向容易，从而使极化损耗显著增加，电导损耗略有增加。在某一温度下总的介质损耗将达到极大值。当温度继续升高时，分子热运动妨碍了偶极子在电场作用下做规则排列，极化损耗减小。在此阶段虽然电导损耗仍是增加的，但增加的程度比极化损耗减少的程度小，所以总的效果是减小的。随着温度的进一步升高，电导损耗急剧增大，总的损耗此时以电导损耗为主，也随之急剧增大。

5）研究 $\tan\delta$ 的意义

（1）正确地选择绝缘材料。$\tan\delta$ 过大会引起绝缘介质严重发热，甚至导致热击穿。例如，用蓖麻油制造的电容器就因为 $\tan\delta$ 大，而仅限于直流或脉冲电压下使用，不能用于交流电压下。

（2）在绝缘预防性试验中判断绝缘状况。如果绝缘材料受潮或劣化，$\tan\delta$ 将急剧上升，在预防性试验中可通过 $\tan\delta$ 与 U 的关系曲线来判断是否发生局部放电。

(3) 对 $\tan\delta$ 大的材料需加热时，可对材料施加交流（工频或高频）电压，利用材料本身介质损耗的发热，这种方法使加热非常均匀，例如电瓷生产中对泥坯加热即用这种方法。

4.2 液体电介质的击穿

液体电介质的耐电强度一般比气体高，液体电介质除有绝缘的作用外，还有冷却、灭弧作用。工程上常用的液体电介质有矿物油、植物油、合成液体等几类。目前应用最为广泛的仍是矿物油，如变压器油、电容器油、电缆油等。

4.2.1 液体电介质的击穿过程（以变压器油为背景）

对液体电介质击穿机理的研究远不及对气体电介质，至今还没有一个较为完善的击穿理论。液体电介质按其纯净程度可将分为两类：即纯净的和工程应用的（含有杂质的），这两类电介质的击穿机理有很大不同，下面分别讨论。

1. 纯净液体电介质的击穿理论

纯净的液体电介质的击穿，现阶段有两种理论比较被人们接受。

1) 电击穿理论

该理论认为，液体介质中由于某种电离因素产生的电子在电场中被加速，与液体分子发生碰撞电离，使电子倍增；与此同时，碰撞电离产生的大量正离子在阴极附近形成空间电荷区，增强阴极表面的电场，使阴极发射更多的电子，导致液体介质击穿。该过程与汤森气体放电理论的 α、γ 过程类似。

2) 气泡击穿理论

当外加电场较高时，液体介质内会由于各种原因产生气泡，例如：

(1) 电子电流加热液体，使之产生气体。

(2) 电子碰撞液体分子，使之产生气体。

(3) 静电斥力，电极表面吸附的微小气泡表面积累电荷，当静电斥力大于液体表面张力时，气泡体积变大。

(4) 电极凸起处的电晕引起液体汽化。

由于在串联（多层）介质中，场强的分布与介质的介电常数成反比，气泡 $\varepsilon_r=1$，液体的 $\varepsilon_r>1$，因而液体中的气泡承担了比液体更高的场强，而气体耐电强度又低于液体，所以气泡先行电离或放电；然后气泡中的气体温度升高，体积膨胀，电离进一步发展使液体分解出气体。如果电离的气泡在电场中堆积成气体通道，则在此通道内发生击穿。

由于液体电介质的密度远比气体介质的密度大，所以液体介质中电子的自由行程很短，不易积累到足以产生碰撞电离所需的动能，因此纯净的液体介质的耐电强度总比常态下气体介质的耐电强度高得多。

3）工程上应用的液体电介质的小桥击穿理论

工程上应用的液体电介质总是不很纯净的，其杂质有些是本身固有的，也有一些是在运行中产生的，如吸收气体和水分，组合绝缘中的固体绝缘材料（纸、布）上脱落的纤维，电介质本身的老化、分解等。杂质的存在使工程液体电介质的击穿具有新的特点，击穿过程中，杂质搭成“小桥”，因此形象地称为“小桥击穿理论”。

小桥击穿理论认为，液体中的杂质在电场作用下极化，极化后杂质两端带有正负电荷，这样杂质两端受电场力作用被拉直；对于均匀电场或稍不均匀电场，两端带有正负电荷的杂质间相互吸引，在电场方向定向，并逐渐沿电力线方向排列成杂质“小桥”。由于组成此“小桥”的杂质，如纤维或水分的电导较大，从而使泄漏电流增加，进而使“小桥”强烈发热，使液体介质局部沸腾汽化，最后沿此“汽化的小桥”发生击穿，其过程如图 4-10 所示。

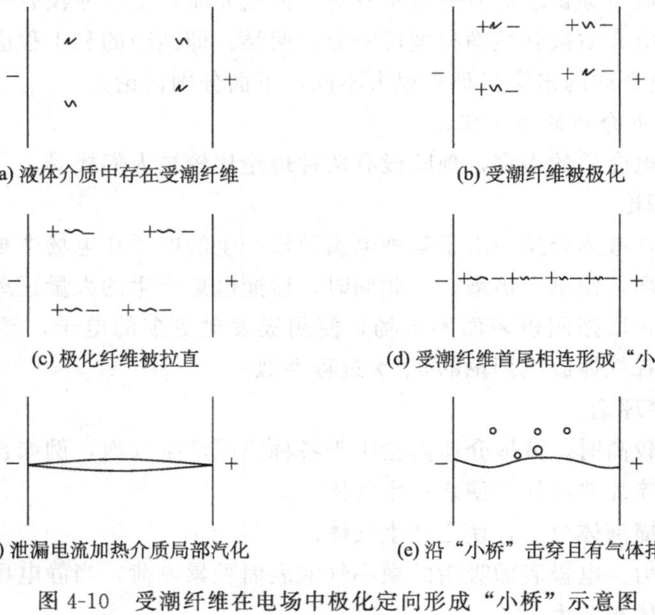

(a) 液体介质中存在受潮纤维　(b) 受潮纤维被极化　(c) 极化纤维被拉直　(d) 受潮纤维首尾相连形成“小桥”　(d) 泄漏电流加热介质局部汽化　(e) 沿“小桥”击穿且有气体排出

图 4-10　受潮纤维在电场中极化定向形成“小桥”示意图

如果油间隙较长，则难以形成贯通的“小桥”，但是不连续的“小桥”也会显著畸变电场，降低间隙的击穿电压。由于杂质“小桥”的形成带有统计性，因而工程用液体电介质的击穿电压有较大的分散性。

“小桥”的形成和电极形状及电压种类有明显关系。当电场极不均匀时，由于极化后杂质两端正负电荷受力不同，另外尖电极附近会有局部放电现象，造成液体的扰动，妨碍“小桥”的形成。在冲击电压作用下，由于作用时间极短，“小桥”来不及形成。

总之，液体介质的击穿理论还不很成熟。虽然有些理论在一定程度上能解释击穿的一般规律，但大多都是定性的，在工程实际中主要靠试验数据。

4.2.2 影响液体电介质击穿电压的主要因素

1）悬浮水、纤维

水在油中有两种存在方式，即分子状态（溶解状态）和乳化状态（悬浮状态）。溶解于油中分子状态的水，对击穿电压影响不大；若呈悬浮状态，则易形成“小桥”，使击穿电压明显下降。

图 4-11 中，含水量仅十万分之几，就使击穿电压显著下降；若含水量继续增多，则只增加几条并联的击穿通道，击穿电压基本不再下降。当有纤维存在时，含水量对击穿电压的影响更加明显；电场越均匀，杂质对击穿电压影响越大，不均匀电场因强场区扰动大，杂质不易形成“小桥”，故含水量对击穿电压的影响较小；冲击电压因作用时间短，杂质来不及形成“小桥”，故含水量对击穿电压的影响也小。

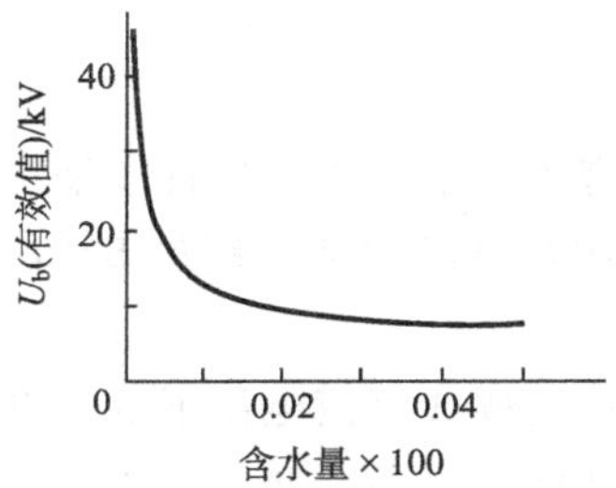

图 4-11 在标准油杯中变压器油的工频击穿电压与含水量的关系

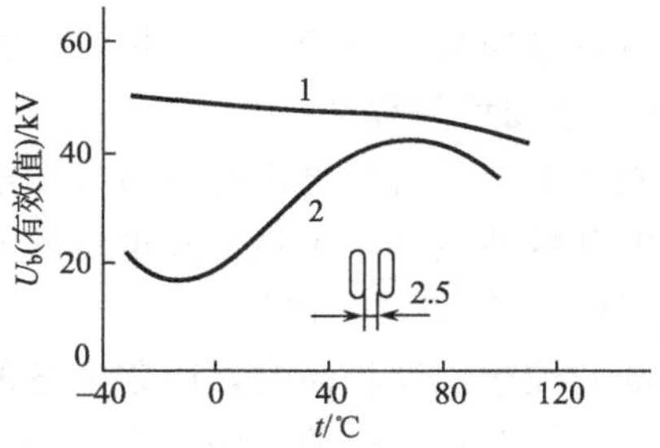

图 4-12 在标准油杯中变压器油的工频击穿电压与温度的关系

1-干燥的油；2-受潮的油

2）温度

温度对变压器油击穿电压的影响和油的品质、电场均匀度及电压作用时间有关。在较均匀电场及 1min 工频电压作用下，变压器油的击穿电压和温度的关系如图 4-12 所示。

曲线 1、2 分别代表干燥的油和受潮的油的试验曲线。温度对干燥的油的绝缘能力影响不大，随着温度的升高，油的击穿电压只是单调地逐渐稍有降低，如图 4-12 曲线 1 所示。温度对受潮的油的绝缘能力影响较大，如图 4-12 曲线 2 所示。当温度从 0℃逐渐升高时，水分在油中的溶解度也逐渐增大，有一部分悬浮态的水分转变为溶解态，油的击穿电压逐渐升高；当温度超过 60～80℃时，部分水分开始汽化，使油的击穿电压开始降低；0℃左右呈悬浮态的水分最多，故此时油的击穿电压最低；温度再低时水分结成冰粒，不能被电场拉长，此外油也将凝固，因而击穿电压增加。

在极不均匀电场中，油中的水分和杂质不易形成“小桥”，受潮油的击穿电压和温度的关系，不像均匀电场中那样复杂，只是随着温度的上升，击穿电压略有下降。

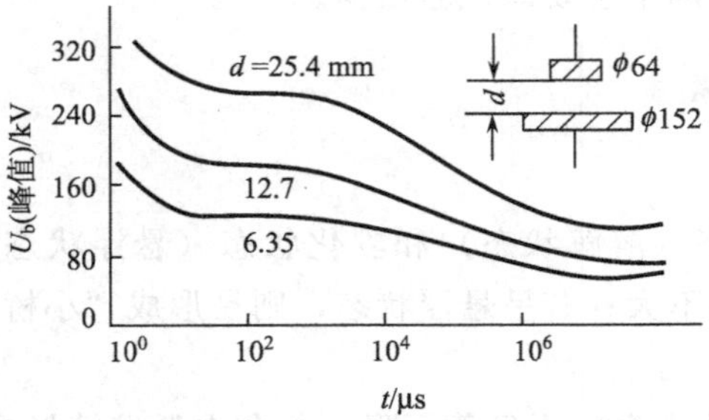

图 4-13 变压器油的击穿电压与电压作用时间的关系

不论是均匀或不均匀电场，在冲击电压下油隙的击穿电压和温度没有显著关系，原因是杂质和水分来不及形成“小桥”。

3）电压作用时间

电压作用时间对油的击穿电压有很大影响，如图 4-13 所示。

当电压作用时间很短时，击穿电压随着电压作用的时间增加而降低。当电压作用时间较长时，主要受杂质的影响。当油的纯净度提高时，电压作用时间对击穿电压的影响减小。

电压作用时间越长，杂质越容易搭成“小桥”，介质发热越充分，击穿电压越低。对一般不太脏的油，一分钟耐压试验的击穿电压和长时间击穿电压的试验结果差不多，所以做油耐压试验时，只做一分钟。

4）电场均匀程度

液体电介质击穿电压的分散性和电场均匀程度有关，电场不均匀程度增加，击穿电压的分散性减小。工频击穿电压的分散性在极不均匀电场中常不超过 5%，而在均匀电场中可达 30%～40%。

油的纯净程度较高时，改善电场的均匀程度能使工频或直流电压下的击穿电压明显提高。但在品质较差的油中，因杂质的聚集和排列已使电场畸变，所以由电场均匀带来的好处并不明显。含杂质的油受冲击电压作用时，因为杂质来不及形成“小桥”，则改善电场均匀程度能提高其击穿电压。考虑液体电介质绝缘时，如果运行中能保持油的清洁，或主要承受冲击电压的作用，则应尽可能使电场均匀；如果长期承受电压的作用且油运行中容易变脏和老化，则应想办法尽量减少杂质的影响。

5）压力

对于工程液体电介质，击穿电压是随压力的增加而提高的，如图 4-14 所示。其原因是随着压力的增加，气体在油中的溶解度增加，气泡的局部放电起始电压也提高，这两个因素都将使液体的击穿电压提高。但对于极纯净的液体或在冲击电压下，压力对击穿电压基本无影响。这说明了压力对液体击穿电压的影响，主要原因在于油中所含的气体。

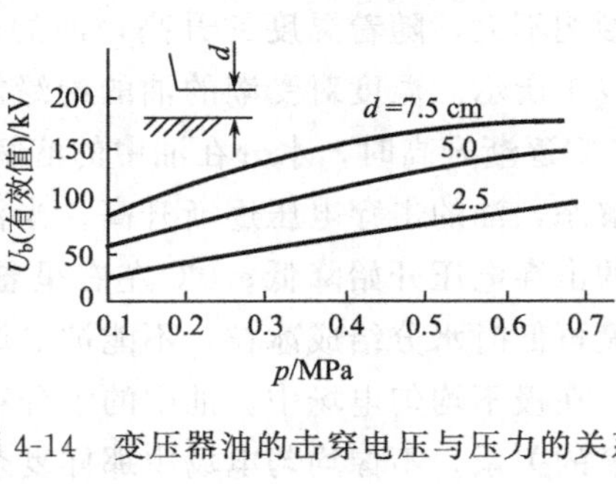

图 4-14 变压器油的击穿电压与压力的关系

在高电压工程中，对于液体电介质，通常用标准油杯做击穿试验，按标准试验方法测量的工频击穿电压来衡量其品质的优劣。

我国国家标准对标准油杯推荐的结构与尺寸如图 4-15 所示。

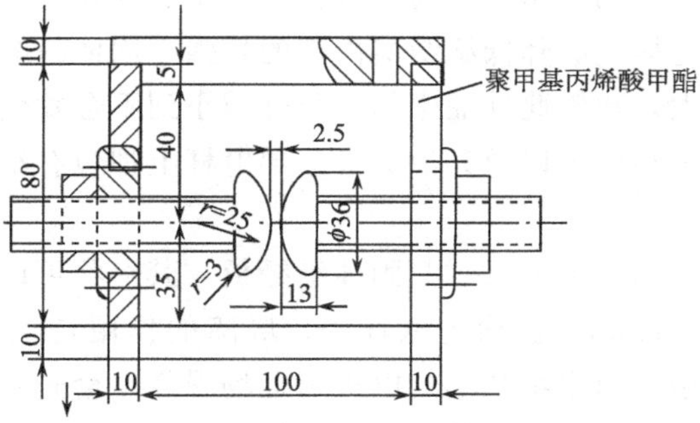

图 4-15　标准油杯示意图

工程上应用的变压器油的击穿电压与设备种类、电压等级有关，一般在 30～60kV。例如，变压器，其标准油杯中的击穿电压一般为 $U_b>25\sim40$kV；电容器及电缆，其标准油杯中的击穿电压一般为 $U_b>50\sim60$kV。

4.2.3　提高液体电介质击穿电压的主要措施

1）提高以及保持油的品质

油的纯净度直接影响其绝缘能力，因此要提高和保持油的品质就应该从提高油的纯净程度入手。常用的方法：①过滤。油在压力作用下连续通过滤油机中的大量滤纸层，油中的纤维等杂质被滤纸阻挡，油中大部分的水分和有机酸也被滤纸纤维吸附。若在油中加一些白土、硅胶等吸附剂，吸附油中的水分、有机酸等，然后再过滤，效果会更好。②加热。去除油中溶解的气体。先将油在真空中喷成雾状，油中所含气体和水分即挥发并被抽走，然后在真空条件下将油注入电气设备中。

在运行中保持油的品质的方法是装设吸附剂过滤器。吸附剂是一种很微小的颗粒，具有很大的吸附表面。常用的吸附剂有：天然的水合硅酸铝、硅胶、活性氧化铝、钠氟石等。由于吸附作用及某些化学作用，吸附剂对油中的水分及某些酸类、树脂类物质都有很强的吸附能力。此方法的优点是使运行着的电气设备的油不断地被净化。

2）覆盖层

覆盖层是在金属电极上贴盖固体绝缘薄层，使油中的杂质、水分等形成的“小桥”不能直接与电极接触，从而减小了流经杂质“小桥”的电流，阻碍了杂质“小桥”中热击穿过程的发展。在油的品质差、电场较均匀、电压作用时间长等有条件形成杂质“小桥”的情况下，覆盖层对提高油间隙击穿电压效果较显著。

3）绝缘层

绝缘层是指电极表面包覆上较厚的绝缘层，比覆盖层要厚，它的厚度可达几十毫米，而覆盖层的厚度一般小于 1mm。绝缘层的作用不仅能起到覆盖层的作用，还能承担一定的电压，改善电场分布。它通常被覆在曲率半径较小的电极上，固体绝缘层的介电常数比油大，这样能够降低绝缘层内部的场强。固体绝缘层的厚度使其外绝缘处的曲率半径已足够大，致使此处油中的场强已减小到不会发生电晕或局部放电的程度。变压器高压引线、屏蔽环以及充油套管的导电杆上都包有绝缘层。

4）屏障

屏障是指在电极间油间隙中放一些固体绝缘板，其形状可以是平板、圆筒、圆管等，其厚度通常为 2～7mm。在均匀电场中，屏障的作用是阻隔杂质“小桥”的形成。在极不均匀电场中，曲率半径小的电极附近场强高，会先发生电离，电离出的带电粒子被屏障阻挡，并分布在屏障的一侧，使另一侧油隙中的电场变得比较均匀，从而能提高油间隙的击穿电压。若在油间隙中合理地布置几个屏障，可使击穿电压进一步提高。

4.3　固体电介质的击穿

和气体、液体电介质相比，固体电介质的密度最大，耐电强度也最高。也正是因为固体电介质的密度最大，且内部可能不均匀，有裂痕、杂质、气泡等，这些都使其击穿过程更加复杂。

固体电介质按照其在击穿过程中使其遭到破坏的直接能源不同分为电击穿、热击穿和电化学击穿。图 4-16 所示为这三种击穿类型的击穿电压和电压作用时间的关系。应该指出，固体电介质的击穿是一个非常复杂的物理过程，有时是多种因素综合作用的结果。

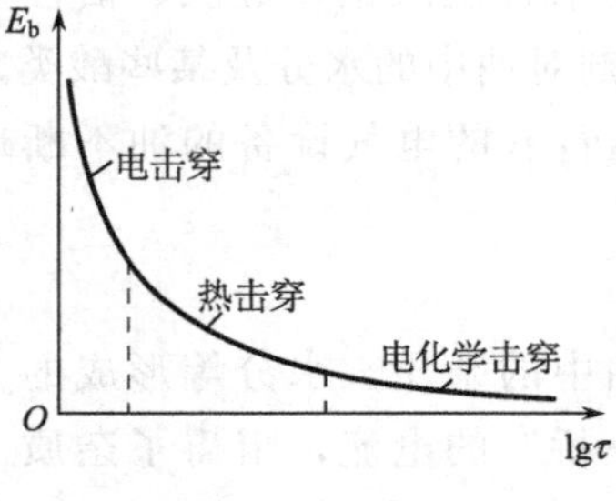

图 4-16　固体电介质击穿场强与电压作用时间的关系

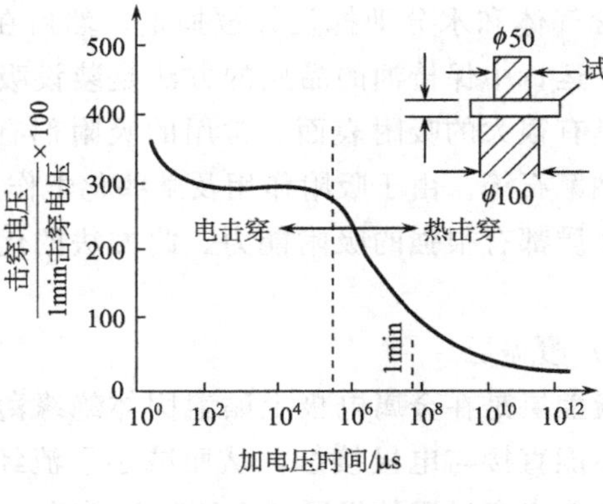

图 4-17　油浸电工纸板击穿电压与电压作用时间的关系（25℃）

图 4-17 所示为油浸电工纸板击穿电压和电压作用时间关系的试验结果。在极短时间的电压作用下，击穿电压随击穿时间的减小而提高；当击穿时间为 10μs～0.2s

时，击穿电压大致恒定，与时间无关。该范围内，击穿具有电击穿的性质。电压作用时间继续加长，则击穿电压随击穿前时间的增加而明显下降，具有热击穿的特点。击穿时间更长时是电化学击穿，其击穿时间有可能在数十小时以上，甚至数年。

4.3.1 固体电介质的击穿

1. 电击穿

电击穿的特点是：击穿过程所用时间短，击穿电压场强高，破坏范围小，击穿场强与电场均匀程度密切相关，与周围环境、介质温度几乎无关。

引起固体电介质电击穿的直接能源是电场能量，即电击穿理论是建立在固体电介质中的电子从电场获得能量发生碰撞电离基础上的。就电击穿理论而言，现阶段被人们接受的有电子崩击穿理论和固有击穿理论。固体电介质中存在着少量的电子，在电场中加速运动，电子崩击穿理论认为电子被电场加速与晶格结点上的原子发生碰撞，产生更多的电子，形成类似于汤森气体击穿理论描述的电子崩，从而导致击穿；固有击穿理论认为单位时间内运动电子从电场中获得的能量如果大于由于碰撞而损失的能量，固体中电子的运动速度就会越来越快，最终会发生碰撞电离，导致击穿。

2. 热击穿

热击穿的特点是：击穿过程所用时间较长，击穿电压较低，破坏范围较大。对于无机介质，一般是炸裂的过程；对于有机介质，一般是烧焦碳化的过程。

引起固体电介质热击穿的直接能源是热能，由于介质损耗的存在，固体电介质在电压作用下会逐渐发热升温，温度的升高又会导致固体电介质电阻的下降，使电流进一步增大，损耗引起的发热也随之增大。在电介质不断发热升温的同时，也存在一个通过电极及其介质向外不断散热的过程。如果同一时间内发热量超过散热量，则介质温度会不断上升，最终导致击穿，这一过程称作电介质的热击穿过程。

3. 电化学击穿

1）局部放电引起劣（老）化

实验结果和长期运行经验表明，电介质或高压电气设备的绝缘在长时间工频电压作用下的击穿电压常常不到短时击穿电压的几分之一。长时间击穿电压（或最终击穿电压）是指经过一定的加压时间后，击穿电压几乎不再随时间增长而下降，是一个恒定值。如外施电压低于此值，即使加压时间再长，通常亦不引起击穿。长时间击穿电压较低的主要原因往往是在绝缘内部有局部放电。

高电压设备绝缘内部不可避免地存在缺陷（例如固体介质中的气隙、液体介质中的气泡，如图 4-18 所示）和电场分布的不均匀性。这些气隙、气泡等缺陷部位，当做用场强达到一定值以上时，就会发生局部放电。这种放电并不立即形成贯穿性通道，但长期的局部放电会使绝缘（特别是有机介质）的劣化范围逐步扩大，甚至可能使整个绝缘击穿或沿表面闪络。

局部放电引起介质劣化的机理是多方面的。例如：①带电粒子对介质表面的撞

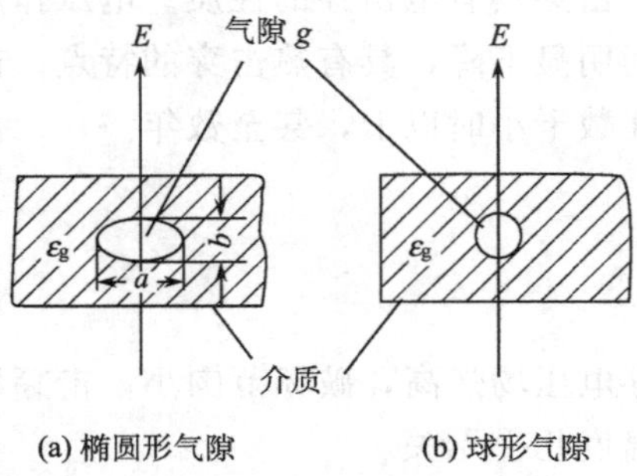

图 4-18　介质中的气隙

击，切断分子构造；②带电粒子撞击介质，引起介质局部的温度上升，使介质加速氧化，对于高分子材料，由于氧化等原因将引起裂解以致平均分子量下降，材料的机械、电气性能下降；③局部放电产生的活性气体 O_3、NO、NO_2 等对介质的氧化作用使介质逐渐劣化。

2）局部放电

（1）电介质中气隙的电场与气隙放电时的等值回路。

固体介质中的气隙 g 的形状各种各样，典型的如图 4-18（a）所示，椭球形空气隙的轴平行与电极，且 $a>b$。由于电通量 $D=\varepsilon_s E_s=\varepsilon_g E_g$，且气隙中 $\varepsilon_g=1$，所以气隙内的电场强度为

$$E_g=\varepsilon_s E_s \tag{4-7}$$

式中，E_s 为固体介质中的电场强度；ε_s 为固体介质的介电常数。

图 4-18（b）为球形气隙，气隙内的场强为

$$E_g=E_s\frac{3\varepsilon_s}{2\varepsilon_s+\varepsilon_g}=\frac{3E_s}{2+\dfrac{1}{\varepsilon_s}} \tag{4-8}$$

因此，气隙内的场强总要比固体内的场强高得多，而气隙的抗电强度要比固体介质低，所以当加电压至一定值时，在固体介质击穿之前，总是在气隙内先开始放电。

固体介质内部气隙放电时的等值回路如图 4-19 所示。其中，Z_s 为电源阻抗；C_g 为气隙电容；C_b 为与气隙串联除去 C_g 的介质电容；C_m 为除 C_b、C_g 以外的绝缘完好部分的电容。

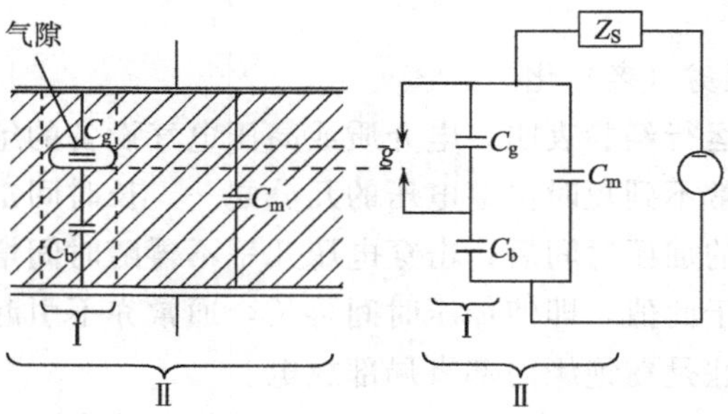

图 4-19　气隙放电时的等效电路图

一般 $C_m\gg C_g\gg C_b$。电容 C_g 由于在较低的电压 U_g 时就开始放电，故等值地用放电间隙 g 与 C_g 并联来表示。电极间的全部电容为

$$C_a=C_m+\frac{C_gC_b}{C_g+C_b}\approx C_m+C_b \tag{4-9}$$

电极间加上瞬时值为 u_t 的交流电压，则 C_g 上分到的电压瞬时值 u_g 可表示为

$$u_g = u_t \frac{C_b}{C_g + C_b} \tag{4-10}$$

当 u_g 随外施电压 u_t 增加达到其放电电压 U_g 时，气隙内产生火花放电，放电后 C_g 上的电压 u_g'急剧下降，同时 C_b 通过 g 被充电；当 u_g'将至 U_r时，放电立即熄灭，但由于外加电压 u_t 还在上升，C_g 上的电压又被充电到 U_g，便开始第二次放电。当 u_t 经峰值后电压下降，分配在 C_g 上电压也相应降低；当 u_t 的瞬时值低至一定程度时，它将低于 C_b 在 C_g 放电时已充上电压，C_b 将向 C_g 反充电，使 C_g 上的电压达到 $-U_g$ 时又形成放电，放电后 C_g 上的电压降至 $-U_r$时放电熄灭。随外加电压 u_t 瞬时值的继续降低，C_g 上的电压又达到 $-U_g$时，又开始放电。C_g 上的电压变化如图 4-20（a）所示。这样局部放电将在一个交流周期内多次重复出现。

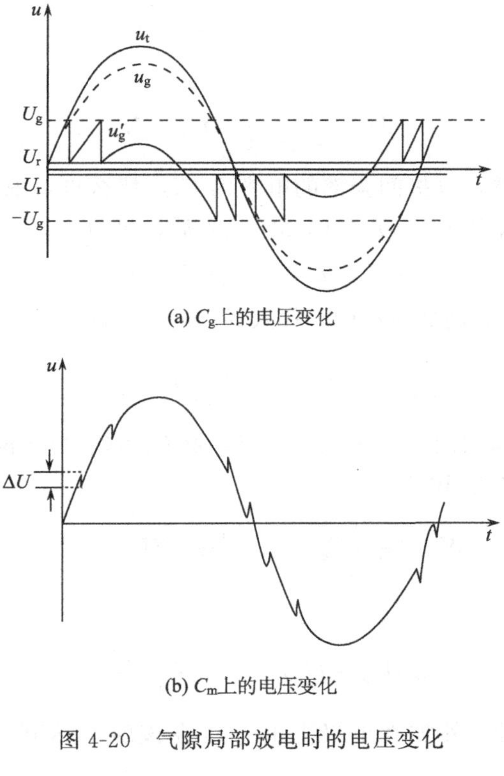

(a) C_g上的电压变化

(b) C_m上的电压变化

图 4-20　气隙局部放电时的电压变化

（2）放电电荷量和放电能量。

假定 C_g 在达到 U_g 时便开始放电，C_g 上的电压急剧降至 U_r，由于回路上有电感等，电源没有能力马上补充电荷，那么在电压变动（$U_g - U_r$）时，经 C_g 放电的全部电容$\left(C_g + \frac{C_m C_b}{C_m + C_b}\right)$的放电电荷量为

$$q_r = \left(C_g + \frac{C_m C_b}{C_m + C_b}\right)(U_g - U_r) \tag{4-11}$$

因为 $C_m \gg C_b$，故

$$q_r = (C_g + C_m)(U_g - U_r) \tag{4-12}$$

q_r 称为真实放电量。但是，因 C_g、C_b、C_m 等还没有办法测得，因此 q_r 也还无法测得。

由于气隙放电引起的气隙电压变动（$U_g - U_r$）将分在 C_b、C_m 上，如 ΔU 为分在 C_m 上的部分，如图 4-20（b）所示（C_m 上的电压比电源电压低 ΔU，电源充电会在回路中形成电流脉冲）。

由于

$$\frac{U_g - U_r}{\Delta U} = \frac{C_m}{\dfrac{C_m C_b}{C_m + C_b}} \tag{4-13}$$

故

$$\Delta U = \frac{C_b}{C_m + C_b}(U_g - U_r) \tag{4-14}$$

另外由电源侧来看，电极间全部的电容为 C_a，那么也可取 ΔU 和 C_a 两者的乘积来表示放电电荷 q，以式（4-14）中的 ΔU 代入后，可得

$$q = C_a \Delta U = C_b (U_g - U_r) \tag{4-15}$$

q 称为视在放电量，将式（4-12）代入式（4-15）得

$$q = \frac{C_b}{C_g + C_b} q_r \tag{4-16}$$

视在放电量 q 可以测定，但由式（4-16）及 $C_g \gg C_b$ 知，视在放电量可能比真实放电量小得多。放电能量 W 为

$$W = \frac{1}{2}\left(C_g + \frac{C_b}{C_m + C_b}\right)(U_g^2 - U_r^2) \tag{4-17}$$

由于 $C_g \gg C_b$，故

$$W = \frac{1}{2} q_r (U_g + U_r) = \frac{1}{2} q \frac{C_g + C_b}{C_b}(U_g + U_r) \tag{4-18}$$

设 C_g 开始放电时，外加在电极上的电压在该瞬时达到 U_s 值，则气隙上的电压为

$$U_g = U_s \frac{C_b}{C_g + C_b} \tag{4-19}$$

因此

$$W = \frac{1}{2} q \frac{U_s}{U_g}(U_g + U_r) \tag{4-20}$$

假使 $U_r \approx 0$，则

$$W = \frac{1}{2}qU_s \tag{4-21}$$

因 U_s 和 q 可测定，故由式（4-21）可以计算出放电能量 W。

（3）放电发生的重复率。

当试品上施加的电压很低时，将无局部放电发生；当施加的电压超过放电起始电压并再继续上升，则放电的次数随电压增加而增加。交流电压半周内发生的放电次数称为放电发生的重复率 N。在只有一个放电气隙时，N 与外加电压的关系可以从图 4-21分析推出。

当外施电压上升至使气隙上的电压到达其放电电压 U_g 时，气隙内发生局部放电，而后气隙上的电压下降至 U_r，放电熄灭，气隙上的电压重新又随外施电压上升，当再上升至 U_g-U_r 时，放电又重复发生。如果把气隙上的电压 U_g、U_r 的值换算至对应的外施电压值 U_g、U_R 时，它们的关系为$U_s=\frac{U_g}{K}$和 $U_R=\frac{U_r}{K}$，其中 $K=\frac{C_b}{C_g+C_b}$。

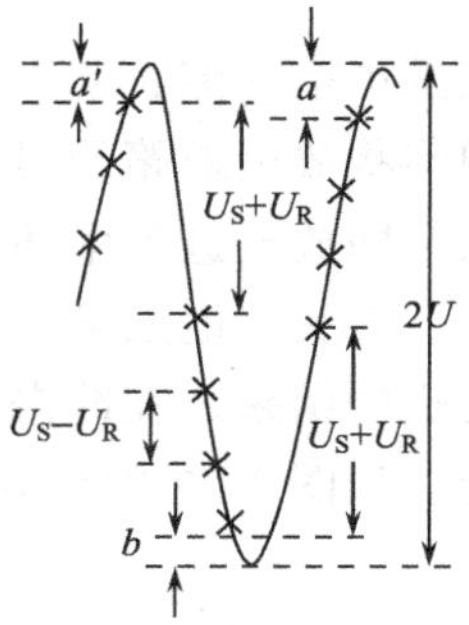

图 4-21　半个周期中局部放电的发生点

×–放电发生点

当电源电压至 1/4 周峰值附近，气隙放电熄灭后，气隙电压随外施电压达到幅值后下降，气隙由 C_b 反向充电，电压从 U_r 充至 $-U_g$，换算至外施电压，即外施电压从上一放电点下降 U_s+U_R 时，放电又重复发生。这样，如图 4-21 所示，每半周中发生的放电次数与外施电压的关系为

$$2U = a + U_s + U_R + (N-1)(U_s - U_R) + b \tag{4-22}$$

式中，a、b 分别为前半周、计算半周中最后一次放电发生点至峰值的电压。即

$$N = \frac{2(U-U_R)-(a+b)}{U_s - U_R} \tag{4-23}$$

当 $a<U_s-U_R$，$b<U_s-U_R$ 时，从较长时间里取得的平均值可表示为

$$N = \frac{2(U-U_R)}{U_s-U_R} - 1 \tag{4-24}$$

$U_R \approx 0$ 时，有

$$N = \frac{2U}{U_s} - 1 \tag{4-25}$$

或以每秒内放电次数 n 来表示，则

$$n = 2fN \tag{4-26}$$

实际电气设备的绝缘中可能有多个大小不等的气隙，每个气隙具有不同的 U_s 值，这时放电发生的重复率是按式（4-25）在各个 U_s 值时的 N 的叠加结果。

可以测量上述 q、ΔU、N、W 等量来判断电气设备绝缘的局部放电严重程度，

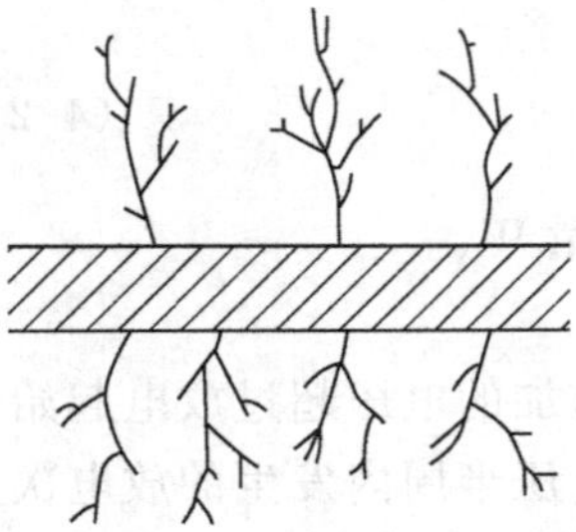

图 4-22　聚乙烯电缆缆芯近旁出现的树枝化痕迹

并据此规定各种电气设备绝缘的局部放电 q、ΔU、N、W 量的允许值。

3）有机材料的树枝放电劣化

在用有机材料作为高压绝缘的场合，当长时间施加强电场后再测试绝缘的击穿电压，多数情况下击穿电压将下降。如对聚乙烯绝缘电力电缆进行绝缘介电强度试验时，当对经过试验而未击穿的电缆再作试验时，击穿电压往往有所降低，这是由树枝化放电劣化引起的。在对透明的聚乙烯电缆做试验时可以观察到如图 4-22 所示的树枝化放电劣化痕迹，即在有机材料中的电极尖端处或微小空气隙、杂质等处，凡是因此引起高场强的区域，可能先发生放电，并留下细的沟状放电通路的痕迹，因而称树枝化放电劣化。在树枝状放电痕迹中常能发现有空孔，即放电进展中还伴随着气体分解。

在交流电压下，树枝化放电劣化是局部放电产生的带电粒子撞击材料引起电化学劣化的结果。在冲击电压下，则可能是局部电场强度超过了材料的电击穿强度所造成的。从图 4-23 中可以看到树枝长度和每周波中最大放电电荷量密切相关。

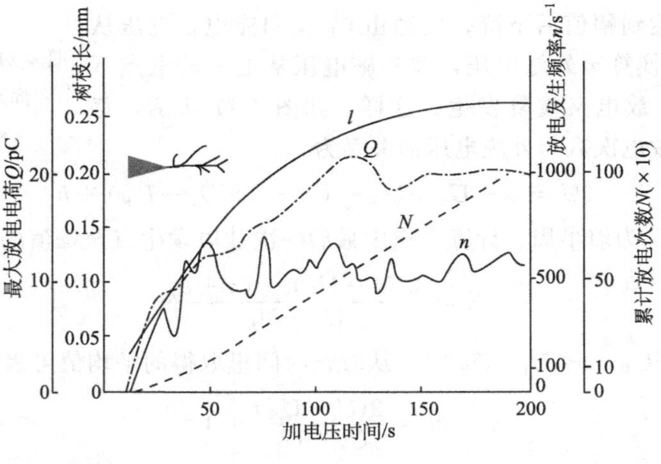

图 4-23　加电压时间和最大放电电荷、累积放电次数、放电发生频率、树枝长度的关系（聚乙烯试样，针-板电极）

4）表面漏电起痕及电蚀损

绝缘体表面脏污，并遇恶劣天气（雾、露、小雪等）使污层湿润时，将使沿面泄漏电流增大，使沿面路径发热、水分蒸发，在局部电流密度大的地方先形成干燥带，使电压沿面分配不均匀，干燥带分担较高的电压而造成电弧放电，使绝缘体表面过热、局部炭化，形成漏电痕迹。如果此炭化层发展得很大，可引起绝缘体表面闪络。

这种现象在沿海地带和化工厂等运行的电气设备最常见。如果在材料中混入无机填充剂，则可减缓漏电痕迹的进展。

如果固体介质浸在油中，因固体介质与液体介质的介电强度接近，在沿固体表面的油中发生局部放电时，放电也可能侵入到固体内部，如图 4-24 所示。

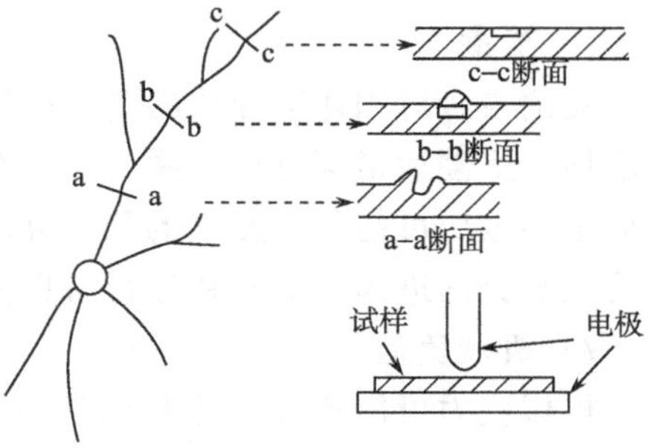

图 4-24 纸板在油中沿面有局部放电时放电侵入到纸板内部的情况

4.3.2 影响固体电介质击穿电压的主要因素

1）电压作用时间

电压作用时间越长，击穿电压越低，如图 4-17 所示。当电压作用时间很短时（如 10^{-1}s）击穿，可能是电击穿；当电压作用时间足够长时（如几分钟）击穿，可能是热击穿；如果电压作用时间更长时（如几小时、几十小时或更长）击穿，可能是电化学击穿。应该指出，固体介质击穿过程很复杂，例如交流一分钟耐压试验时击穿，往往是电和热综合作用的结果。因此要准确判断击穿过程，应该根据击穿现象作具体分析。这样在选择绝缘材料、绝缘结构、工作场强等时，一定要综合考虑，多数有机绝缘材料的短时电气强度很高，但耐局部放电能力往往较差；而多数无机材料短时电气强度较低，但耐局部放电能力往往很强。

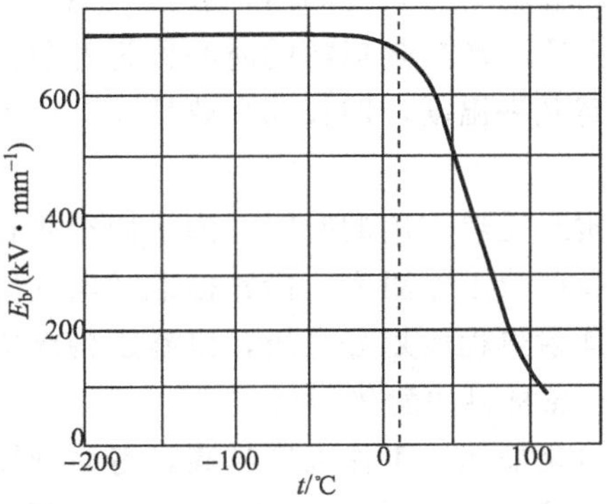

图 4-25 聚乙烯短时电气强度与环境温度的关系

2）温度

当环境温度高到一定程度，在电压作用时间较长时击穿，且击穿电压 U_b 往往大幅度下降，这种击穿应该是热击穿。环境温度对热击穿电压有较大的影响，如图 4-25 所示。

3）电场均匀程度

在均匀场中，U_b 随介质厚度的增加而线性增加；在不均匀场中，介质越厚，电场越不均匀，U_b 不再直线上升。当介质厚度增加到散热困难而出现热击穿时，继续增加介质厚度就没意义了。

4）电压种类

冲击击穿电压比工频击穿电压高。直流电压下固体电介质损耗小，故直流击穿电压也比工频击穿电压高。高频下局部放电严重，发热也严重，其击穿电压最低。

5）累积效应

由于固体绝缘的损伤是不可恢复的，若多次在固体绝缘上施加高电压，虽然未发生击穿，但每次若都产生一定程度的绝缘损伤，则绝缘的损伤可逐步累积，最终在该电压作用下可能发生绝缘击穿，这个过程称为累积效应。因此不要轻易作耐压试验。

6）受潮

受潮与否对固体电介质的击穿有极为重要的影响，对不易吸潮的材料，例如聚四氟乙烯，受潮后击穿电压下降一半左右；对容易吸潮的材料，如纸、纤维等，严重受潮后击穿电压可能仅为原来的几百分之一。因此，高压电气设备不仅在生产制造时注意防止水分的进入，而且在运行时也要注意防潮。

7）机械负荷

机械应力可能造成绝缘材料开裂、松散，使得击穿电压下降。因此在绝缘设计时，一定注意机械负荷的计算与校核。

4.3.3 固体电介质的其他性能

1. 热性能

1）耐热性

提高电介质的工作温度对提高电气设备的容量、减小体积、减轻重量、降低成本都有非常重要的意义。电介质的工作温度是由电介质的耐热性决定的。电介质的耐热性，是指保证其运行安全可靠时能承受的最高允许温度。耐热性分以下两种：

(1) 短时耐热性。电介质在高温作用下，短时就能发生明显损坏，如软化、硬化、气化、炭化、氧化、开裂等。

(2) 热劣化与长期耐热性。电介质在稍高的温度下，长时间后，会发生绝缘性能的不可逆变化，即热劣化。在一定温度下，电介质不产生热损坏的时间称为寿命。在确定寿命的条件下，电介质不产生热损坏的最高允许温度，即长期耐热性。

2）电介质的耐热等级

电介质热老化的程度主要决定于温度及介质经受热作用的时间。为了使绝缘材料能有一个经济合理的使用寿命，要规定一个最高持续工作温度。国家标准“电气绝缘的耐热性评定和分级”将各种电工绝缘材料按其耐热程度划分等级，以确定各级绝缘材料的最高持续工作温度，表 4-3 列出了部分绝缘材料的耐热等级。

绝缘材料的工作温度若超过规定温度，则劣化加速。工作温度越高，寿命越短。对 A 级绝缘材料，工作温度若超过规定温度 8℃，其寿命大约缩短一半。按照此规则，对 B 级绝缘材料，此温度约为 10℃；对 H 级绝缘材料，此温度约为 12℃左右。

电气设备的寿命和负荷情况有极密切的关系。同一设备，如果允许负荷大，则运行期间投资效益高，但该设备必然升温较高，绝缘热老化快，寿命短；反之欲使设备寿命长，应将工作温度规定较低，允许负荷较小，这样运行期间投资效益就会降低。综合考虑上述因素，为能获得最佳综合经济效益，应规定电气设备经济合理的正常使用期限，对于大多数电力设备（如发电机、变压器、电动机等），认为使用期限定为 20～25 年较为合适。根据这个预期寿命，就可以定出该设备的标准使用温度。在此温度下，该设备的绝缘性能保证在上述正常使用期限内安全工作。

表 4-3　电气绝缘的耐热等级

耐热级别	最高持续工作温度/℃	材料举例
Y	90	未浸渍过的木材、棉纱、天然丝和纸等材料或其组合物；聚乙烯、聚氯乙烯、天然橡胶
A	105	矿物油及浸入其中的 Y 级材料；油性漆、油性树脂漆及其漆包线
E	120	由酚醛树脂、糠醛树脂、三聚氰胺甲醛树脂等制成的塑料、胶纸板、胶布板，聚酯薄膜及聚酯纤维，环氧树脂，聚氨酯及其漆包线，油改性三聚氰胺漆
B	130	用合适的树脂或沥青浸渍、黏合或涂抹过的，或用有机补强材料加工过的云母、玻璃纤维、石棉等的制品，聚酯漆及其漆包线；使用无机填充料的塑料
F	155	用耐热有机树脂或漆黏合或浸渍的无机物（云母、石棉、玻璃纤维及其制品）
H	180	硅有机树脂、硅有机漆，或用它们黏合或浸渍过的无机材料，硅橡胶
200	200	不采用任何有机黏合剂或浸渍剂的无机物，如云母、石英、石板、陶瓷、玻璃或玻璃纤维、石棉水泥制品、玻璃云母模压品等，聚四氟乙烯塑料
220	220	
250	250	

3）电介质的耐寒性

耐寒性是绝缘材料在低温下保证安全运行的最低许可温度，否则，固体可能变脆、开裂；液体可能凝固。例如，10 号、25 号、40 号变压器油分别表示其凝固温度为－10℃、－25℃、－40℃。因而对有可能运行在低温条件下的设备就要充分考虑其耐寒性。

2. 机械性能

固体绝缘材料按其机械性能区分有脆性、塑性、弹性 3 种，彼此间性能相差很大，使用时应分别考虑。

3. 吸潮性能

水分对电介质性能影响很大，在潮湿地区，要尽量选用吸湿性小的材料，选用憎水性强的材料。一般而言，非极性电介质吸湿性较低；极性电介质吸湿性较强。

4. 化学性能及抗生物性

化学性能主要指材料的化学稳定性，例如抗各种腐蚀性气体及各种溶剂的稳定性。抗生物性指材料的抗霉菌、抗昆虫的性能，在湿热地区这一点尤其重要。

4.3.4　组合绝缘的电气性能

1. 组合绝缘的介电常数与介质损耗

现代电气设备多采用两种或两种以上绝缘介质构成组合绝缘。例如在变压器中，

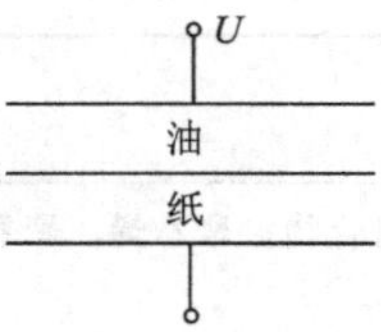

图 4-26 油浸纸的组合绝缘示意图

采用油间隙、绝缘层、屏障等组合的绝缘方式；电缆、电容器采用纸或高分子薄膜的迭层和各种浸渍剂的组合绝缘；电机采用云母、胶粘剂、补强材料的组合绝缘；充油套管采用油隙和胶纸层或油纸层的组合绝缘。在各种组合绝缘方式中，油浸纸的油纸绝缘方式用得最多。

1）介电常数

对于油浸纸的组合绝缘常近似按串联介质处理，如图 4-26 所示。若未浸油前的气隙所占体积比为 x，则浸油后油所占的体积比也为 x（假设浸渍非常理想），而固体介质（纸或薄膜）所占体积比 $1-x$。

对平板电极，设介质总厚度为 d，则体积比可折算成厚度比，单位面积的电极间电容为 C，则

$$\frac{1}{C}=\frac{1}{C_s}+\frac{1}{C_x} \tag{4-27}$$

式中，C_s 为固体电介质的电容；C_x 为气隙或浸渍介质的电容。

按平板电极电容计算公式，有

$$\frac{1}{\dfrac{\varepsilon_r\varepsilon_0}{d}}=\frac{1}{\dfrac{\varepsilon_s\varepsilon_0}{(1-x)d}}+\frac{1}{\dfrac{\varepsilon_x\varepsilon_0}{xd}} \tag{4-28}$$

解得组合绝缘的相对介电常数 ε_r 为

$$\varepsilon_r=\frac{\varepsilon_s}{(1-x)+\dfrac{x\varepsilon_0}{\varepsilon_x}} \tag{4-29}$$

式中，ε_s 为固体介质（如纸）的相对介电常数；ε_x 为浸渍介质（如油）的相对介电常数。

2）介质损耗

按上述方法同样可得到组合绝缘的总介质损失角正切为

$$\tan\delta=\frac{\tan\delta_s}{1+\dfrac{x\varepsilon_s}{(1-x)\varepsilon_x}}+\frac{\tan\delta_x}{1+\dfrac{x\varepsilon_x}{(1-x)\varepsilon_s}} \tag{4-30}$$

式中，$\tan\delta_s$ 为固体介质的介质损失角正切；$\tan\delta_x$ 为浸渍介质的介质损失角正切。

2. 组合绝缘的击穿特性

外加电压在组合绝缘中各介质上的电压分布，将决定组合绝缘整体的击穿电压，其与电压分布情况和电压的性质及持续时间等因素有关。对于串联的多层绝缘结构，理想的电压分布应是各层介质所承受的场强与该层介质的耐电强度成正比，这样可使各层绝缘材料的利用最充分。

下面以油纸绝缘为例，讨论组合绝缘的击穿特性。油纸绝缘广泛用于电容器、电缆、套管、电流互感器及某些变压器。油纸绝缘的优点主要是优良的电气性能，干纸

的耐电强度仅为10～30kV/mm，纯油的耐电强度也仅是10～20kV/mm，二者组合以后，由于油填充了纸中薄弱点的空气隙，纸在油中又起到了屏障作用，从而使总体耐电强度提高很多，油纸绝缘工频短时耐电强度可达50～120kV/mm。

油纸绝缘的击穿过程如同一般固体介质那样，可分为短时电压作用下的电击穿、稍长时间电压作用下的热击穿以及更长时间电压作用下的电化学击穿。

油纸绝缘的短时电气强度很高，因为组合绝缘是由多种不同介质组成，在不同介质的交界处，或层与层、带与带交接处等都容易出现气隙，因而容易产生局部放电。局部放电对油纸绝缘的长期电气强度是很大的威胁，它对油浸纸有着电、热、化学等腐蚀作用，十分有害，而大多数有机介质耐局部放电的性能都很差。因而油纸绝缘的电气性能应满足下述要求：

（1）在工作电压下不发生有害的局部放电。

（2）在工频试验电压下不发生强烈的局部放电，不击穿，不闪络。

（3）在雷电冲击试验电压下不击穿，不闪络。

油纸绝缘的长时耐电强度取决于它的工作场强；短时耐电强度取决于它的试验场强。纸的密度越大，相对介电常数ε_r就越大，这样分配在其串联的油层（或气隙）上的场强将增大，油层较易发生局部放电，于是油纸绝缘整体的局部放电电压下降。如果选用介电常数较小的纸或选用介电常数较大的浸渍剂，就可降低浸渍剂中的场强，改善局部放电性能。

油纸绝缘在直流电压下的击穿电压常为工频电压（幅值）下的2倍以上，这是因为工频电压下局部放电、损耗等都比直流电压下严重得多。

第 5 章 试验电压的产生

电气设备的绝缘在运行中除了长期受到工作电压的作用外，还会受到大气过电压和内部过电压等可能出现的各种过电压的侵袭。为了检验和考核电气设备的绝缘强度能否保证在正常工作电压下安全可靠地运行，及耐受各种过电压的能力，电气设备在出厂时、安装调试时或大修后都需要进行各种高电压试验。要进行高电压试验，首先必须能够产生出所需的各种高电压（工频交流高压、直流高压、雷电冲击高压、操作冲击高压等）。为这些试验提供试验电压的设备，称为高电压试验设备。在进行高压试验时，不允许直接使用电网的工频高压，必须使用专门的高压发生装置。

本章主要介绍工频试验电压、直流试验电压和冲击试验电压的产生方法及设备。

5.1 交流试验电压的产生

5.1.1 交流试验电压产生方法

交流高压的产生通常采用工频试验变压器，将一个较低电压等级的电压经一定变比变换为一个高电压。试验变压器是高压试验最基本的、不可缺少的设备之一。它除了用于工频高压试验外，也是对气体绝缘间隙、电晕损耗、静电感应、长串绝缘子的闪络电压等进行试验研究和带电作业所必需的高压电源设备。

工频试验变压器除用来产生工频试验电压外，还可用作产生直流高压、冲击高压的电源变压器。

试验变压器进行高压试验的接线如图 5-1 所示。

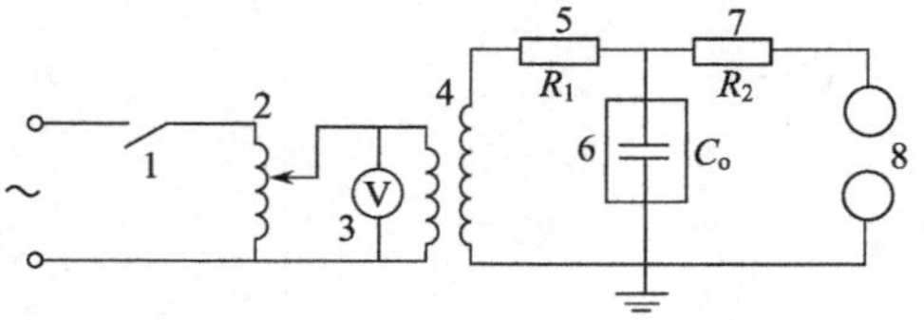

图 5-1 工频高电压试验的基本线路

1-电源开关；2-调压器；2-电压表；4-试验变压器；

5-变压器保护电阻；6-试品；7-测量铜球保护电阻；8-测量铜球

试验变压器在原理上与电力变压器并无区别，只是前者电压较高，变比较大，因此在工作条件和结构方面具有以下特点：

（1）电压高，变比大。

由于要产生很高的工频电压，所以需要较大的变比，采用较厚的绝缘及较宽的间隙距离，因此试验变压器的漏磁通较大，短路电抗值也较大，而电压高的串级试验变压器的总短路电抗值则更大。在大的电容负载下，试验变压器一、二次侧的电压关系与线圈匝数比有较大差异，因此试验变压器常常有特殊的测量电压用的线圈。另外，由于试验变压器一般工作在高压实验室内，因此不会受到雷电和操作冲击过电压的侵袭，所以试验变压器的绝缘裕度不需要取太大。

（2）容量小。

在试验中，放电或击穿前试品上流过的只有很小的容性电流；如果试品击穿，保护回路则立刻切断电源，不会出现长时间短路电流。试验变压器工作时间短，在额定电压下满载运行的时间更短，如进行电气设备的耐压试验时常常用的是1～5min工频耐压。而电力变压器则需要长时间在额定电压下满载运行。因此，试验变压器工作温度低，而电力变压器温升较高，电力变压器带有散热管、风冷甚至强迫油循环冷却装置等，而试验变压器则没有各种附加的散热装置，或只有简单的散热装置。

（3）多采用串级连接方式。

当试验变压器的额定电压升高时，它的体积和重量的增加趋势超过按额定电压的三次方的上升速度。为了限制单台试验变压器的体积和重量，有必要在接线上和结构上采取一些特殊措施，例如目前采用的串级装置等。这样可使试验变压器在某些情况下具有特殊形式。

（4）运行条件多变，设计安全系数小。

试验变压器在大多数情况下，工作在电容性负荷下；而电力变压器一般工作在电感性负荷下。试验变压器在工作时，经常要放电；电力变压器在正常运行时，发生短路事故的机会是不多的，而且即使发生，继电保护装置也会立即将电源跳开。试验变压器在运行条件方面比电力变压器有利，而在重要性方面则不如电力变压器，所以设计时采用较小的安全系数。例如，50～250kV试验变压器本身的试验电压比其额定电压仅高25kV，更高电压（≥300kV）的试验变压器的试验电压比额定电压仅高10%。

（5）输出电压波形质量要求高。

试验电压的频率和波形对各种试验有不同程度的影响。在进行交流耐压试验时，有些测量电压的仪表所测得的是电压有效值。但是工频放电或击穿一般取决于电压的峰值。试验波形实际上很难保证是严格的正弦波，当波形畸变时，电压峰值与有效值之比不是$\sqrt{2}$。由于波形上主要叠加了较大的三次谐波分量，峰值与有效值之比可达1.45～1.55。此时若再根据所测的有效值乘$\sqrt{2}$来求峰值，就会造成很大的误差。

此外，因为有些绝缘材料的绝缘性能还与电压频率相关，所以电压频率加高或含有高次谐波的非正弦波加在有机绝缘材料上，会产生较大的介质损耗，容易使绝缘过热而造成耐压性能降低。为此，交流试验电压一般应是频率为45～65Hz的交流电

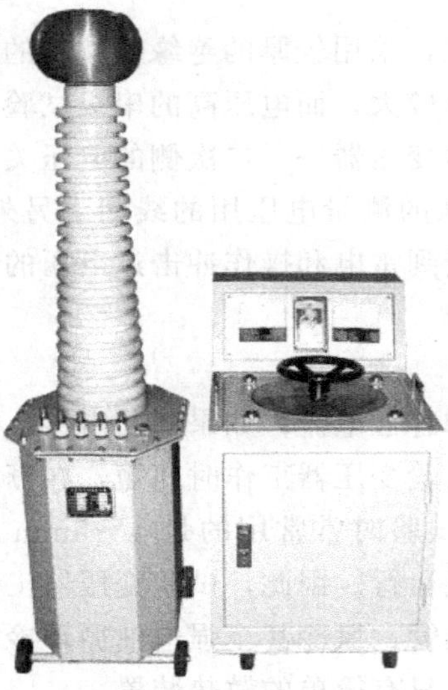

图 5-2　试验变压器与调压装置

压，有些特殊试验可能要求频率远低于或高于这一范围。试验电压的波形为两个半波相同的近似正弦波，且峰值和方均根（有效）值之比应为$\sqrt{2}\pm0.07$。若诸谐波的方均根值不大于基波方均根值的5%，则认为波形满足上述要求。为此必须重视试验变压器输出的电压波形是否合乎标准。

造成试验变压器输出电压畸变的最主要的原因，是试验变压器铁心的磁化曲线的非线性，特别是当使用到临近饱和段时，激磁电流就含有三次谐波分量，在调压器漏感较大时，输出波形就会明显产生畸变。而供电电网的电压波形有时也包含谐波分量，这些谐波也会传至试验变压器二次侧。为了减小波形畸变，试验变压器应选用优质低磁密的铁心，变压器和调压器的短路电抗都应较小，必要时可设置L-C滤波装置。在波形质量要求高时，可采用电动发电机组调压并产生质量较高的正弦波电压。

使用试验变压器必须使用合适的调压装置来调整输入输出电压的大小。如图5-2所示左侧为试验变压器，右侧为试验变压器的调压装置。

调压装置主要有：

(1) 自耦式调压装置，也即自耦变压器，只是它们的二次侧电压抽头不是固定的，而是用一滑动触头（碳刷）沿着绕组移动，变成可调的，只要改变滑动触头的位置就可改变二次绕组的匝数，从而使输出电压改变。

(2) 移圈式调压器，移圈式调压器的结构和电磁原理与变压器相似，它一般有3个线圈，其中两个为匝数相等、绕向相反、互相串联的线圈，另一个为套在这两个线圈之外的短路线圈。它借助短路线圈沿铁心柱高度方向的上下移动，改变主回路两个线圈的阻抗和电压分配，以达到调节输出电压的目的。这种调压器由于不存在滑动触头，故容量可做得很大。但由于这种调压器的主磁通不能完全通过导磁材料形成闭合磁路，所以漏抗较大，且随短路线圈位置的改变而改变，从而使输出波形产生不同程度的畸变。对于波形要求不十分严格和容量较大的场合，移圈式调压器应用比较广泛。

(3) 发电机组调压，能够得到很好的正弦波形并能实现均匀调压，但这种调压设备价格昂贵，运行管理成本高，只有试验要求很高或有特殊要求时才采用。

(4) 感应调压器，它的结构和电磁原理类似堵转的绕线式异步电动机，能量转换关系与变压器类似。通过调整转子角位移，改变定子或转子绕组的感应电动势相位（三相式）或幅值（单相式），以达到无触点调压的目的。感应调压器的短路阻抗和波形畸变率较移圈式调压器小。

5.1.2 试验变压器参数

由于试验变压器的体积和重量随其额定电压值的增加而急剧增加，故单个变压器的电压都限制在 1000kV 以下，目前国产变压器的电压限制在 750kV。高于 750kV 者都采用串级方式。目前我国和世界上多数工业发达国家都具有 2250kV 的试验变压器，个别国家的试验变压器的电压已达到 3000kV。部分国产试验变压器的额定电压和容量如表 5-1 所示。

表 5-1 国产试验变压器的额定电压和额定容量

额定电压/kV	5	10	25	35	50	100	150	250	300	500	750	1000	1500	2250
额定容量/(kV·A)	3	3	3	3	5	10	25	250	300	300	750	1000	1500	2250
	5	5	5	5	10	25	50	500	1200	500	1500	2000	1500	9000
	10	10	10	10	25	50	100	1000		1000	3000			
		25	25	25	50	100	150			1500				
			50	50	100	200	300							
				100	250	250								
				150	500	400								
				200	750									

因为试品大多为电容性的，故当已知试品的电容量（见表 5-2）及所加的试验电压值时，便可按式（5-1）计算出试验电流

$$I = \omega CU \times 10^{-9} \quad \text{A （有效值）} \tag{5-1}$$

所需的试验容量

$$P = \omega CU^2 \times 10^{-9} \quad \text{kV·A} \tag{5-2}$$

式中，U 为所加的试验电压有效值（kV）；C 为试品的电容量（pF）；ω 为所加电压的角频率。

表 5-2 常见试品电容量

试品名称	电容值/ pF
线路绝缘子	<50
高压套管	50～600
高压断路器、电流互感器、电磁式电压互感器	100～1000
电容式电压互感器	3000～5000
电力变压器	1000～15000
电力电缆（1m）	150～400
全封闭组合电器	1000～10000

所需的试验变压器额定电压 U_n 应不低于试验电压 U。试验变压器的额定容量 P_n 应按下式来选择

$$P_n \geqslant IU_n \tag{5-3}$$

【例 5-1】 某二次变电所需对大修后的一台 35kV/10kV/3200kV·A 的电力变压器进行高压绕组对低压绕组和铁心、铁外壳（后两者良好接地）进行工频耐压试验，根据相关规程，试品变压器应施加的工频试验电压为 72kV。已用电桥测出其高压绕组对低压绕组和地之间的电容量为 5870pF，请选择一台合适的高压试验变压器。

解 根据式（5-1）计算出试品加压时，试验变压器高压绕组流过的电流为

$$I = 2\pi fCU \times 10^{-9} = 314 \times 5870 \times 10^{-9} \times 72 \times 10^3 = 0.133(\text{A})$$

则试验容量为

$$P = 0.133 \times 72 = 9.58(\text{kV}\cdot\text{A})$$

据表 5-1 试验变压器的额定电压选 100kV，由 $P_n \geqslant IU_n$ 可知，$P_n \geqslant 13.3\text{kV}\cdot\text{A}$。试验变压器的额定容量不能选择 10kV·A 的，因为这种容量的变压器高压绕组最大只能流过 0.1A 的电流。此时应选择 100kV/25kV·A 的试验变压器。

5.1.3 串级高压试验变压器

单个变压器的电压超过 500kV 时，变压器的重量、体积均随电压的上升而迅速增加，机械、绝缘结构设计上都有困难，且运输与安装亦出现困难，随之而来的是制造和使用成本均大幅上升。因此，目前单个试验变压器的额定电压很少超过 750kV。电压很高时，常采用几个试验变压器高压绕组串接的方法，从而使单台变压器的绝缘结构大为简化。

1. *串级试验变压器的基本原理*

图 5-3 所示的自耦式串级变压器是目前最常用的串级方式，在这种串级方式中，后一级变压器的激磁电流由前一级的变压器来供给。在前面两级变压器的 3 个绕组中，绕组 1 为低压绕组，2 为高压绕组，3 为供给下一级激磁用的串级激磁绕组。

设该装置输出的额定电流为 I_2（单位为 A），每一级变压器的高压侧绕组额定电压为 U_2（单位为 kV），则装置总的输出电压为 T_3 高压侧对地电压 $3U_2$，装置总的额定试验容量为 $3U_2I_2(\text{kV}\cdot\text{A})$。最高一级变压器 T_3 额定容量为 $U_2I_2(\text{kV}\cdot\text{A})$，中间一台变压器 T_2 的装置额定容量为 $2U_2I_2(\text{kV}\cdot\text{A})$，这是因为这台变压器除了要直接供应负荷 $U_2I_2(\text{kV}\cdot\text{A})$ 的容量外，还得供给最高一级变压器 T_3 的励磁容量 U_2I_2。同理，最下面一台变压器 T_1 应具有的装置额定容量为 $3U_2I_2(\text{kV}\cdot\text{A})$，所以每级变压器的装置容量是不相同的。如上例所述，当串级数为 3 时，串级变压器的输出额定容量为 $W_T = 3U_2I_2 = 3W$，而串级变压器整套设备的装置总容量应为各变压器装置容量之和，即

$$W_{\sum} = U_2I_2 + 2U_2I_2 + 3U_2I_2 = 6W$$

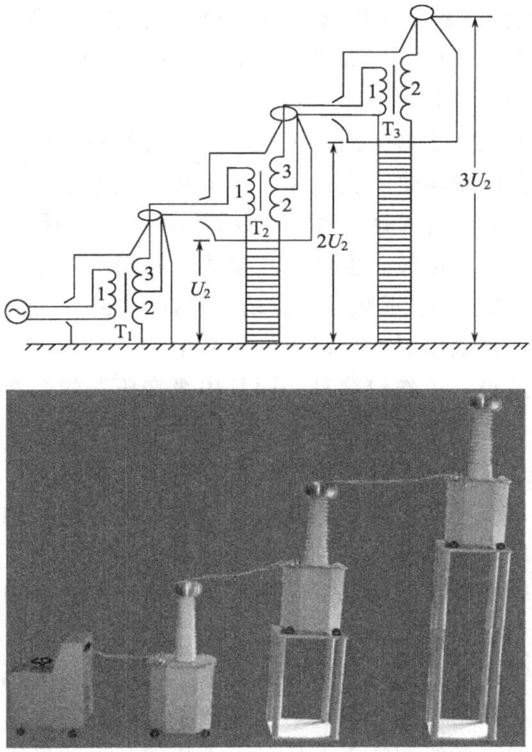

图 5-3　自耦式串接试验变压器

1-低压绕组；2-高压绕组；3-串级励磁绕组

所以，装置总容量 W_{Σ} 与可用的试验容量 W_{T} 之比为

$$\frac{W_{\mathrm{T}}}{W_{\Sigma}}=\frac{6W}{3W}=2$$

如果串级数为 n，则 $W_{\mathrm{T}}=nU_2I_2=nW$，而装置总容量为

$$W_{\Sigma}=W(1+2+3+\cdots+n)=W\frac{n(n+1)}{2} \tag{5-4}$$

这样，在 n 级时的串级装置的容量之和等于它的有用输出容量的 $(n+1)/2$ 倍，即 $W_{\mathrm{T}}/W_{\Sigma}=(n+1)/2$。换言之，试验装置的利用率 $\eta=W_{\Sigma}/W_{\mathrm{T}}=2/(n+1)$。所以随串级级数的增加，装置的利用率显著降低，这是这类串级试验变压器的一个缺点。一般串级的级数 $n\leqslant 3\sim 4$。

在图 5-3 中可见，串级变压器在稳态工作时各级变压器的电位分布情况。各级变压器的铁心和它的外壳接在一起，它们具有同一个电位。如图 5-3 所示，最终的输出电压为 $3U_2$，则第 3 级变压器的外壳对地有 $2U_2$ 的电位差；第 2 级变压器的外壳对地有 U_2 的电位差，所以需分别用相应的支持绝缘子把它们对地绝缘起来。各级变压器的高压绕组 2 以及激磁绕组 3、对低压绕组 1 和外壳、铁心之间的主绝缘，只需要耐

受 U_2 水平的电压。同样，每级变压器的高压套管也只需耐受 U_2 等级的电压。低压套管只耐受绕组 1 的两端电压，一般只有 10kV 及其以下的电压。

串级试验变压器的优点是：

（1）单个变压器的电压不必太高，因此绝缘结构的制作相对比较方便，绝缘的价格较便宜，每台变压器的重量也不会过重，运输及安装方便。

（2）可以改接线，供三相试验。两台串级的情况，可改接为 V 形接线；三台串级的情况，可改接成 Y 或△形接线。也可以改接线，使变压器相互并联，以供给大的负荷电流。显然，当改接为三相试验接线，或改为并联连接时，试验电压要相应地降低。

（3）当需要低的试验电压时，可以只使用其中的一、二台变压器，以使作为电源的发电机的激磁不致过小，工作较容易。而且串级变压器的台数少，可使总的试验回路的短路电抗大为减小。

（4）每台变压器可以分开单独使用，这样工作地点可以有所增加。

（5）一台变压器出故障时，其余的几台仍可以继续使用，损失相对可减小。

串级试验变压器的缺点是：

（1）在自耦式串级变压器的情况下，由于上一级变压器的功率需要由下一级来供给，故整个装置的利用率低。

（2）由于激磁绕组及低压绕组中的漏抗及由于整套串级变压器中的漏抗，当级数增多时，总的电抗增加甚剧。故一般认为串级数不应超过 4 级。

（3）发生过电压时，各级间瞬态电压分布不均匀，可能发生套管闪络及激磁绕组中的绝缘故障。

2. 容性试品上的电压升高

工频高压试验变压器上所接的试品大多数是电容性。在通过试验变压器施加工频高压时，容性试品上往往会产生“容升”效应。也就是说实际作用到试品上的电压值会超过按变比高压侧所应输出的电压值。试品的电容以及试验变压器的漏抗越大，“容升”效应越明显。若略去激磁电流，则变压器的等效电路可以简化为如图 5-4 所示的电路图。

图 5-4 中，$R+\mathrm{j}X$ 为总短路阻抗。设 $\dot{U}_r=\dot{I}_2R$，$\dot{U}_x=\dot{I}_2X$，则对应于图 5-5 中的电压和电流的矢量图。

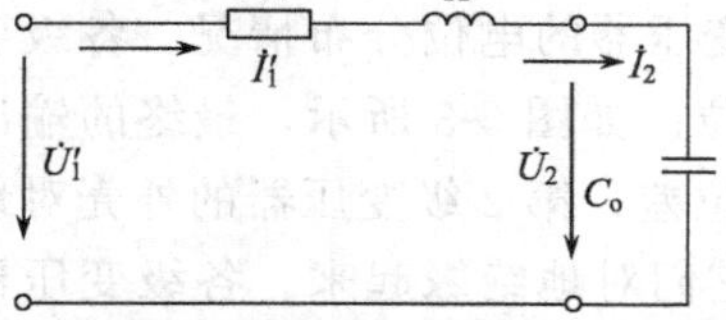

图 5-4　试验变压器的简化等效电路图

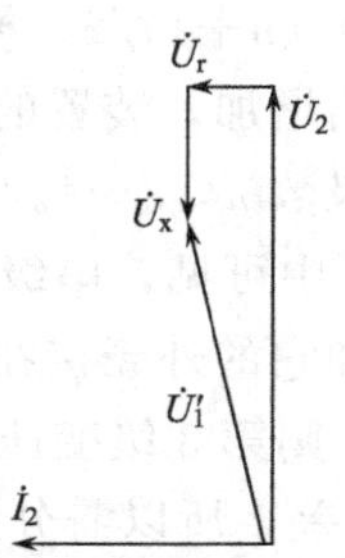

图 5-5　试验变压器接容性负载后的电压矢量图

由图 5-5 可见，当高压试验变压器的短路阻抗较大，试品电容 C_0 也较大时，在试品上出现的 U_2 电压值超过按变比换算所应得到的 U_1'。由此说明，用试验变压器的一次侧（低压侧）的电压按变比求高压侧电压常是不准确的。

5.1.4　串联谐振试验设备

对于电容较大的试品，在进行工频耐压试验时，需要的试验变压器和调压器的容量都很大，就会导致试验设备体积过大，难以进行现场试验。通常采用工频高压串联谐振的方法来解决这一问题。具有大电容量的试品通常是指电缆、六氟化硫管道、电容器以及容量大于 300MW 的大容量发电机。

串联谐振试验设备是利用 L-C 串联谐振的原理，在试品上得到一个所需要的交流高电压，而电源设备的额定电压及容量可大为减小。串联谐振试验设备工作原理如图 5-6 所示。图 5-6（a）中，T 为供电变压器，L_T 是调谐用可变电感，C_x 为试品。图 5-6（b）为等值电路，其中 R 是回路中实际存在的总电阻，C 为试品及分压器和外加电容器的总电容，L 是调谐电感和电源设备漏感之和。调整电感 L 的大小，使之与电容 C 在工频电压下发生串联谐振。要求 $\omega L=1/(\omega C)$，$\omega=2\pi f$，$f=50\text{Hz}$。谐振时流过高压回路 L 及 C 的电流达到最大值 $I=U/R$。

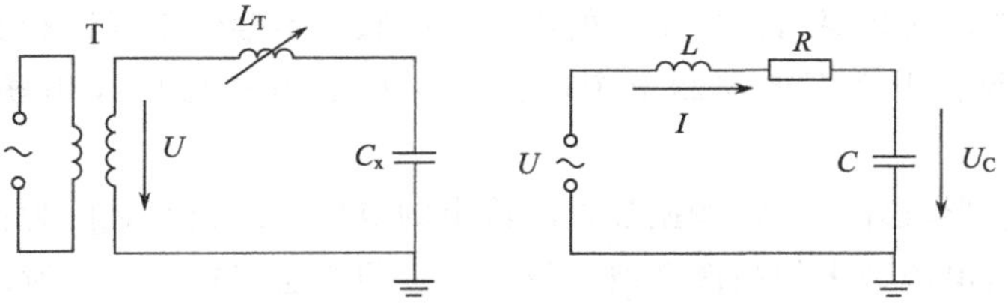

(a) 原理接线　　(b) 等值电路

图 5-6　串联谐振试验原理图

由图 5-5（b），回路发生谐振时有

$$U_C = IX_C = U_L = IX_L = U\omega L/R = QU$$

定义谐振回路的品质因数为

$$Q = \omega L/R = \sqrt{L/C}/R$$

则有

$$U_C = U\omega L/R = QU$$

Q 值较大（通常为 20～100），所以用较低的输入电压 U 即可在试品上得到较高的试验电压 U_C。

谐振时回路电流 $I=U/R$，U、I 同相位，此时电源的输入容量为

$$W_S = P = UI = I^2R \tag{5-5}$$

试品上得到的试验容量为

$$W_C = Q_C = U_C I = QUI$$

输入容量与试品试验容量之比为

$$\frac{W_S}{W_C} = \frac{UI}{QUI} = \frac{1}{Q} \tag{5-6}$$

式（5-6）说明，电源设备的容量可以减小到试品容量的 $1/Q$。

在谐振时试验所消耗的功率仅为电阻上的有功功率，此时 R 值又不会较大，故在试品电容量较大时，串联谐振试验变压器的容量要比普通工频耐压所用的试验变压器小得多。

当对 GIS 进行交流耐压试验时，施加电压的频率允许在 45～300Hz 的范围内变化，所以可调整电源的频率来产生回路的谐振，由于是在较高的频率下调谐，所以 Q 因数可较大，例如可达 100 或更高，有利于实现试验设备的小型化。

利用串联谐振试验设备进行工频耐压试验的特点是：

(1) 试验设备容量小。因为它的供电电压 $U=U_C/Q$，既然高压回路中流过的电流一样大，所以它们的容量，在理论上可比试验所需容量小 Q 倍。

(2) 试验方案灵活。高压电抗器或低压电抗与高压变压器的组合电抗的串并联运行较简单而有效，比较灵活。任意多的组均可串联，不会像串级试验变压器中会出现高短路阻抗问题。用适当地控制单个电抗器阻抗的方法可保证串联时的电压均匀分布。

(3) 电压波形较好。串联谐振装置所输出的电压波形较好是因为仅对工频产生谐振，而对其他由电源带来的高次谐波分量来说，回路总阻抗甚大，所以试品上谐波分量甚弱，则试验波形较好。

(4) 易于熄弧。若在试品耐压过程中发生了闪络或击穿，则试验回路会因参数改变而失去谐振条件，高电压立即消失，而使电弧即刻熄灭。

5.2 直流试验电压的产生

电力设备常需进行直流高压下的绝缘试验，例如测量其泄漏电流。对一些电容量较大的交流设备，例如电力电缆，需用直流耐压试验来代替交流耐压试验。对高压直流输电所用的电力设备也需按规程要求进行相关的直流高压试验。此外，一些高电压试验设备，如冲击试验设备，需要直流高压作电源。直流高压是由直流高压发生器等直流高压试验设备产生的，直流高压试验设备是进行高电压试验的基本设备之一。

最常用的产生直流试验电压的方法是将工频高电压经高压整流设备（如半波整流装置）变换成直流高压，即通过变压器和整流回路组合的方法产生直流高电压，利用倍压整流原理的直流高压串级装置则可产生出更高的直流试验电压。

5.2.1　简单整流回路

常用的是半波整流设备的电路如图 5-7 所示。其原理与低电压半波整流电路一样，只是增加了保护电阻 R，这是为限制试品（或电容器 C）发生击穿、闪络或电源向电容器 C 突然充电时通过高压硅堆和变压器的电流，以免损坏高压硅堆和变压器。R 和 C 也能抑制试验中因瞬态过程引起的过电压。R 值的选择应保证流过硅堆的短时电流峰值不超过允许的瞬间过载电流。

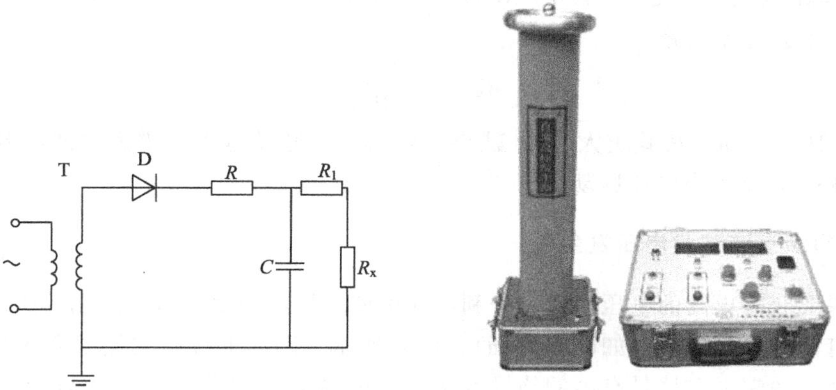

图 5-7　半波整流电路

T-实验用变压器；C-滤波电容器；D-高压硅堆；

R-保护电阻；R_x-试品；R_1-限流电阻

高压整流用硅堆是由多个硅整流二极管串联封装组成。由于每个单管的反向击穿电压不一定完全相同，又因对地杂散电容的影响，硅堆上的电压分布不均匀，这样有可能使某个反压最大的，或是薄弱的单管首先击穿。因此硅堆的反向工作峰值电压应比诸多单管反向击穿电压串联值大得多。在使用时，也必须使实际所加的反向电压低于硅堆的额定值。目前我国已有反向工作电压达 250kV 的产品。

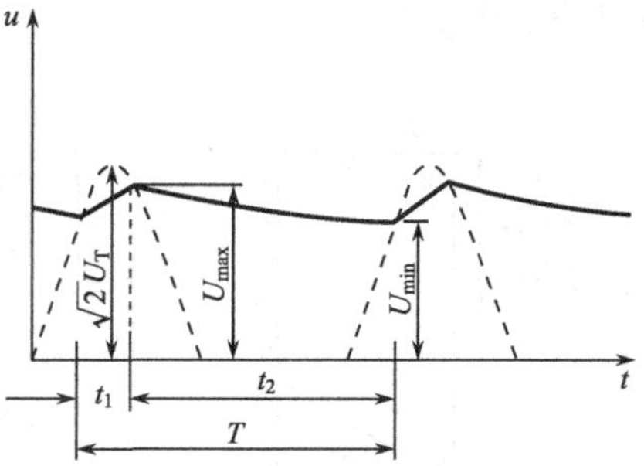

图 5-8　半波整流输出电压

半波整流电路所产生的电压波形如图 5-8 所示。

整流回路的基本参数主要有 3 个：

(1) 额定平均输出电压 U_d。

IEC 和国家标准规定，直流电压是电压的算术平均值，即

$$U_d = \frac{U_{max} + U_{min}}{2} \tag{5-7}$$

(2) 额定平均输出电流 I_d。

$$I_d=\frac{U_d}{R_x} \tag{5-8}$$

(3) 电压纹波系数 S。

整流装置输出的直流电压难免存在脉冲，脉冲幅值 $\delta U=(U_{max}-U_{min})/2$，纹波系数为

$$S=\frac{\delta U}{U_d} \tag{5-9}$$

IEC和国家标准规定，直流电压试验设备在额定电压和额定电流下的 S 不能大于3%。

对于半波整流回路

$$\delta U \approx \frac{U_d}{2fR_LC} \tag{5-10}$$

由式（5-10）可知，负载越大（R_L 越小）输出电压脉动越大，增大滤波电容 C 和提高电源频率 f 可减小电压脉动。

5.2.2 串级直流试验电压发生器

如果要获得更高的电压，并充分利用充电变压器的功率，可以采用倍压回路。倍压回路有两种接线方式，如图 5-9（a）、（b）所示。图 5-9（a）的接线要求变压器 T 的高压绕组两端都对地具有高的绝缘水平，其中 A 点的电位波动在 0 与 $2U$ 之间；B 点的电位波动处于 U 的电位。所以尽管高压绕组 A-B 间的电压为 U，直流电压可达 $2U$，高压绕组对低压绕组之间的最高压差仍然要达 $2U$。所以这种接线方式节省绝缘的特点不明显。若改接地点于 B 点，则可以采用普通的高压绕组一点接地的试验变压器，但直流电压的输出端是正负对称的高电压，所以这种倍压接线并不能适应多数情况的需用要求。

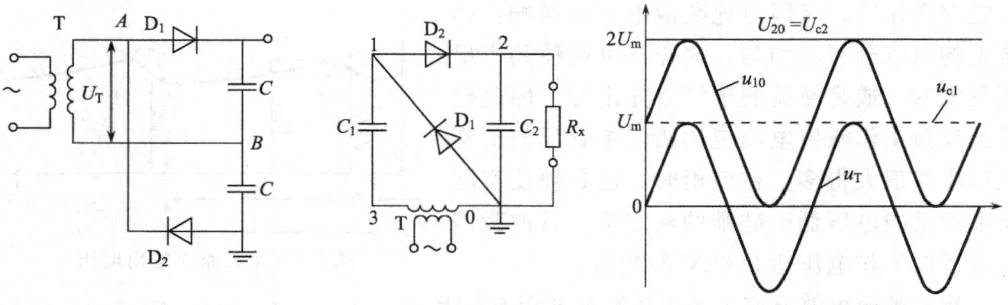

(a) 电源变压器两端不接地的倍压电路

(b) 电源变压器一端接地的倍压电路

(c) 倍压电路空载时的各点电位

图 5-9 直流倍压电路

相对来说，图 5-9（b）所示的倍压接线方式优点更为突出。变压器绕组的一点是接地的，倍压直流电压的一端也是接地的。此电路产生倍压的过程大致如下：当 T

的高压绕组的端点 3 相对于点 0 电压为负时，D_1 正向导通，使电容 C_1 充电，充电稳定后点 1 相对于点 3 建立起 U_m 的电压，U_m 为 T 的高压绕组的电压最大值。当点 1 相对于点 0 为正时 D_1 开始截止；在点 1 相对于点 2 为正时，D_2 导通。充电稳定时，由于点 3 相对于点 0 的最高电压可达 $+U_m$，且点 1 相对于点 3 已充有 $+U_m$ 的电压，所以点 1 的对地电压最高可达 $+2U_m$。此时 D_2 导通，最终可使 C_2 充上 $2U_m$ 的电压。

此倍压电路空载时各点的电位变化如图 5-9（c）所示，由图 5-9（c）可见，C_1 两端的电压为 U_m；C_2 为 $2U_m$；D_1 及 D_2 的最大反压各为 $2U_m$。当此电路的输出端接有负载时，也有压降及电压脉动的问题。在有负荷时，C_1 每周期向 C_2 充电时要输出电荷 Q_1，故点 1 的电位不可能达到 $2U_m$，而要降低 Q_1/C_1，所以 C_2 充电所能达到的最高电位为

$$U_{20m} = 2U_m - \frac{Q_1}{C_1} = 2U_m - \frac{I_d}{fC_1} \tag{5-11}$$

有负荷时的压降

$$\Delta U = 2U_m - U_{20m} = \frac{I_d}{fC_1} \tag{5-12}$$

与图 5-7 所示的整流回路的分析相似

$$\delta U \approx \frac{I_d}{2fC_2}$$

一般选 $C_1 = C_2 = C$，所以以上各式中的 I_d 为负载的平均电流；f 为频率。

$$\Delta U = \frac{\delta U}{U_d} = \frac{I_d}{2fC_d} \tag{5-13}$$

直流电压的纹波因数也和半波电路一样，为

$$S = \frac{\delta U}{U_d} = \frac{I_d}{2fC_d} \tag{5-14}$$

将图 5-9（b）所示的倍压电路作为基本单元，多级串联起来，就组成了如图 5-10所示的串接整流回路，输出直流电压还可进一步提高。这种直流高压发生方法在高电压工程中应用较广泛。但此电路的 δU 随级数 n 的平方倍关系上升；ΔU 则随 n 的立方倍关系上升。它们与级数 n、平均负荷电流 I_d、供电电压频率 f、电容量 C 之间的关系可表达如下

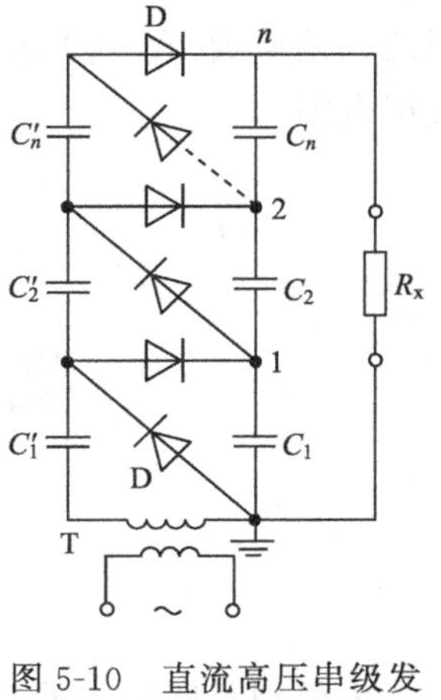

图 5-10　直流高压串级发生器原理接线图

$$\delta U \approx \frac{n(n+1)I_d}{4fC} \tag{5-15}$$

$$\Delta U \approx \frac{(8n^3+3n^2+n)I_d}{12fC} \tag{5-16}$$

因此，当级数 n 超过一定值时，再增加 n 也无助于输出电压的增加，而元件数量和整个结构高度却会随 n 成正比上升。

5.3 冲击试验电压的产生

冲击电压，是指持续时间短、电压上升速度快、达到峰值后又缓慢下降的一种暂态电压。描述冲击电压的参数有：波头时间、波尾时间、峰值和极性。冲击电压分为持续时间较短的雷电冲击电压和持续时间较长的操作冲击电压。

电力系统中的高压电气设备除了要承受长期的工作电压作用外，还要能够承受短时的雷电过电压和操作过电压的作用。为了研究电力设备在遭受雷电过电压和操作过电压时的绝缘性能，许多电气设备在型式试验、出厂试验或大修后需进行冲击电压试验。

产生冲击电压的设备称为冲击电压发生器，它是高压试验室的基本设备之一。随着输电电压的不断提高，冲击电压发生器所产生的电压也必须相应提高，方能满足试验要求，世界上最大的冲击电压发生器的标称电压已高达 6000kV。

5.3.1 冲击电压发生器基本原理

冲击电压发生器是产生雷电冲击电压和操作冲击电压的一种发生装置，基本原理如图 5-11 所示。

冲击电压的产生过程为：整流电源向电容 C_1 充电，充电结束后等待启动；向球隙 g_0 发送点火脉冲，球隙击穿，C 开始向 C_f 放电，C_f 上电压上升，同时 C_1 上电压下降；当 C_f 上的电压和 C_1 上的电压相等时，C_1、C_f 同时对 R_t 放电。C_f 上的充放电过程反应在试品 C_f 的电压上，就是冲击电压波。C_f 的充电过程是波头，波头时间与 $(R_f+R_d)C_f$ 有关。C_1、C_f 并联放电过程形成冲击电压波尾，波尾时间与 R_tC_f 有关。因此，调节 R_f 和 R_t 的阻值，可以调节冲击电压的波形。R_f 称为波头电阻，R_t 称为波尾电阻。

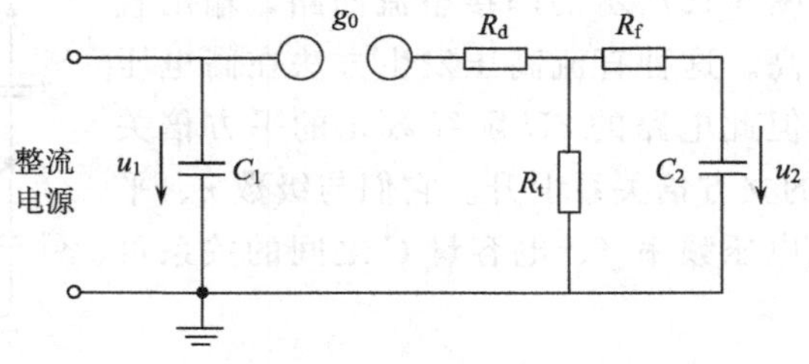

图 5-11 冲击电压产生原理

为得到足够高的冲击电压幅值，常采用如图 5-12 所示的多级冲击电压发生回路。图 5-12 中，T 为试验变压器；D 为整流用高压硅堆；r 是保护电阻，一般为几百

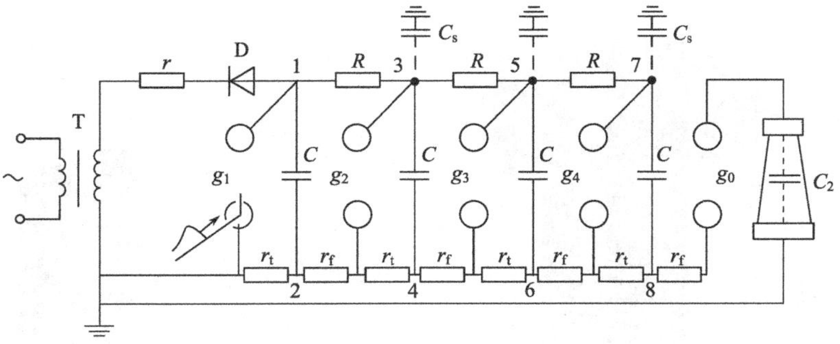

图 5-12　冲击电压发生器回路接线

千欧；R 是充电电阻，一般为几十千欧；C 为每级的主电容，一般为零点几微法；C_s 为每级相应点的对地杂散电容，一般仅为几皮法；g_1 为点火球隙；$g_2 \sim g_4$ 为中间球隙；g_0 叫做隔离球隙；r_f 为每级的波前电阻，一般约几十欧；r_t 为每级的放电电阻，通常约几百欧；C_2 为负荷电容，其值不仅取决于试品，而且与调波相关，一般为几百皮法至几个纳法。上述电阻值均是指产生雷电冲击电压下的概略值，当产生操作冲击电压时，要将各电阻阻值增加两个数量级以上。

冲击电压发生器的工作原理可概括为“电容器的并联充电，再串联放电”两个阶段。

在充电过程，各个主电容 C 通过整流源并联充电到电压 U。各球隙耐压值被调节到略高于 U，若作用在球隙上的电压稍高于 U，则各球隙便会击穿。在充电阶段，波尾电阻 R_t 和试品由隔离球隙 g_0 与充电回路隔离开，对地电位为零。

当需要使发生器动作时，可向点火球隙的针极送去一个 5～8kV 的脉冲电压，针极和接地球面之间产生一小火花，引起点火球隙 g_1 放电。g_1 放电后，使点 1 从原先在充电下的 $-U$ 突变为零电位；而点 2 从原零电位变为 $+U$。由于 C_s 的存在，而电阻 R 又较大，使得点 3 的电位在点 1 电位发生突跳的瞬间变动不大。简单地说，假定它仍维持充电时的电位为 $-U$，于是，间隙 g_2 两端便作用了 $2U$ 的电位差，它比能承受的电压 $1U$ 高了一倍，所以 g_2 在 g_1 放电时马上击穿放电。由此点 4 的电位变为 $+2U$，g_3 的瞬间压差达到 $3U$，也就立即放电。同理 g_4 和 g_0 也跟着放电，各级电容器 C 就和各级电阻 r_f 一起串联起来，向试品电容放电。

工程上两种串级式冲击电压发生器如图 5-13 所示。

5.3.2　发生器放电回路数学分析

图 5-11 的放电原理回路进行拉普拉斯转换后的运算电路如图 5-14 所示。

回路的输出电压为

$$U_2(s) = U_1 \cdot d(s^2 + as + b) \tag{5-17}$$

其中，$b = 1/[C_1C_2(R_dR_t + R_dR_f + R_fR_t)]$；$a = [C_1(R_d + R_t) + C_2(R_f + R_t)] \cdot b$；

图 5-13　串级式冲击电压发生器

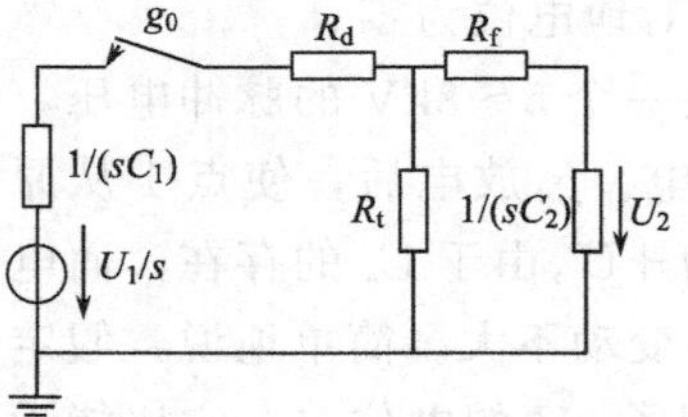

图 5-14　放电时的运算电路

$$d = C_1 R_t \cdot b。$$

由根与系数的关系

$$s_1 \cdot s_2 = b, \quad s_1 + s_2 = -a$$

可求出方程 $s^2 + as + b = 0$ 的根

$$s_1, s_2 = (-2/a) \pm \sqrt{(2/a)^2 - b}$$

则由式（5-17）可得

$$u_2(t) = U_1 K(e^{s_1 t} - e^{s_2 t}) \tag{5-18}$$

令 $\tau_1 = -1/s_1$ 为尾波时间常数，$\tau_2 = -1/s_2$ 为波前波时间常数，输出电压可表示为

$$u_2(t) = U_1 K(e^{-\frac{t}{\tau_1}} - e^{-\frac{t}{\tau_2}}) \tag{5-19}$$

K 称为回路系数

$$K = d/(s_1 - s_2) = R_t C_1 \tau_1 \tau_2 (\tau_1 - \tau_2) \tag{5-20}$$

由式（5-19）不难得出，冲击电压发生回路输出电压 u_2 的波形如图 5-15 所示。

因为主电容 C_1 的电容量总是有限的，它在向 $R_d + R_f$ 和 C_1 放电的同时，它本身也从 U_1 往下降。气隙 g_0 击穿前 C_1 上的电荷量为 C_1U_1，g_0 击穿后回路闭合，在波

头范围内，C_1 经 R_t 放掉的电荷很少，可忽略不计，则电荷在 C_1 和 C_2 间分配结束后，C_1 和 C_2 上的电压最大值为

$$U_{2\max}=\frac{C_1}{C_1+C_2}U_1$$

同时，由于 R_d 的存在，R_t 上得到的电压幅值应为

$$U_{2\max}\approx\frac{R_d}{R_d+R_t}\frac{C_1}{C_1+C_2}U_1 \tag{5-21}$$

试品上能得到的最大电压峰值 $U_{2\max}$ 与主电容 C_1 上的最大充电电压 U_1 的比值 η 为冲击电压发生器的效率

$$\eta=\frac{U_{2\max}}{U_1}=\frac{R_d}{R_d+R_t}\frac{C_1}{C_1+C_2} \tag{5-22}$$

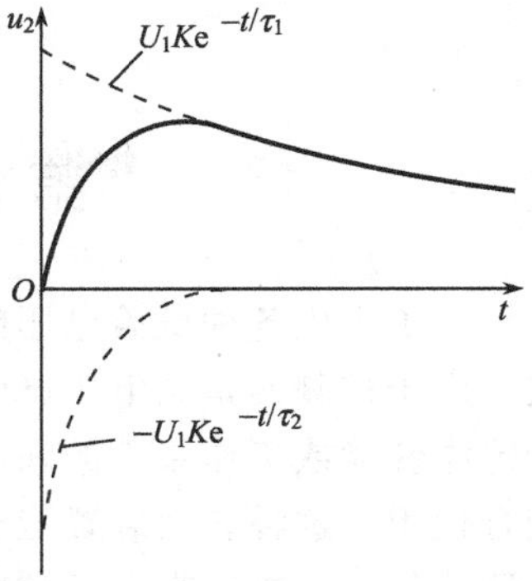

图 5-15 冲击电压发生回路的输出电压 u_2 波形

第 6 章　试验电压的测量

有了产生各种试验电压的设备，还要有能够测量这些电压的大小和波形的测量装置。由于被测的是高电压试验中的各种高电压，大多数的测量仪表和测量装置受到自身绝缘性能或工作条件的限制，不能直接用来测量，要和能够耐受高电压的转换装置配合使用。这种转换装置能够将其所承受的高电压按一定比例系数减小为低电压信号给测量仪表。有关高电压试验技术的国家标准中，把用来进行高电压或冲击电流测量的整套装置称为测量系统。测量系统通常包括以下组件：转换装置、转换装置接到试品或电源回路的引线、接地连线、转换装置的输出端接到指示或记录仪器的连接系统等，连接系统包括了带终端匹配阻抗高频同轴电缆或光纤、衰减器或放大器等。

实际的电网中测量交流高电压是通过电压互感器和电压表来实现的。将电压互感器的高压边接被测电压，低压边接电压表，电压表读数乘上电压互感器的变比就可得出被测电压值。但这种方法在高电压实验室中不多见，因为高电压实验室中待测的电压值常常比现有电压互感器的额定电压高许多，特制一个超过实际电网电压的电压互感器比较昂贵，且很高电压的互感器也比较笨重，所以通常采用其他的方法来测量交流高电压。

在高压试验电压测量方法中，除采用测量球隙等直接测量法之外，常用的方法是使用转换装置，将高电压按比例变换成低电压后再送到指示仪表或记录仪器进行测量。常用的分压器就是由高压臂阻抗和低压臂阻抗组成的一种转换装置。电压互感器及电流互感器也是转换装置。

对冲击电压，无论是雷电冲击电压或操作冲击电压，均为快速变化或较快速变化的一种电压。测量冲击电压的整个测量系统包括其中的电压转换装置和指示、记录及测量仪器必须具有良好的瞬态响应特性。一些适宜于测量稳态或慢过程（如直流和交流电压）的测量系统不一定适宜于或无法测量冲击电压。冲击电压的测量包括峰值和波形两个方面。

6.1　测量球隙

6.1.1　球隙测量原理

测量球隙由一对相同直径的金属球构成。当两球间隙距离 d 与铜球直径 D 的比值很小时，球隙间形成稍不均匀电场，由气体放电理论可知，其击穿电压取决于球间隙的距离。球隙就是利用这个原理来测量各种类型高电压的。测量球隙的优点是放电时延小、伏秒特性平坦、分散性小，在一定的球隙距离下，具有相当稳定的放电电压。因此测量球隙不仅可以用来测量交流电压峰值，还可用来测量直流电压和冲击电压峰值。另外，也可以用它测量较高频率下的衰减和不衰减交流电压，但对频率值和电压值有一定的限制。因球隙放电是与电压峰值相关的，所以测量的是电压的峰值。

球隙测量装置有垂直式和水平式两种，其中球径大于 25cm 以上的采用垂直式装置，如图 6-1（a）所示，下球接地，上球接高电压。图 6-1（b）所示为测量球隙实物图。

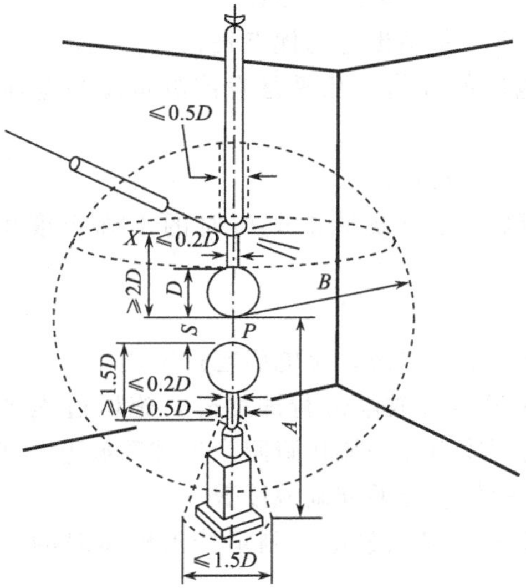

(a) 垂直式测量球隙原理图

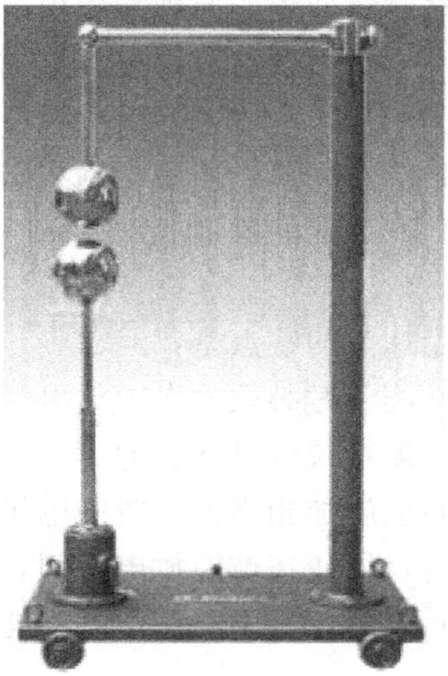

(b) 垂直式测量球隙实物图

图 6-1　垂直式测量球隙

要保证球隙测量准确度，其结构和使用条件必须符合国际电工委员会 IEC 或国家标准 GB311.6—83 的规定。同时，由于标准表上提供的放电电压值是处在温度为 20℃和大气压力为 101.3kPa 标准状态下的数值，因此还需进行气压和温度的校正。在非标准状态下利用球隙放电进行电压测量时，实际放电电压值由从标准表中查出的数值乘以修正因数 K_R 求得

$$U = K_R U_S \tag{6-1}$$

式中，U 为试验条件下的放电电压；U_S 为标准大气条件下的放电电压；K_R 为修正系数，可由表 6-1 根据空气相对密度查得。当 $\delta=0.95\sim1.05$ 时，$K_R=\delta$。

表 6-1　空气相对密度 δ 与修正系数 K_R 的对应关系

空气相对密度 δ	0.7	0.75	0.8	0.85	0.9	0.95	1.0	1.05	1.1
修正系数 K_R	0.72	0.77	0.81	0.86	0.91	0.95	1.0	1.05	1.09

测量工频电压时，应取连续三次击穿电压的平均值，且相邻两次击穿时间间隔1min以上，各次击穿电压与平均值之间偏差不大于3%。球隙结构简单，易于维护，基本上是直接测量超高压的唯一设备。

在符合结构尺寸和使用条件规定的情况下，交流、雷电及操作冲击电压的测量不确定度可在3%范围以内。测量直流高电压时，当球隙距离不大于$0.4D$时，若没有过多的灰尘或纤维的影响，测量的不确定度将在±5%范围以内。测量直流电压时，由于静电吸力的作用，灰尘和纤维对放电分散性的影响更加明显。

根据测量球隙的原理和使用方法，可以总结出它的优点是：

(1) 可以测量稳态高电压和冲击电压的幅值，几乎是直接测量超高电压的唯一设备。

(2) 结构简单，容易自制或购买，不易损坏。

(3) 有一定的准确度，一般认为测量交流及冲击电压时的不确定度可在3%以内。

测量球隙的缺点是：

(1) 测量时必须放电，放电时将破坏稳定状态，可能引起过电压。

(2) 测量较费时间。除了因为要通过多次放电进行测量外，施压过程也不能太快。开始应施加相当低幅值的电压，使不致因开关操作瞬间产生球隙放电；然后也应缓慢升压，以使在球隙放电瞬间，低压测仪表能够准确地读数。

(3) 实际使用中，测量稳态电压要进行多次放电，测量冲击电压时的过程更为麻烦。

(4) 需要校正大气条件。

(5) 被测电压越高，球径越大。目前已用到直径为3m的铜球，不仅本身越来越笨重，而且影响建筑尺寸。

(6) 测量球隙不宜用于室外。因强气流以及灰尘、砂土、纤维和高湿度的影响，球隙在室外使用时常会产生异常放电。

6.1.2 稳态电压的测量

在用球隙测量稳态交流、直流电压时，经常需在球间隙上串联一个保护电阻。以测量交流电压为例，其接线如图6-2所示。

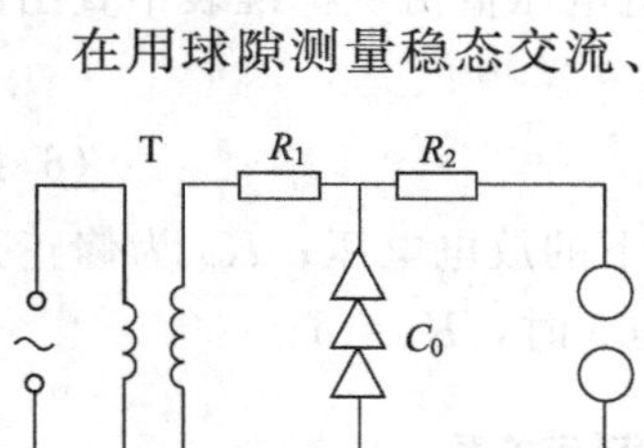

图6-2 测量球隙接线图

C_0-试品；G-球隙

R_1是变压器用保护电阻，用来防止试品放电时所发生的电压截波对变压器绕组纵绝缘的损伤，同时也有抑制试品上发生闪络时所造成的恢复过电压的作用。R_2是与球隙串联的保护电阻，作用有两方面：一方面可用它来限制球隙放电时流过球形电极的短路电流，以免球形电极烧伤产生麻点；另一方面当试验回路出现刷状放电现象时，可减少或避免由此产生的瞬态过电压所造成的球间隙的异常放电，即阻尼局部放电时连接线电感、球隙电容和试品电容等所产生的高频振荡。

为了限流和阻尼，要求 R_2 大一些；但为了避免由 R_2 上压降引起的测量误差，要求 R_2 小一些。对于测量直流和工频交流电压，IEC 推荐此电阻值为 100kΩ；对于更高频率的交流电压，由于间隙的电容效应而引起的充电电流可使该电阻上的压降影响变为较大，因此应适当减小此阻值。

如果空气中有灰尘或纤维物质，则会产生不正常的破坏性放电。因此在取得前后一致的数据以前，必须进行多次预放电。在放电电压值相对稳定后，再正式算数。最后测量应取 3 次连续数的平均值，其偏差不超过 3%。

6.1.3 冲击电压的测量

球隙不仅可以测量交流电压和直流电压，也可以用来测量冲击电压。测量交直流电压时的许多规定，仍可用于冲击电压测量。冲击电压测量标准中规定，在测量标准全波、波尾截断的标准波时，峰值电压的测量不确定度不应大于 3%，球隙能够满足此要求。

一般间隙的冲击放电电压高于交流和直流的放电电压，冲击系数大于 1。球隙测量电压的可靠性取决于测量结果的分散性。有两个因素影响放电的分散性：一是球面的尘污；二是球隙间空气游离不充分。前者使放电电压降低；后者使放电电压升高。前者对交、直流和冲击电压的影响一样，后者在冲击电压下的影响才显得突出。放电必须由有效自由电子来触发，交、直流电压变化慢，持续时间长，不难在间隙中出现有效自由电子。冲击电压变化快，转瞬即逝，要在这样短暂瞬间正好出现有效自由电子比较困难。当测量电压较高、所用球径较大、间隙所占空间较大时，出现有效自由电子比较容易；当测量电压较低、所用球径较小、间隙所占空间较小时，出现有效自由电子比较困难。

测量交直流电压时，球隙必须串有很大阻值的保护电阻，以保护球面和防止振荡，冲击放电时间很短，不需要保护球面，而且放电前经过球隙的电容电流较大，如果串联电阻过大，就会影响测量结果。但也不能不串接电阻，因为仍有防止过电压的问题，一般规定串联电阻以不超过 500Ω 为宜。

球隙的冲击放电电压是有分散性的，尤其当球隙上刚加上冲击电压时，放电很不正常，可能很低电压情况下就放电，要经过 2～3 次预放电以后才逐渐趋向稳定值。所谓稳定值仍是一个较小范围内的分散值，所以球隙采用 50%放电电压法来测量冲击电压。所谓球隙的 50%放电电压值是指在此电压作用下，相应的球间隙距离的放电概率为 50%。

简单的做法是，使某一冲击电压作用到某一球隙距离上，10 次中若有 5 次放电，5 次不放电，则此冲击电压为该球隙距离的 50%放电电压。但要在 10 次中正好有 5 次放电，5 次不放电，实践中有困难，所以有规定认为，如果 10 次中能有 4 次放电，

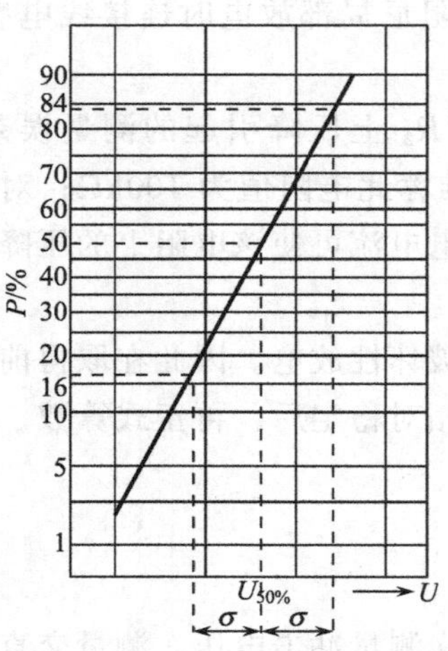

图 6-3　电压与放电概率的关系

6 次不放电；或 6 次放电，4 次不放电则都可算作 50%放电电压。概率本身代表多次事件中出现的频率，次数少了不一定准确。很有可能，即使电压、距离都不变，这 10 次中的放电概率与后 10 次中的不很相同，但如果次数多了，还是可能得出一个较准确的电压与放电概率的关系，如图 6-3 所示。

6.2　高压静电电压表

相互绝缘的带有异性电荷的两个导体间存在静电力的作用，静电力的大小与两导体间电位差的平方成正比。基于静电力原理，制作两个特制的电极，在两电极间加上电压，电极就会受到静电力的作用，测量此静电力的大小，或是测量由静电力产生的某一极板的偏移（或偏转）来反映所加电压大小的表计称为静电电压表。早在 1884 年凯尔文就设计了以这种测量原理为基础的静电电压表。它的测量精度在 3%以内，最高测量精度能达到 0.01%，可测电压范围为 500V～1000kV。

如图 6-4 所示平板电极，电极间距离为 l，电容为 C，所加电压的瞬时值为 u，则此对极板间的电场能量为 W

$$W = \frac{1}{2}Cu^2$$

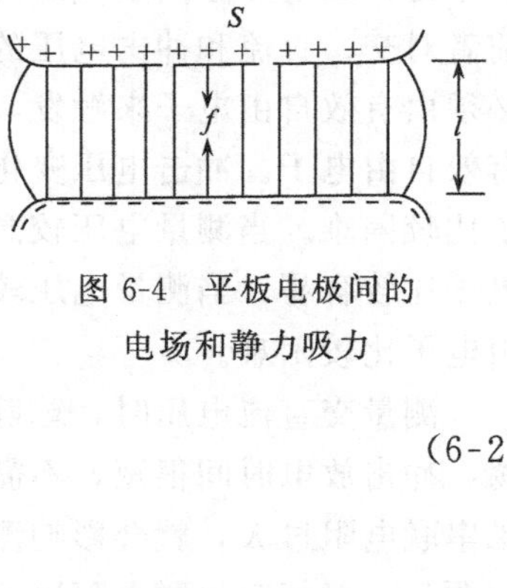

图 6-4　平板电极间的电场和静力吸力

当 C 以 F 为单位，u 以 V 为单位时，W 的单位为 J。当极板做无穷小的移动 $\mathrm{d}l$ 时，电极受到的作用力

$$f = \frac{\mathrm{d}W}{\mathrm{d}l} = \frac{1}{2}u^2\frac{\mathrm{d}C}{\mathrm{d}l} \tag{6-2}$$

一个周期 T 内，力的平均值为

$$F = \frac{\int_0^T f\mathrm{d}t}{T} \tag{6-3}$$

若 $u=\sqrt{2}U\sin(\omega t+\varphi)$，则

$$F = \frac{1}{2}\frac{\mathrm{d}C}{\mathrm{d}l}\frac{\int_0^T u^2\mathrm{d}t}{T} = \frac{U^2}{2}\frac{\mathrm{d}C}{\mathrm{d}l} \tag{6-4}$$

在极板上加直流电压 U 时，则所产生的电动力也可以使用式（6-4）表示。

对于平板电极有

$$\frac{\mathrm{d}C}{\mathrm{d}l} = \frac{S\varepsilon_0\varepsilon_r}{l^2} \tag{6-5}$$

如果不考虑静电力的方向，则静电力的大小为

$$F = \frac{S\varepsilon_0\varepsilon_r}{2}\frac{U^2}{l^2} \tag{6-6}$$

式中，S 为中心极板的有效面积；$\varepsilon_0 = 1/(4\pi \times 9 \times 10^9) \approx 8.84 \times 10^{-6}$，为真空介电常数。静电电压表都以气体作为介质，取空气的相对介电常数 $\varepsilon_r = 1$，则可得到静电力与施加电压之间的关系为

$$U \approx 475.6 l \sqrt{\frac{F}{S}} \tag{6-7}$$

从以上分析可知，静电电压表的优点是它基本上不从电路里吸取功率，或只吸取极少量的无功功率，用以建立极板中的电场和极板对地的杂散电场。由于仪表极板的电容一般仅为几个到几十个皮法，所以所吸收的功率极小，可以认为静电电压表的内阻抗极大，因此在测量时几乎不会改变被测试品上的电压，这是它的突出优点。

对额定电压较低的表计，可将其接到分压器上来扩大电压量程。对于正弦波的高电压来说，用静电电压表测量出有效值也就反映出它的峰值。由于静电电压表电极之间的静电力与电压的平方成正比，所以可动电极的偏移量与电压的变化关系也不是线性的，从而静电电压表上的刻度是不均匀的。

6.3 交流峰值电压表

决定绝缘击穿的是交流高电压的峰值，所以测量峰值的电压表，即峰值电压表比静电电压表更具有重要的意义。峰值电压表的原理通常有两种：一种是利用整流电容测量交流高电压；另一种是利用整流充电电压测量交流高电压。

6.3.1 利用电容电流整流测量电压峰值

利用电容电流整流测量电压峰值的原理如图 6-5 所示。u 为被测电压，当其随时间变化时，流过电容 C 的电流为

$$i_C = C\frac{\mathrm{d}u}{\mathrm{d}t}$$

当 i_C 为正半周时，电流经过整流元件 D_1 和检流计 A 流入地中，若流经 A 的电流平均值为 I_a，则它与被测电压峰值 U_m，有如下关系

$$U_m = \frac{I_a}{2Cf} \tag{6-8}$$

式中，C 为电容器的电容量；f 为被测电压的频率。

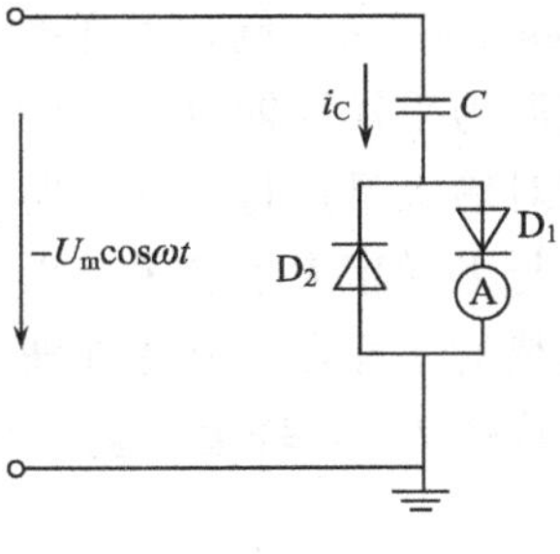

图 6-5　利用电容电流整流测量峰值电压的原理图

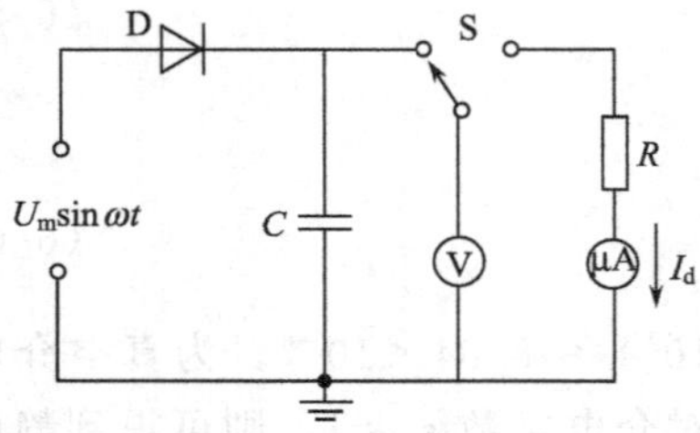

图 6-6　利用电容器上的整流充电电压测量峰值

6.3.2　利用电容器上的整流充电电压测量峰值

利用电容器上的整流充电电压测量峰值电压的原理如图 6-6 所示，被测电流电压经整流管 D 是电容充电至交流电压的幅值，电容电压由静电电压表或微安表串联电阻来测量。如果静电电压表或微安表串联电阻测得的电压为 U_d，则电压峰值

$$U_m = \frac{U_d}{1 - \frac{T}{2RC}} \tag{6-9}$$

式中，T 为交流电压的周期；C 为电容器的电容量；R 为测量电阻值。

峰值电压表通常与分压器配合起来使用。

6.4　高电压示波器

高压示波器是一种记录快速一次过程的专用示波器。随着数字化测量技术的发展，现在高电压测试领域中广泛使用的是数字式的瞬态信号记录和存储装置，称为数字存储示波器或数字记录仪，简称 DSO（digitizing storage oscilloscope）。

DSO 不仅用于稳态工频高电压的测量和谐波分析，更重要的是被应用于快速瞬态过程的测量，如冲击电压（电流）的测量、GIS（气体绝缘金属封闭开关设备）中的快速瞬态过电压测量、内绝缘局部放电波形的测量等。通过它不仅可以观测、存储和分析被测波形，还可以通过 USB、以太网等接口与计算机相连，完成对测量数据的计算、分析和存储等功能。

DSO 的主要技术指标如下。

（1）采样率 f_S。

采样率是指 DSO 对输入信号每秒采集样本的次数，通用的非正规单位是 Samples/second，例如采样率为 100MS/s，代表每秒采样次数为 100M。采样率 f_S 的倒数即为采样周期 T_S，是相邻两个采样点之间的时间间隔。DSO 只能在离散的时间序列对输入量进行采样，所以它在电压和时间的两个坐标上都会产生测量误差，这些误差与采样率大小有关。以测量正弦波的峰值为例，若其角频率为 $\omega = 2\pi f$，如果两个连续的采样点恰好落在波峰两侧对称的两个时间点上，则此时峰值测量的误差较大。设峰值为 1，峰值测量的相对误差为 E_S，则有

$$E_S = 1 - \cos\left(\frac{\omega T_S}{2}\right) = 1 - \cos\left(\frac{\pi f}{f_S}\right) \tag{6-10}$$

从式（6-10）可计算出不同采用频率 f_S 下的测量误差。若 $f_S = 4f$，则 E_S 约为

30%，若 $f_S = 20f$，则 E_s 约为 1%。

当测量雷电波的波前截断波或陡波的峰值时，因信号上升陡度大，为保证峰值采样精度，则要求具有很高的采样率。IEC1083-1 规定了高电压测量中 DSO 的技术要求，提出了测量冲击电压的采样率

$$f_S = 30T_x \tag{6-11}$$

式中，T_x 为被测时间间隔。

对于 1.2μs/50μs 的雷电波，若要准确采集到波头 30%～90%之间的波形，则采样时间间隔 $T_x = 0.5\mu s$，此时采样频率 $f_S \geqslant 60$MS/s。

(2) 位数 N 及垂直分辨率 γ。

位数 N 是 DSO 对模拟信号进行采样后，将采样数值用数字量表示时所具有的数字位数，即 A/D 转换的位数，它决定了 DOS 所能分辨的被采集量的最小变化量。DSO 垂直分辨率为

$$\gamma = \frac{1}{2^N - 1} \tag{6-12}$$

一般要求 A/D 转换的位数 N 至少为 8bit 以上。

(3) 模拟带宽和上升时间。

与模拟示波器一样，示波器的带宽是一重要技术指标，它反映了波形再现的逼真程度。在选择示波器的带宽时，一般采用 5 倍定律，即示波器的带宽至少是被测信号的最高频率分量的 5 倍。在高电压单次瞬态过程的测量时，需讲究的是实时带宽。

上升时间决定于示波器的带宽，一般要求上升时间应小于被测时间间隔的 3%。对标准雷电波，要求示波器的上升时间应小于 15ns。

(4) 记录长度及内存容量。

记录长度是指数字记录仪及 DSO 每一通道一次记录的总采样点数。采样率越高，记录的时间越长，要求示波器的内存容量越大。早期产品的内存容量只有几百字节，现今的产品可达几兆字节到几百兆字节。DSO 记录的长度越长，能观测的时间间隔也越长，这是它与模拟存储示波器相比的一大优点。

除上述 4 项主要技术指标外，DOS 还有通道数、量程、输入阻抗等其他技术指标。

6.5 高压分压器

能直接测量交流高电压的仪表及装置为数很少，前述的铜球隙和静电电压表是其中的两种，但它们在性能及应用上都存在一定的局限性，高压静电电压表的最高测量电压为 1000kV，且其结构庞大复杂，使用起来十分不便。通过分压器来扩大一些仪表和仪器的电压量程是很好的解决办法之一。例如，一块量程为几百伏或几千伏的静电电压表与分压器结合起来使用，就可来测量几百到几千千伏的交流电压。

6.5.1 高压分压器原理

分压器是一种把高电压转换成低电压的转换装置，如图 6-7 所示，它的作用是把被测的交直流高电压按一定比例降低为较易于测量的低电压，再用低压仪表、数字式示波器、峰值电压表等进行测量。

图 6-7 高压分压器

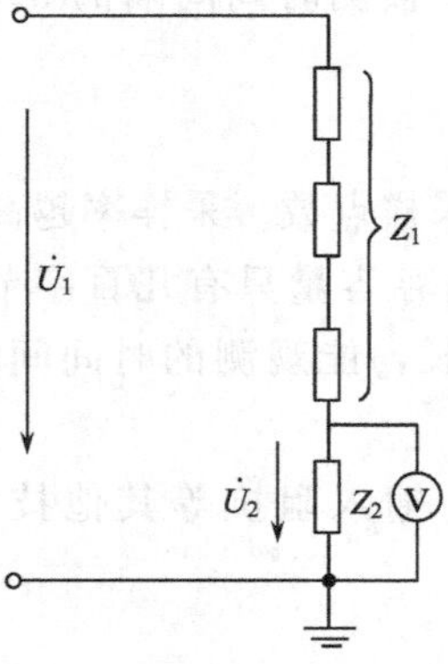

图 6-8 分压器原理图

分压器的原理如图 6-8 所示，Z_1 为分压器高压臂的阻抗，Z_2 为分压器低压臂的阻抗。大部分的被测电压降落在 Z_1 上，Z_2 上仅有一小部分电压 $\dot{U}_2$。

$$\dot{U}_2 = \dot{U}_1 Z_2/(Z_1 + Z_2)$$

用低量程电压表测得 Z_2 上的电压后，根据 Z_1 与 Z_2 即可求得被测电压。被测电压与低压臂电压之比为分压比 K。因 $Z_1 \gg Z_2$，则

$$K = \dot{U}_1/\dot{U}_2 = (Z_1 + Z_2)/Z_2 \approx Z_1/Z_2 \qquad (6\text{-}13)$$

在测量交流电压时，理想分压器应做到被测电压 $\dot{U}_1$ 与 Z_2 上的电压 $\dot{U}_2$ 仅在幅值上差 K 倍，而相角完全相同。

对分压器的基本要求为：

(1) 分压器接入被测电路，应基本上不影响原始的被测电压峰值和波形。

(2) 由分压器低压臂测得的电压波形应与被测电压波形相同，分压比应与被测电压的频率和峰值大小无关。

(3) 分压比与大气条件（气压、气温、一般条件下的湿度）无关或基本上无关。

分压比应较稳定，国家标准规定其测量的不确定度应在±1%以内。

(4) 分压器所消耗的功率应不大，不会对电源造成大的负载效应。在一定的冷却条件下，由分压器消耗的电能引起的温升不应引起分压比的改变。

(5) 分压器中应无电晕和大的绝缘泄漏电流，或者说即使有极微量的电晕和泄漏电流，它们应对分压比的影响很小。

(6) 分压器应具有适当的屏蔽措施，以使其测量结果尽可能不受周围环境影响。

(7) 分压器（与连接电缆等传输系统组成的测量系统）在规定的工作条件范围内，应能保持分压比的线性度。即分压器在工作电压范围内的分压比应保持恒定，各电压刻度下的分压比变化值不应超过其平均值的±1%。

从原理上来说，Z_1 及 Z_2 可由电容元件、电阻元件或阻容元件构成。下面将要讲到，实际上交流分压器主要是采用电容式分压器。只有在电压不很高，频率不过高时才采用电阻分压器。在工频电压下，电阻分压器可使用于电压不高于 100kV 的情况下。无论是电阻或是电容分压器，其高低压臂都应力图做成无感的。

根据式（6-12），对纯电阻分压器其分压比应为

$$K=\frac{\dot{U}_1}{\dot{U}_2}=\frac{R_1+R_2}{R_2}\approx\frac{R_1}{R_2} \tag{6-14}$$

对纯电容分压器有

$$K=\frac{\dot{U}_1}{\dot{U}_2}=\frac{\dfrac{1}{\omega C_1}+\dfrac{1}{\omega C_2}}{\dfrac{1}{\omega C_2}}=\frac{C_1+C_2}{C_2}\approx\frac{C_2}{C_1} \tag{6-15}$$

分压器是高电压测量装置，尺寸较大，因此对地之间有较大的杂散电容存在。对地杂散电容是引起分压器的误差主要原因。

6.5.2 交流分压器

由于在制造构成分压器的电阻、电容元件时，已尽可能做到“无感”，所以分压器在测量交流电压时，可不考虑电感引起的误差。在这一前提下，电阻分压器及分布式电容分压器的测量误差主要是由对地杂散电容引起。

假设分压器电阻元件 R 或电容元件 C 是沿全长均匀分布的，分压器对地杂散电

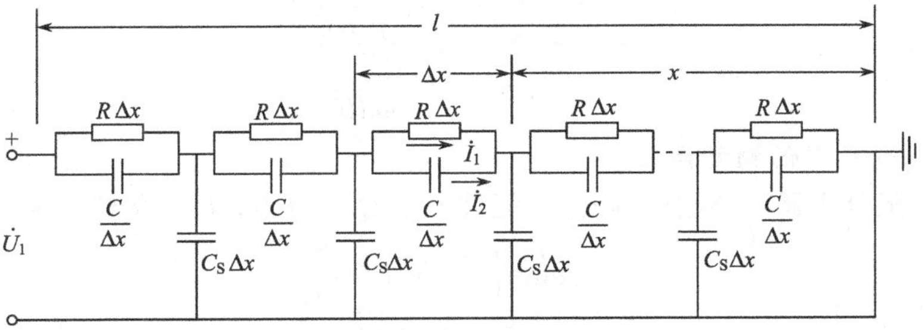

图 6-9 分压器等效电路

容 C_S 也是均匀分布的，其等效电路如图 6-9 所示。$\Delta R=R/l$、$\Delta C=C/l$、$\Delta C_S=C_S/l$ 分别为单位长度 Δx 下的分布参数。

设分压器上 x 点的电位为 $\dot{U}$，电流为 $\dot{I}$，对图 6-9 中的 Δx 取极限 $\Delta x\to 0$ 有

$$\left.\begin{aligned}\dot{I}_1 &= \frac{1}{\Delta R}\frac{d\dot{U}}{dx}\\ \dot{I}_2 &= j\omega\Delta C\frac{d\dot{U}}{dx}\end{aligned}\right\}$$

则有

$$\left.\begin{aligned}\dot{I} &= \dot{I}_1+\dot{I}_2=\left(\frac{1}{\Delta R}+j\omega\Delta C\right)\frac{d\dot{U}}{dx}\\ \frac{d\dot{I}}{dx} &= j\omega\Delta C_S\dot{U}\end{aligned}\right\} \tag{6-16}$$

式（6-16）中消去 $\dot{I}$，并考虑到 $\Delta R=R/l$、$\Delta C=C/l$、$\Delta C_S=C_S/l$，可得

$$\frac{d^2\dot{U}}{dx^2}=\frac{j\omega\Delta R\Delta C_S}{1+j\omega\Delta R\Delta C}\dot{U}=\frac{1}{l}\frac{j\omega RC_S}{1+j\omega RC} \tag{6-17}$$

其通解为

$$\dot{U}=A\cosh\left(\frac{x}{l}\sqrt{\frac{j\omega RC_S}{1+j\omega RC}}\right)+B\sinh\left(\frac{x}{l}\sqrt{\frac{j\omega RC_S}{1+j\omega RC}}\right) \tag{6-18}$$

根据边界条件

$$\left.\begin{aligned}x=0,&\quad \dot{U}=0\\ x=l,&\quad \dot{U}=\dot{U}_1\end{aligned}\right\} \tag{6-19}$$

解得

$$\left.\begin{aligned}A&=0\\ B&=\frac{\dot{U}_1}{\sinh\sqrt{\dfrac{j\omega RC_S}{1+j\omega RC}}}\end{aligned}\right\} \tag{6-20}$$

所以

$$\dot{U}=\frac{\sinh\left(\dfrac{x}{l}\sqrt{\dfrac{j\omega RC_S}{1+j\omega RC}}\right)}{\sinh\sqrt{\dfrac{j\omega RC_S}{1+j\omega RC}}}\dot{U}_1 \tag{6-21}$$

1. 电阻分压器的测量误差

对于电阻分压器，杂散电容 C_S 比元件电容 C 大得多，C 可忽略，因此有

$$\dot{U}=\frac{\sinh\left(\dfrac{x}{l}\sqrt{j\omega RC_S}\right)}{\sinh\sqrt{j\omega RC_S}}\dot{U}_1 \tag{6-22}$$

双曲正弦函数的级数展开形式为

$$\sinh y=y+\frac{y^3}{3!}+\frac{y^5}{5!}+\cdots+\frac{y^{2n+1}}{(2n+1)!}+\cdots$$

将式（6-22）中的双曲正弦函数都展开为级数形式

$$\dot{U}=\dot{U}_1\left[\frac{1+\frac{\left(\frac{x}{l}\sqrt{\mathrm{j}\omega RC_\mathrm{S}}\right)^3}{3!}+\frac{\left(\frac{x}{l}\sqrt{\mathrm{j}\omega RC_\mathrm{S}}\right)^5}{5!}+\cdots+\frac{\left(\frac{x}{l}\sqrt{\mathrm{j}\omega RC_\mathrm{S}}\right)^{2n+1}}{(2n+1)!}+\cdots}{1+\frac{\left(\sqrt{\mathrm{j}\omega RC_\mathrm{S}}\right)^3}{3!}+\frac{\left(\sqrt{\mathrm{j}\omega RC_\mathrm{S}}\right)^5}{5!}+\cdots+\frac{\left(\sqrt{\mathrm{j}\omega RC_\mathrm{S}}\right)^{2n+1}}{(2n+1)!}+\cdots}\right] \tag{6-23}$$

对于分压器，是在 x 相对于 l 很短的地方，即低压臂上获得电压信号，设低压臂的长度为 x_0，此时 $x_0/l\ll1$，则可将式（6-23）中的高次项忽略，x_0 处电压值为

$$\dot{U}\approx\dot{U}_1\frac{x_0}{l}\left[\frac{1}{1+\frac{\mathrm{j}\omega RC_\mathrm{S}}{6}+\frac{(\mathrm{j}\omega RC_\mathrm{S})^2}{120}}\right]=\dot{U}_1\frac{x_0}{l}\frac{1}{\sqrt{\left(1-\frac{(\omega RC_\mathrm{S})^2}{120}\right)^2+\left(\frac{\omega RC_\mathrm{S}}{6}\right)^2}\ \angle\theta}$$

令

$$\left.\begin{aligned}A&=\frac{1}{\sqrt{\left(1-\frac{(\omega RC_\mathrm{S})^2}{120}\right)^2+\left(\frac{\omega RC_\mathrm{S}}{6}\right)^2}}\approx1-\frac{(\omega RC_\mathrm{S})^2}{180}\\ \theta&=\arctan\left(\frac{\omega RC_\mathrm{S}}{6}\right)\end{aligned}\right\} \tag{6-24}$$

有

$$\dot{U}\approx\dot{U}_1\frac{x_0}{l}(A\angle-\theta) \tag{6-25}$$

所以，当 $u_1=U_{1\mathrm{m}}\sin\omega t$ 时，分压器低压臂测得的电压为

$$u\approx\frac{x_0}{l}AU_{1\mathrm{m}}\sin(\omega t-\theta) \tag{6-26}$$

式中，A 对应幅值误差；θ 对应相角误差。

以上分析说明，电阻分压器测量电压时，由于对地杂散电容的存在，会产生幅值和相角上的测量误差。

2. 电容分压器的测量误差

对于电容分压器，$R=\infty$，式（6-21）可改写为

$$\dot{U}=\frac{\sinh\left(\frac{x}{l}\sqrt{\frac{C_\mathrm{S}}{C}}\right)}{\sinh\sqrt{\frac{C_\mathrm{S}}{C}}}\dot{U}_1$$

按双曲正弦的级数形式展开，并考虑到对于电容分压器的元件电容 C 远大于杂散电容 C_S，设低压臂的长度为 x_0，此时同样有 $x_0/l \ll 1$，x_0 处电压值为

$$\dot{U} \approx \dot{U}_1 \frac{x_0}{l} \frac{1}{1+\frac{1}{6}\frac{C_S}{C}} = \dot{U}_1 \frac{x_0}{l}\left[1-\frac{1}{6}\frac{C_S}{C}+\frac{1}{36}\left(\frac{C_S}{C}\right)^2+\cdots\right] \approx \dot{U}_1 \frac{x_0}{l}\left(1-\frac{1}{6}\frac{C_S}{C}\right) \tag{6-27}$$

可见，对于电容分压器，只存在幅值误差，不存在相角误差。采用仪器对电容分压器的输出电压进行校准，或将分压器的电容值适当加大，都可减小或避免幅值误差。由式（6-27），若 $\frac{C_S}{C} > 16.7$，则幅值误差即可小于 1%。

3. 交流电容分压器的组成

对于稳态交流高电压，通常情况下不采用电阻式分压器，而多采用电容式分压器。因被测电压频率越高，构成分压器的电阻就要越大，杂散电容也越大，测量误差也随之增大。另一方面，电压等级越高的电阻式分压器，尺寸也越大，对地杂散电容势必随之而增大。同时，随着测量电压的升高，电阻也必须增大，以限制分压器电流，减小对提供被测电压的电源的影响和分压器自身温度的升高。因此，电阻分压器只适合于测量频率不高和幅值不太大的交流电压，一般在工频电压下，只用于几十千伏等级电压的测量。

电容分压器的测量范围则可从几千伏至 3MV。电容分压器基本上不消耗功率，不会由此造成温升而形成误差。所以，测量交流高电压大多采用电容分压器，而很少采用电阻分压器。

电容分压器有两种主要形式：一种称为分布式电容分压器，它的高压臂 C_1 由多个电容器元件串联组成，如图 6-10（a）所示；另一种称为集中式电容分压器，它的高压臂 C_1 使用一个气体介质的高压标准电容器，如图 6-10（b）所示。

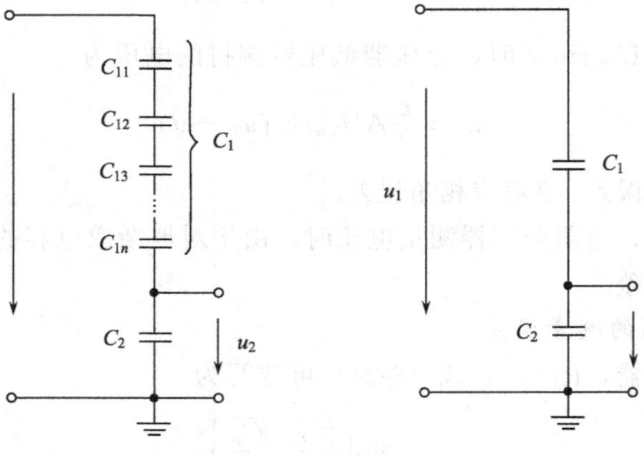

(a) 分布式电容分压器　　(b) 集中式电容分压器

图 6-10　电容分压器原理图

分布式分压器的高压臂的各个电容元件应尽可能为纯电容，并要求其介质损耗和电感量小，实际所用的元件为油纸电容器或油浸渍的塑料（如聚丙烯）薄膜电容器、聚苯乙烯电容器和陶瓷电容器。为了减小杂散电容的影响，C_1 值不应太小。但分压器的 C_1 值的增大，不仅增加了投资费及分压器的尺寸，而且增加了工频试验变压器的负荷，所以 C_1 应选择一合适的数值。在不考虑冲击电压测量时的专用交流电容分压器，一般 C_1 取 100～200pF。

分布式分压器一般只在高压顶端装一个简单的屏蔽罩，所以高压臂的各个电容元件对地以及对周围物体之间的杂散电容会影响分压比的大小。通常要求分压器与周围物体之间相隔较远的距离，或者在一定环境条件下，实测分压比或高压臂等效电容 C_{1e}，在正式测试时保持四周的现场条件不再变化，否则就会造成测量的幅值误差。分压器的低压臂电容 C_2 应由高稳定度、低损耗、低电感量的电容器做成。C_2 通常应用云母、空气或聚苯乙烯介质的电容器，在准确度要求不高时，也可以用油纸电容器或金属化纸及金属化薄膜电容器。通常分压器的高压臂 C_1 处于试区内，测量用低压电压表处于控制室中。为由防止空间杂散电场造成的电容 C_S 的影响，低压臂电容及连接高压臂和电压表之间的导线都应屏蔽起来。

对于集中式分压器，由于其良好的屏蔽而不会引起高压臂等效电容的明显变化。常在分压器低压臂上并联一电阻 R 以防止点晕等在低压臂上出现直流分量，一般选取 $R \gg 1/(\omega C_2)$。

6.5.3 直流分压器

用来测量直流高压的分压器是由电阻式分压器，如图 6-11（a）所示，图中低压臂电阻 R_2 上接入的必须是高内阻电压表，如静电电压表或数字电压表。还有一种测直流高电压的方法如图 6-11（b）所示，高压电阻器 R_1 已知，测得流过它的电流值，便可获得所加的电压值。

由于被测电压很高，所以无论上述哪种接线，R_1 的阻值都是很高的，一般由数

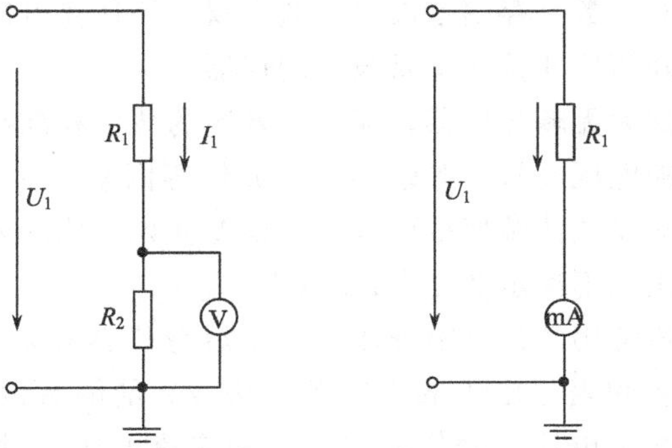

(a) 直流电阻分压器　(b) 高欧姆电阻串联毫安表

图 6-11　直流高压的测量方法

个或数十个电阻元件串联组成。

R_2 的阻值不能选得太小，否则要求直流高压源供给较大的电流 I_1，R_1 本身的热损耗也会太大，以致 R_1 阻值不稳定而增加测量误差。另一方面 R_2 的阻值也不能选得太大，否则由于 I_1 过小而使电晕放电和绝缘支架漏电，从而造成测量误差。故国际电工委员会规定 I_1 不低于 0.5mA。一般 I_1 选择在 0.5～2mA，额定工作电压高的分压器因电晕和泄漏也更严重，I_1 可选大些。对电压低的分压器 I_1 可选小些，I_1 常选定为 1mA。

电阻分压器测量误差的主要原因是电阻值的不稳定。虽然就整个测量系统的误差来讲，除了 R_1、R_2 引起的误差之外，还应包括串接的毫安表或并接的电压表的误差，但电表的误差比较容易控制。

造成 R_1、R_2 实际阻值变化的原因可归结为 3 个：

(1) 电阻本身发热或环境温度变化。

(2) 电阻元件上或附近电晕放电。

(3) 绝缘支架漏电。

对这 3 个方面都可以起抑制作用的一种措施是分压器内充以变压器油。变压器油既起加强散热的作用，又增加了绝缘强度。若分压器内充以高气压的气体或高绝缘气体，则对抑制电晕和泄漏电流均有效果。

6.5.4 冲击分压器

在电气设备的冲击电压试验中，冲击电压的峰值和波形是通过数字存储示波器、数字记录仪或是高压脉冲示波器来观测的。数字式测量仪器的输入电压一般为几十毫伏到几十伏，高压脉冲示波器的输入电压一般为几百伏到 2kV。所以需要分压器把冲击电压发生器发出的几百千伏或几千千伏的高电压不失真地降到示波器所需的电压等级上，再通过同轴电缆传至示波器。

考虑到电缆的供输环节会带来干扰，为此输入电缆的电压也不宜过低，以便获得较高的信噪比。所以对于数字存储示波器及数字仪，往往在电缆的末端还要一个二次分压器，通过它再次降压后才接入记录波形的仪器。

理想分压器，也称为无畸分压器，能测得真实的波形和准确的波峰值，分压比准确，且为常数（即不随电压高低、等效频率、波形等因素而变动）。但实际的分压器多少是要有畸变的，只要能使畸变尽可能小，误差在允许范围内即可。国家标准规定的冲击电压分压器分压比不确定度为±1%以内。

冲击电压分压器最常用的是电阻分压器、电容分压器和阻容串联的阻尼分压器。阻尼分压器由多个电容和阻尼电阻的串联单元构成，能够有效抑制高压端的局部振荡，可用于测量雷电冲击电压、操作冲击电压和交流电压。对于雷电冲击电压的测量，上述分压器均可采用，对于操作冲击电压的测量，则主要采用电容分压器。

分压器、高压引线、测量仪器和测量电流等构成了冲击电压测量系统，反应测量系统特性的两个主要指标是分压比和阶跃响应时间，而这两个指标主要是由分压器特性所决定的。下面分别讨论电阻分压器、电容分压器和阻尼分压器。

1）电阻分压器

测量冲击电压的电阻分压器原理（见图 6-12）与测量交直流稳态电压的电阻分压器相同。由于分压器存在对地的分布杂散电容，使得流过分压器各部分电阻的电流不等，电阻分压器在测量冲击电压时，也存在峰值测量误差和波形滞后的测量误差。分压器电阻越大或对地电容越大，其响应时间就越长，特性也越差。

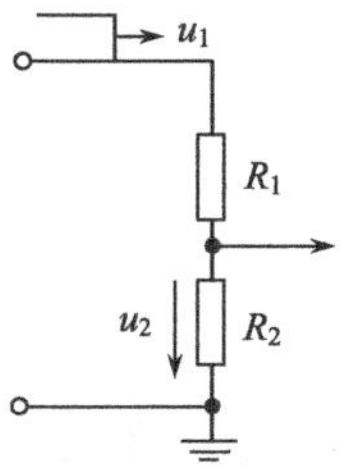

图 6-12　电阻分压器原理图

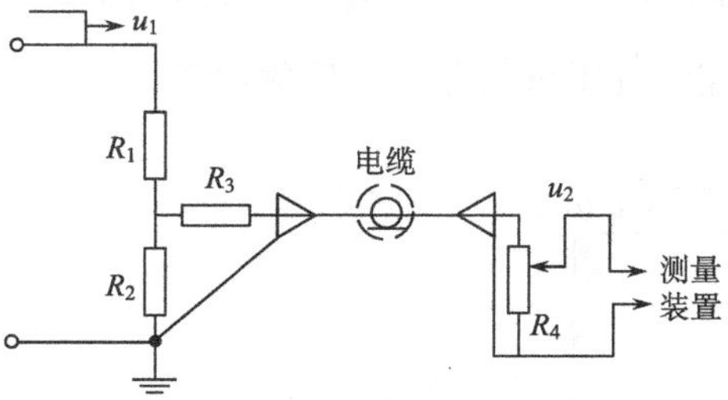

图 6-13　电阻分压器测量回路

数字记录仪或示波器往往距离分压器几米到几十米，其间要用射频同轴电缆相连接。电缆采用损耗小的聚乙烯作为绝缘。电缆外金属皮套接地，以免电磁场干扰。它的波阻抗 Z 大多为 50Ω 或 75Ω。由于被测冲击波的波前较陡，截波变化更快，所以应如图 6-13 所示对电缆的一端或两端需用波阻抗进行匹配，以免电缆两端不断产生波的反射，使记录到的波形出现高频振荡。

2）电容分压器

与测量工频交流高电压的电容分压器一样，测量冲击电压的电容分压器也可分为两种形式。分布式电容分压器中的串联电感由于已在设计电容器时，减至最小，所以当测量全波电压，而且额定电压不很高，即分压器高度不很高时，可以忽略它的作用。此时分压器的测量误差主要由对地杂散电容引起。与分析工频交流分压器时一样，分压器只造成峰值测量误差，而无波形误差。

电容分压器的各部分对地也有杂散电容，会在一定程度上影响其分压比，但因分压器本体也是电容性的，所以只要周围环境不变，这种影响将是恒定的。仅从分压器本体来看，电容分压器的对地杂散电容不会引起波形的畸变。但是，如果考虑分压器本体的固有电感以及高压引线的电感等而引起的波形振荡，此时电容分压器的特性就不如电阻分压器了。为了阻尼振荡，需在高压端串联阻尼电阻，阻尼电阻的引入大大增加了分压器的方波响应时间，从而使测量波形发生畸变。下面简要讨论电容分压器的测量回路。

电容分压器和测量仪器的连接不能采用如图 6-13 所示的电阻分压器电缆末端并联电阻的办法。虽然这种连接方式在电缆末端不会引起折反射，但传入电缆的电压波

u_a 却发生畸变。暂态时，电缆可看作波阻抗 Z，低压臂是电容 C_2 与波阻抗 Z 并联。稳态时，电缆可看作集中电容 C_C，低压臂是 C_2、C_C 和 R 的并联，显然分压比不是一个常数，而是随所加电压波形而变化的。

在冲击电压的波头部分，电压变化快，分压比主要由 C_1、C_2 决定。而在波尾部分，由于电压变化较慢时，C_2 容抗会大大增加，并联的 R 使分压器低压臂阻抗发生很大变化，从而使所测波形失真，造成测量的不确定度和波形畸变。

解决的方法是采用图 6-14（a）所示电路。在电缆首端串联一个电阻，且 $R=Z$，电缆末端开路，这时在电缆末端将发生全发射。但由于首端串联了电阻 $R_1=Z$，因而进入电缆的电压只是$\frac{u_a}{2}$，全反射后正好等于 u_a。

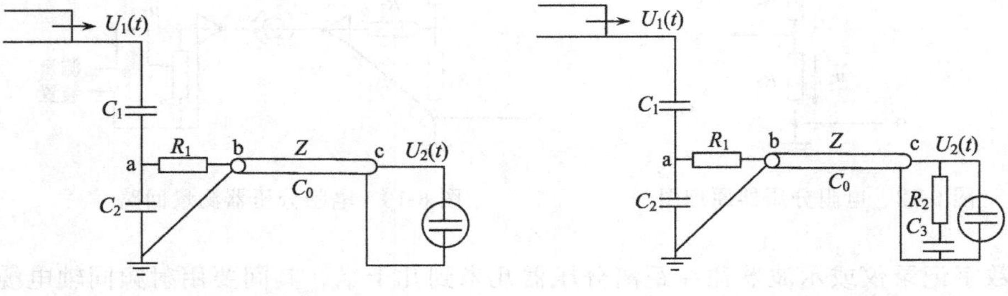

图 6-14　电容分压器的测量回路

在冲击电压开始瞬间，分压比主要有电容决定，此时有

$$u_a = u_1 \frac{C_1}{C_1 + C_2} \tag{6-28}$$

则分压比为

$$K = \frac{C_1 + C_2}{C_1} \tag{6-29}$$

到达稳态时，分压比为

$$K = \frac{C_1 + C_2 + C_C}{C_1} \tag{6-30}$$

只要电缆长度较小，则 $C_2 \gg C_C$，电缆对分压比的影响可忽略不计。但当使用电容分压器进行瞬态电压的现场测量时，要用到较长的电缆，则需采用如图 6-14（b）所示的接线方式，在电缆末端在匹配电阻 R_2 和电容 C_3，并使 $C_1+C_2=C_3+C_C$。此时，稳态分压比与暂态分压比相同

$$K = \frac{C_1 + C_2 + C_3 + C_C}{C_1} = 2\,\frac{C_1 + C_2}{C_1} \tag{6-31}$$

3）阻尼式电容分压器

电容分压器由于其本身有分布电感及对地的杂散电容，在施加陡峭冲击波时，会

产生高频振荡。高压引线与分压器的电容也会产生振荡电压。施加的波形越陡，分压器的额定电压越高，即其高度越高，波形振荡的问题越为突出。

电容分压器的上述问题，对它进行改进，在分布式电容器的各个电容单元中串入阻尼电阻，构成阻尼式电容分压器，其原理图如图 6-15 所示。在高压臂电容元件 C_{11}，C_{12}，…，C_{1n}绝缘套里，串入阻值为几欧的低阻电阻 R_{11}，R_{12}，…，R_{1n}，以阻尼杂散振荡，在引线首端加阻尼电阻相匹配 R_{1d}与导线的波阻抗匹配，其值约为300～400Ω。

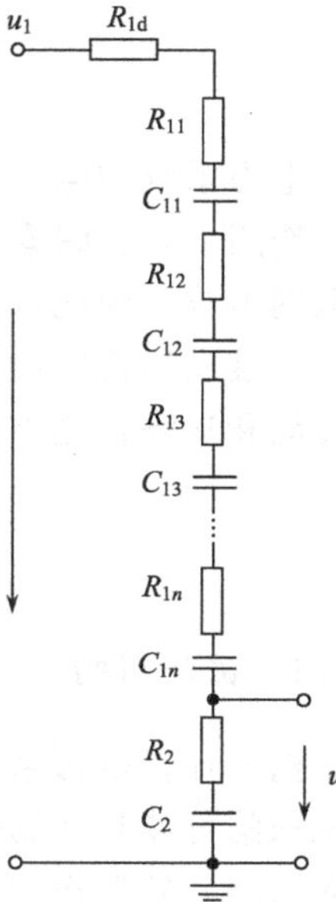

图 6-15　阻容分压器原理图

阻尼分压器的高压臂参数为

$$\left.\begin{aligned} R_1 &= R_{11} + R_{12} + \cdots + R_{1n} \\ C_1 &= C_{11} + C_{12} + \cdots + C_{1n} \end{aligned}\right\}$$

低压臂参数为：电阻 R_2，电容 C_2。

冲击电压开始阶段的暂态分压比为

$$K_1 = (R_1 + R_2)/R_2$$

稳态分压比为

$$K_2 = (C_1 + C_2)/C_1$$

令 $K_1 = K_2$，则可得

$$C_1R_1 = C_2R_2$$

若考虑到高压测量回路振荡的条件，则应取 $C_1R_1 > C_2R_2$。阻尼式电容分压器具有较好的方波响应特性，可以作为工频和冲击两用的分压器，测量回路的接线方式与电容分压器相同。

第7章 绝缘试验

电力系统的电气设备在运行中，其绝缘在电、热、机械、恶劣环境等各种因素的综合作用下，会曝露其内在缺陷或由于绝缘材料逐渐劣化而出现缺陷，造成故障，引起电网事故。因此，为保证电力系统各种电气设备的安全、可靠运行，要在设备的生产、安装和运行等过程中对电气设备绝缘进行各种预防性的试验，以检查电气设备绝缘性能和缺陷，这类试验称为绝缘试验。

7.1 绝缘试验概述

7.1.1 试验目的

据统计，电力系统60%以上的停电事故是由设备绝缘缺陷引起的。电气设备的绝缘缺陷可能是在制造时就已存在的内在缺陷，也可能是运行中在外部作用下发展起来的缺陷。外部作用有工作电压、过电压、大气和环境因素影响、机械力、热和化学等作用，而外部作用影响的程度也和绝缘的内在制造质量有关。设备绝缘的劣化有一个发展过程，在这一过程中，绝缘材料会发出一些物理、化学信息，这些信息反映出绝缘状态的变化情况。通过电气试验，能够掌握电气设备的绝缘情况，使绝缘缺陷在未发展到足以引起故障的程度之前就被及时、准确地发现并处理。

电气设备的绝缘缺陷可以分成两大类：

(1) 集中性缺陷。如悬式绝缘子的瓷质开裂，发电机绝缘局部磨损、挤压破裂，电缆在局部放电作用下绝缘逐渐损坏等。

(2) 分布式缺陷。指电气设备整体绝缘性能下降，如电机、变压器、套管中有机绝缘材料的受潮、老化、变质等。

7.1.2 试验方法

为了对绝缘状态做出判断，需对绝缘进行各种试验和检测，通称为绝缘预防性试验。绝缘的内部缺陷可以通过绝缘试验检查出来，试验方法可分为两大类：

(1) 破坏性试验，或叫耐压试验。这类试验对绝缘的考验是严格的，特别是能揭露那些危险性较大的集中性缺陷；其缺点是可能会因耐压试验对绝缘造成一定的损伤。

(2) 非破坏性试验。这是在较低的电压下或用其他不会损伤绝缘的办法来测量绝缘的各种特性，从而判断绝缘的内部缺陷。

破坏性试验和非破坏性试验各有特点，所反映的绝缘缺陷的性质是不同，且对不同绝缘结构和材料的有效性也不一样。所以，往往要采用两类试验相结合的方法，并对试验结果进行综合分析和比较，才能对被试设备的绝缘性能做出正确判断。

非破坏性试验包括：绝缘电阻试验、介质损失角正切试验、局部放电试验、绝缘油的气相色谱分析等。绝缘耐压试验项目主要有：交流耐压试验、直流耐压试验、雷电冲击耐压试验、操作冲击耐压试验。与非破坏性试验相比，绝缘的高电压试验具有直观、可信度高、要求严格等特点，但因它具有破坏性试验的性质，所以一般都放在非破坏性试验项目合格之后进行，以避免或减少不必要的损失。

7.2 绝缘电阻和泄漏电流的测量

绝缘电阻是反映绝缘性能和状态的最基本指标之一。测量绝缘电阻，是检查电气设备绝缘状态最简便的辅助方法。电气设备送电前或由退出状态转为运行状态前，以及进行绝缘耐压试验前，都必须对其绝缘电阻进行测量。根据绝缘电阻试验结果，能够初步确定设备有无受潮或绝缘状态异常。

电气设备的绝缘电阻 R 在测量过程中是随加压时间的增长而逐步上升并最终趋于稳定的。理论与实践证明，当绝缘良好时，不仅稳定的绝缘电阻值较高，而且吸收过程相对进展较慢；绝缘不良或受潮时，稳定的绝缘电阻值较低，吸收过程相对进展较快。

7.2.1 多层介质的吸收现象

许多电气设备的绝缘都是有多层绝缘介质组合而成的，以如图 7-1（a）所示的双层介质等效电路为例，分析多层介质绝缘电阻及吸收电流变化规律。由于不同介质的电容与电阻比例不同，因此在加上直流电压瞬间到达到稳定的过程中，介质上电荷要重新分配，这个重新分配的过程相当于两层绝缘介质从电源吸收电荷的过程，因此称为吸收过程。重新分配的电荷在回路中形成的电流 i_a，称为吸收电流。

从图 7-1（b）中所示的电流变化曲线可见，当刚加上直流高电压 U 的瞬间，回

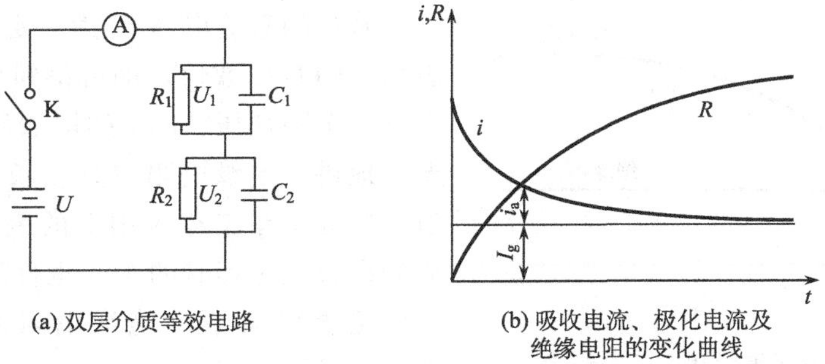

(a) 双层介质等效电路

(b) 吸收电流、极化电流及绝缘电阻的变化曲线

图 7-1　双层介质等效电路和吸收曲线

路电流主要由电容电流 i_a 分量组成。加压时间很久之后，电容 C_1 和 C_2 相当于开路，回路电流为泄漏电流 I_g，它的大小取决于绝缘电阻 R_1 与 R_2 之和 R。这就出现了一个由开始的电容电流到最后的泄漏电流之间的过渡过程。

图 7-1（a）中，在开关闭合时，绝缘两端突然加上一个很大的电压，在加压开始瞬间 $t=0$ 时刻，介质上的电压按电容分压，此时

$$\left.\begin{aligned} U_1 &= U\frac{C_2}{C_1+C_2} \\ U_2 &= U\frac{C_1}{C_1+C_2} \end{aligned}\right\} \tag{7-1}$$

当 $t=\infty$ 时，达到稳态，介质上的电压将按电阻分压

$$\left.\begin{aligned} U_1 &= U\frac{R_1}{R_1+R_2} \\ U_2 &= U\frac{R_2}{R_1+R_2} \end{aligned}\right\} \tag{7-2}$$

此时回路电流

$$I = I_g = \frac{U}{R_1+R_2} \tag{7-3}$$

如图 7-1（a）所示的电路，开关 K 闭合后，从 $t=0$ 至电路达到稳态有一个过渡过程，当式（7-2）中的 U_1 比式（7-1）中的 U_1 小时，C_1 要放电，同时 C_2 要进一步充电，这个过渡过程的快慢取决于时间常数 τ

$$\tau = (C_1+C_2)\frac{R_1R_2}{R_1+R_2} \tag{7-4}$$

由以上分析可知，加上试验电压后，试品上的电流由两部分组成。第一部分为泄漏电流 I_g，其大小与试品总的绝缘电阻（R_1+R_2）成反比。第二部分为吸收电流 i_a，其大小与试品绝缘的均匀程度密切相关，如试品为均匀介质，或 $R_1C_1 \approx R_2C_2$，则吸收电流很小，吸收现象看不出来；如果试品的绝缘很不均匀，R_1C_1 与 R_2C_2 相差很大，则吸收现象将十分明显。

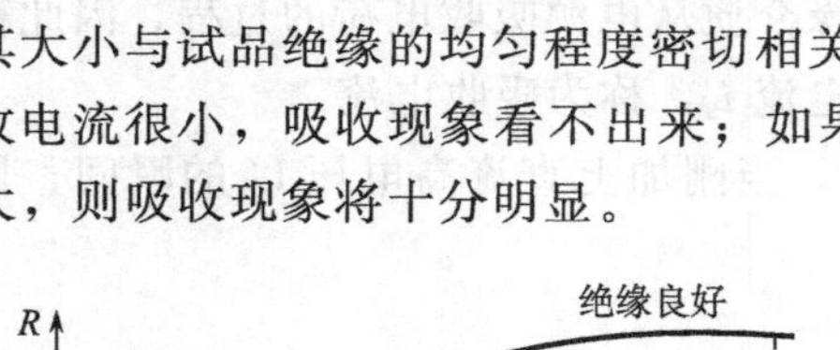

图 7-2　不同绝缘状态下的绝缘电阻的变化曲线

施加的直流电压 U 为一定值时，通过仪表测出的 U/i 数值，即可得到总绝缘电阻 R，它是一个随加压时间 t 的增加而上升的数值。严格地讲，绝缘电阻只是较长加压时间后的值，但为了在工程应用上的表达方便，把介质处在吸收过程时的 U/i 也称为绝缘电阻 R，不同绝缘状态下的绝缘电阻的变化曲线如图 7-2 所示。

加压 60s 时的绝缘电阻 R_{60sec} 与加压 15s

时电阻 R_{15sec}的比值定义为吸收比 K_a，即

$$K_a = \frac{R_{60sec}}{R_{15sec}} = \frac{I_{60sec}}{I_{15sec}}$$

定义极化指数 K_P 为加压 10min 时的绝缘电阻 R_{10min}与加压 1min 时绝缘电阻 R_{1min}的比值

$$K_P = \frac{R_{10min}}{R_{1min}} = \frac{I_{10min}}{I_{1min}}$$

相同的外施电压下，不同设备的绝缘电阻和吸收电流变化曲线可能有很大不同，同一设备的不同时间的测量值也可能存在差异。因此，难以给出具体的绝缘电阻标准值。对于三相电气设备，通常把不同相的绝缘电阻进行比较，或是把当次测量值，与以前历次测量值进行比较，然后对绝缘状态进行判断。

若绝缘内部有集中性导电通道，或绝缘严重受潮，则电阻 R_1、R_2 会显著降低，泄漏电流大大增加，时间常数 τ 大为减小，吸收电流迅速衰减。即使绝缘部分受潮，只要 R_1 与 R_2 中的一个数值降低，值也会大为减小，吸收电流仍会迅速衰减，仍可造成吸收比 K_a 和极化指数 K_P 的下降。因此，对电容量较大、吸收现象明显的设备，测量吸收比更利于对绝缘状态的判断。

7.2.2 绝缘电阻与吸收比测量

通常用兆欧表来测量绝缘电阻与吸收比。规定加压 60s 以后测得的数值为试品的绝缘电阻。为了准确测量吸收比，需要应用灵敏度足够高的兆欧表。现场应用较多的是带有手摇直流发电机的兆欧表，俗称摇表。兆欧表的电压有 500V，1000V，2500V，5000V 等几种。以测交流电动机的绝缘电阻为例，额定电压为 3kV 以下者使用 1000V 兆欧表；额定电压为 3kV 及以上者使用 2500V 兆欧表。兆欧表的原理结构图如图 7-3 所示。

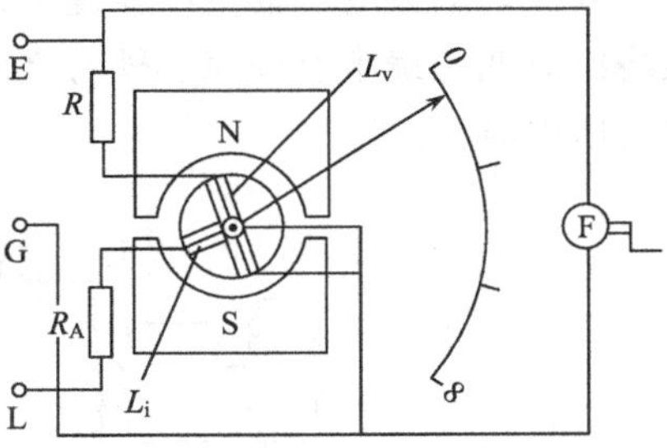

图 7-3 兆欧表的原理结构

兆欧表有两个相互垂直并固定在一起的线圈，一个为电压线圈 L_v，另一个为电流线圈 L_i，它们处于同一个永久磁场中。兆欧表有 3 个接线端子，端子 L 接试品的加压极，端子 E 接电气设备的外壳或法兰等处，同时应良好接地，端子 G 为屏蔽端，应把它接到试品的外绝缘中间的屏蔽极上。摇动手摇发电机产生一直流电压，在电压线圈 L_v 中将流过与电压成正比的电流 i_v。因 E 与 L 接在试品的两极，试品绝缘中流过的泄漏电流将通过电阻 R_A 流过电流线圈 L_i。电流 i_v 和 i 流经线圈 L_v 和 L_i 时，在磁场中产生的转矩的方向相反，在两转矩的作用下，线圈带动指针旋转，直两个转矩平衡为止。此时指针偏转角度 α，只与 i_v/i 的比值相关，而 i_v 又正比于电压，所以偏转角 α 就反映了被测绝缘电阻的大小。

摇表需要持续摇动发电极，使其转速尽可能稳定在 120r/min。开始转动手柄后的 15s 及 60s 时，分别读出刻度盘上的电阻值 R_{15sec} 和 R_{60sec}，即可求出试品的吸收比。摇表携带方便，不需其他电源，但摇动发电机比较费劲，特别是求极化指数时，要求发电机持续工作 10min。而新型的兆欧表采用电池或采用 220V 交流电源供电，使用更为方便，测量精度也更高。

7.2.3 泄漏电流的测量

测量主绝缘的在直流电压下的泄漏电流值，与上述的测量绝缘电阻是相同的，只是测量泄漏电流时，施加的直流电压较兆欧表发出的电压高，从而有可能发现兆欧表所不能发现的，尚未完全贯通的集中性缺陷或其他绝缘异常情况，所以测试灵敏度比兆欧表更高。施加的直流电压是逐步调高的，最后达到规程规定的试验电压值。对于良好的绝缘，其泄漏电流应随所加的电压值线性上升，并在规定的试验电压作用下，其泄漏电流不应随加压时间的延长而增大。读取泄漏电流值的时间，一般规定为到达试验电压后 1min，并需记录试品绝缘的温度及环境温度。所测得的泄漏电流值应与前一次测试结果相比无明显变化，最好在绝缘的温度相同条件下进行比较，否则应考虑温度影响的换算。

在测量泄漏电流时，除应考虑温度、时间和表面泄漏等因素的影响外，还应注意对测量仪表的保护，及对试验接线和仪表进行良好的屏蔽和接地，以减小杂散电流对测量精度的影响。

以测量电力变压器绝缘泄漏电流为例，其试验接线如图 7-4 所示，所测量的是高压绕组对低压绕组及外壳、铁心之间主绝缘的泄漏电流。图 7-4 中所示的微安表安置在高压引线中。

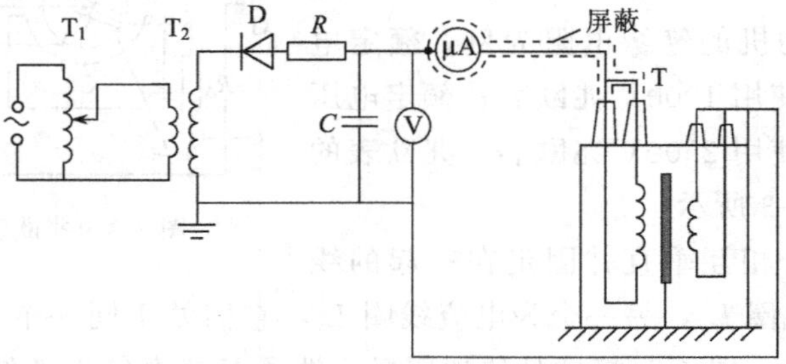

图 7-4 测量电力变压器主绝缘泄漏电流的接线

T_1-调压器；T_2-高压试验变压器；D-高压硅堆

R-保护电阻；*C*-滤波电容；T-被测变压器

微安表周围及表右侧高压引线外面均罩有屏蔽层，屏蔽层与表的左侧高压引线相连。它的作用是防止表的右侧高压引线发生电晕时引起测量误差。

若试品尺寸不大，则可以对地绝缘起来，微安表也可以接在试品接地端，如

图 7-5 所示。此时微安表可以放置在控制台上，读表比较方便。为了防止高压引线的电晕对测量的影响，接表的引线及仪表应当屏蔽起来，屏蔽接地以减小测量误差。但具有外铁壳的变压器类产品，即使能对地绝缘起来，由于外铁壳的外表面积较大，仍难以采取屏蔽措施。对高压源和引线可采取加大曲率半径等措施，避免或减小电晕的产生，而周围的交流电场也会对铁外壳的电位产生影响，使微安表读数晃动，难以测准微安值。一般而言，微安表接在高压引线中测量值比较准确。

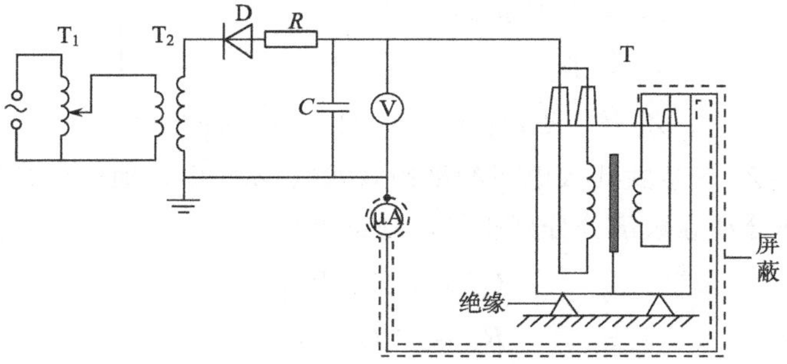

图 7-5　微安表接在试品接地端的接线

7.3　介质损耗角正切值的测量

7.3.1　测量方法

介质损耗角正切值 $\tan\delta$ 是一个绝缘介质在交流电压作用下的特性指标，它反映了绝缘介质或电气设备绝缘状态的优劣。在一定的电压和频率下，介质损耗角正切值 $\tan\delta$ 与绝缘介质的形状、大小无关，只与介质内在的固有特性有关。$\tan\delta$ 可以有效地发现绝缘受潮、穿透性导电通道、绝缘内部气泡游离、绝缘分层、绝缘脱壳、绝缘脏污或劣化等缺陷。

测量介质损耗角正切值 $\tan\delta$ 的方法是应用高压交流平衡电桥（西林电桥）。西林电桥的基本原理如下：

测量 $\tan\delta$ 常用的西林电桥，是一种交流电桥，配以合适的标准电容，可以在高电压下测量介质材料和电气设备绝缘的 $\tan\delta$ 和电容值。西林电桥测量原理如图 7-6 所示。

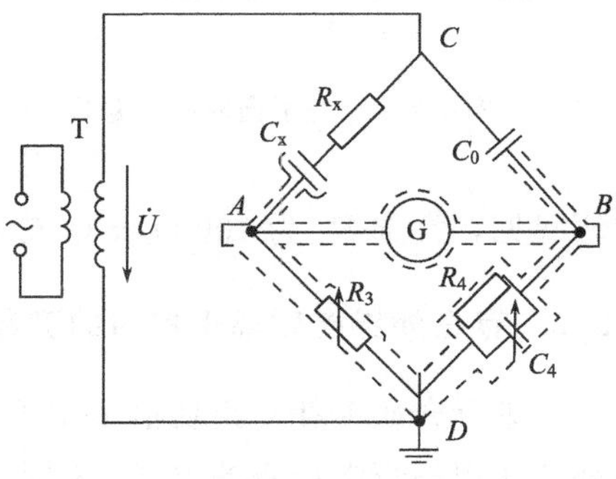

图 7-6　西林电桥的基本回路

在电桥的高压臂中，Z_1 是试品的 R_x、C_x 的串联，Z_2 是无损耗标准电容 C_0。两个低压臂在桥箱体内，一个是可调无感电阻 R_3，用

Z_3 来代表，另一个是无感电阻 R_4 和可调电容 C_4 的并联，用 Z_4 来代表。

电桥的平衡是依靠调节 R_3 及 C_4 来实现的。当电桥平衡时，检流计 G 无电流流过，此时电桥各臂满足平衡条件

$$Z_1 Z_3 = Z_2 Z_4 \tag{7-5}$$

如前所述，已知

$$\left.\begin{aligned} Z_1 &= R_x + 1/(j\omega C_x) \\ Z_2 &= 1/(j\omega C_0) \\ Z_3 &= R_3 \\ Z_4 &= [R_4/(j\omega C_4)]/[R_4 + 1/(j\omega C_4)] \end{aligned}\right\}$$

把上列 $Z_1 \sim Z_4$ 表达式代入电桥的平衡算式（7-5）中，加以展开和整理，并设等式左右的实数部分和虚数部分分别相等，则可求得

$$\left.\begin{aligned} C_x &= R_4 C_0/R_3 \\ R_x &= R_3 C_4/C_0 \end{aligned}\right\} \tag{7-6}$$

当在试品以 R_x、C_x 串联等效时，有 $\tan\delta = \omega R_x C_x$，把式（7-6）代入得

$$\tan\delta = \omega R_4 C_4 \tag{7-7}$$

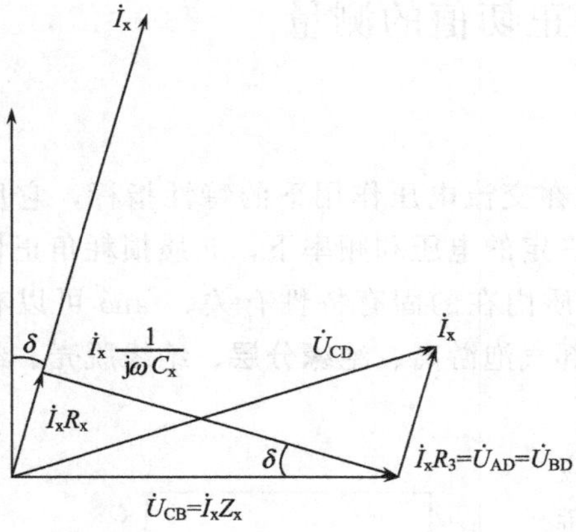

图 7-7　电桥平衡时的相量图

电桥达到平衡时的相向量图如图 7-7 所示，电桥的平衡是通过 R_3 和 C_4 之间的协调配合实现的。

在以上的推导中，试品是以串联等效电路来代表的，若用并联等效电路代表试品，可得 $\tan\delta = \omega R_4 C_4$，与式(7-7) 相同。

求出 $\tan\delta$ 后，还可根据 $\tan\delta = \omega R_x C_x$ 计算出试品电容量

$$C_x = R_4 C_0/[R_3(1 + \tan^2\delta)] \tag{7-8}$$

无论用哪种等效回路，都可以用 $\omega R_4 C_4$ 来代表 $\tan\delta$ 值。一般 $\tan^2\delta$ 极小，所以两种试品等效电路下的电容表达式，差别很小。当电源频率为 50Hz 时，为了方便起见，常选 R_4 为 $10000/\pi\ \Omega$ 或 $1000/\pi\ \Omega$，则 $\tan\delta$ 分别为 $C_4 \times 10^6$ 或 $C_4 \times 10^5$。

7.3.2　存在外界电磁场干扰时的测量

在进行介质损耗角正切值 $\tan\delta$ 的测量时，尤其是在现场进行测量时，试品和桥体都处在周围带电设备的电场、磁场作用之下，即使桥体和连接线如前面所述采取了屏蔽，但试品往往无法做到很好的屏蔽。外界电磁场的干扰不仅会引起电桥的测量误

差，严重的还会导致电桥无法达到平衡。下面分别讨论在电场、磁场干扰下尽可能减小 $\tan\delta$ 的测量误差的方法。

1. *存在外界电场干扰时的测量*

在现场进行试验时，由于一方面难以对试品实现较好的屏蔽，一方面现场的其他未停电设备提供了很强的电场干扰，因此会在高压带电体与试验回路之间产生如图 7-8所示的杂散电容，杂散电容上的干扰电流进入桥臂，就会造成测量误差。

消除或减小外界电场影响的测试方法是采用两次测量的方法。第一次先将电桥调到平衡，测得 $\tan\delta_1$ 和 C'_x；然后倒换试验变压器一次侧电源线的两头，即把试验电压 U 的相位转一个 180°，再测得第二次的数值 $\tan\delta_2$ 和 C''_x，则可得出准确的 $\tan\delta$ 和 C_x 值为

$$\tan\delta = (C'_x\tan\delta_1 + C''_x\tan\delta_2)/(C'_x + C''_x) \tag{7-9}$$

$$C_x = (C'_x + C''_x)/2 \tag{7-10}$$

2. *存在外界磁场干扰时的测量*

做现场试验时，如果附近存在母线电抗器、载波通信滤波器和其他漏磁通较大的设备，则电桥将受到较强的磁场干扰，此时由于电桥工作在交变的磁场中，电桥的闭合环路将产生感应电动势和感应环流，从而造成测量误差。

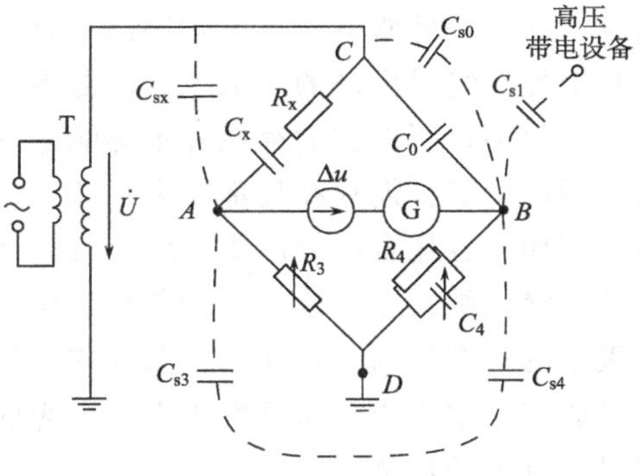

图 7-8　外界电磁场的干扰

为减小感应电动势带来的测量误差，可采用如图 7-6 中虚线所示的方法，将电桥的低压部分（尽可能将试品的低压电机包括在内）屏蔽起来，引出线也用屏蔽电缆，基本上可消除磁场干扰造成的误差。同时，在现场试验中遇到磁场干扰时，应使电桥尽可能远离磁场，或转动电桥方向，以求得干扰最小的方位。若是暂时性的强磁场，应等待磁场消除后，再进行测量。

检流计对外界磁场干扰非常灵敏。屏蔽也不一定能全部消除磁场对它的干扰。在一个相对稳定的磁场中，通常采取两次测量的方法来消除由此产生的误差。

无磁场干扰的条件下，电桥平衡时，两测量臂的数值分别为 R_3 和 C_4。存在磁场干扰的条件下时，电桥到平衡时，两个测量臂的数值分别为 $R_3 + \Delta R_3$ 和 $C_4 + \Delta C_4$，此时电桥两臂上实际是有电位差的，正是由于它克服了磁场干扰产生的感应电势，检流计的读数才为零。把检流计和电桥两臂相接的两端倒换一下，由于其他条件不变，故在电桥调到平衡时，则两个测量臂的数值分别为 $R_3 - \Delta R_3$ 和 $C_4 - \Delta C_4$。

检流计正接时测得

$$\tan\delta_1 = \omega(C_4 + \Delta C_4)R_4, \quad C_{x1} = R_4 C_0(R_3 + \Delta R_3)$$

检流计反接时测得

$$\tan\delta_2 = \omega(C_4 - \Delta C_4)R_4,\quad C_{x2} = R_4 C_0(R_3 - \Delta R_3)$$

无磁场干扰时有

$$\tan\delta = \omega R_4 C_4,\quad C_x = R_4 C_0 / R_3$$

故可得

$$\left.\begin{aligned} \tan\delta &= (\tan\delta_1 + \tan\delta_2)/2 \\ C_x &= 2C_{x1}C_{x2}/(C_{x1} + C_{x2}) \end{aligned}\right\} \tag{7-11}$$

7.4 局部放电的测量

7.4.1 测量局部放电的方法

局部放电（partial discharge，PD）是由于电气设备绝缘内部存在小的局部薄弱区域，在一定外施电压下发生局部重复击穿和熄灭的现象。这种局部放电发生在一个或几个处在绝缘内部的气隙或气泡之中，因为在这个很小的空间内电场强度很大，放电能量很小，所以它的存在并不影响电气设备的短时绝缘强度。但如果一个电气设备在运行电压下长期存在局部放电现象，这些微弱的放电能量和由此产生的一些不良效应，例如不良化合物的产生，就会慢慢地损坏绝缘，经过一定时间的积累，就可能导致整个绝缘被击穿，使电气设备发生突发性故障。一般情况下，如果电气设备绝缘存在很小的内部薄弱点，在出厂和验收时的试验中是很难被发现的，但在长期运行中，却可能在正常工作电压下发生击穿。为此，制造厂和运行单位都很重视对设备绝缘内部局部放电的检测。

当介质内部发生局部放电时，伴随有许多现象。有些属于电的，例如电脉冲的产生、介质损耗的增大和电磁波放射；有些属于非电的，如光、热、噪声、气体压力的变化和化学变化。这些现象都可以用来判断局部放电是否存在，因此检测的方法也可以分为电的和非电的两类。测量方法主要包括以下三种：

（1）绝缘油的气相色谱分析。这项试验是通过检查电气设备油样内所含的气体组成的含量来判断设备内部的隐藏缺陷。电气设备内部若有局部放电或局部过热，常会引起缺陷附近的绝缘分解而产生气体，使溶解于绝缘油中的气体成分发生变化。当变压器内部存在局部放电时，其色谱分析的特征是乙炔、氢及总烃（指甲烷、乙烷、乙烯和乙炔四种气体的总和）气体含量超过一定值。高压互感器和套管等也可用类似的色谱分析法来判断有无严重的局部放电在绝缘内部产生。

（2）超声波探测法。在电气设备外壁放上由压电元件和前置放大器组成的超声波探测器，用以探测由局部放电造成的超声波，从而了解有无局部放电的发生，粗测其强度和发生的部位。配合局部放电电测法，可相互验证测试结果的真实性。

（3）测 PD 所形成的脉冲电流大小，以判断绝缘 PD 的强弱程度，这种方法可以给出定量的结果，以下将讲述这种方法。

非电的局部放大测量方法灵敏度不高，且多属于定性，只能对是否存在局部放电做出判断。而测量局部放电时的放电脉冲信号，不仅可以检测到是否存在局部放电，还可测出放电信号的强弱。

7.4.2 局部放电的脉冲电流测量法

1. 脉冲电流测量法原理

以绝缘内部存在气孔为例，采用如图 7-9 所示的绝缘的三电容模型来表征气孔的存在，分析局部放电的脉冲电流产生机理。

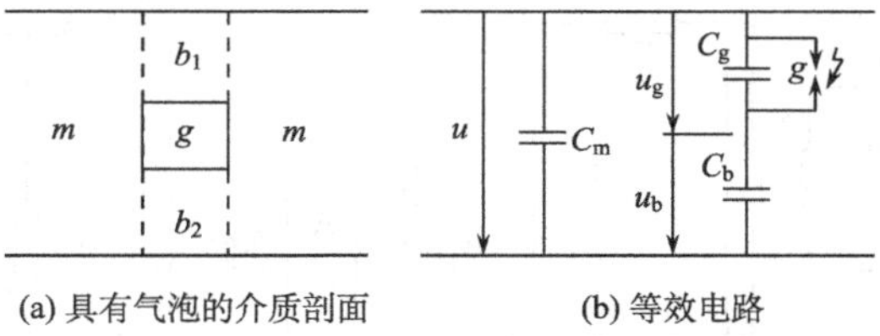

图 7-9 介质内部气隙放电的三电容模型

图 7-9（a）中的 g 代表在绝缘中存在的一个气泡，b、m 及绝缘其他各处的绝缘状况良好。等效电路如图 7-9（b）所示，C_g 为气泡部分的电容，C_b 为和 g 相串联部分 b_1 和 b_2 的介质电容，C_m 为其余大部分绝缘 m 的电容。气泡很小时，C_g 比 C_b 大，C_m 比 C_g 大很多。若在电极间加上交流电压 u，则 C_g 上的电压为

$$u_g = uC_b/(C_g + C_b) \tag{7-12}$$

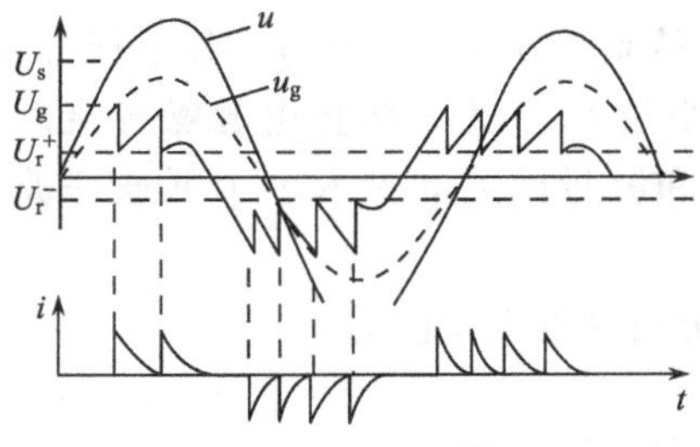

图 7-10 局部放电脉冲电流的产生

如图 7-10 所示，u_g 随外加电压 u 升高，当 u 上升到 U_s 瞬时值，u_g 到达 C_g 的放电电压 U_g 时，C_g 气隙放电。C_g 上的电压从 U_g 下降到 U_r，放电结束。U_r 称为残余电压，它可以接近为零值，也可以为小于 U_g 的其他值。放电结束后，C_g 上的电压将再次上升，由于此时 C_g、C_b 已经有了一个初始的直流电压，u_g 的值不能用式（7-12）来表达，u_g 值与式（7-12）的值在绝对值相差（u_g-U_r）。外加电压继续上升，C_g 的电压也随之上升，当它再次升到 U_g 时，C_g 再次放电，电压再次降到 U_r，放电再次熄灭。C_g 上的电压从 U_g 突变为 U_r 的瞬间，是局部放电脉冲的形成时刻，此时 C_g 上就有了一个脉冲电流 i。

图 7-10 给出了局部放电时气泡中的脉冲电压和脉冲电流的变化。脉冲电流的大小与局部放电的视在放电量成正比，通过测量脉冲电流的大小和频率，就能够定量地给出局部绝缘缺陷的大小和部位。

1s 内产生的脉冲数叫做放电重复率 N，N 也是一个重要参量。可以通过试验求得。此外，为了表征局部放电在一定期间内的平均综合效应，还提出了各种累积参数，如平均放电电流、放电功率等。有时还测量局部放电的起始放电电压和熄灭电

压。影响局部放电特性的多种因素主要有电压的幅值、波形和频率，电压的作用时间，环境的温度、湿度和气压等。

2. 脉冲电流法测量的基本回路

国际上推荐的基本测量回路有 3 种：试品与检测阻抗并联的回路［见图 7-11 (a)］、试品与检测阻抗串联的回路［见图 7-11 (b)］和电桥平衡回路［见图 7-11 (c)］。C_x 代表被试品的电容；C_k 代表耦合电容；Z_m 和 Z'_m 代表检测阻抗；Z 代表低通滤波器；u 代表由无晕高压试验变压器供给的交流高电压；A 代表放大器；M 为测量仪器。

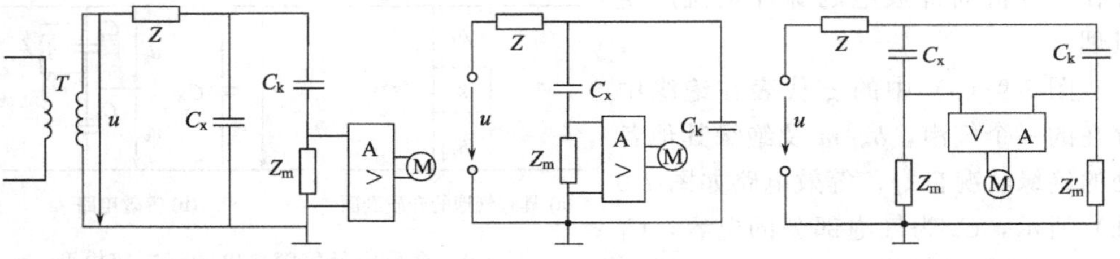

图 7-11　基本测量回路

这 3 种回路都是要把在一定电压 u 作用下的被试品 C_x 中产生的局部放电信号传递到 Z_m 的两端，然后通过放大器送到测量仪器。耦合电容器 C_k 为被试品 C_x 与测量阻抗 Z_m 之间提供了一个低阻抗通道，还可以大大降低作用于 Z_m 上的工频电压分量。C_k 必须无内部局部放电，一般希望 C_k 的电容不小于 C_x。为了防止电源噪音流入测量回路和试品的局部放电脉冲流向电源，在电源和测量回路间接入一个低通滤波器 Z。Z 上不应该出现放电，它应比 Z_m 大。

电桥平衡电路与串联、并联电路相比，具有更高的抗干扰能力。

7.5　绝缘油的气相色谱分析

绝缘油被广泛地应用在高压电气设备中，如电力变压器、断路器、电力电容器、电抗器、电流互感器、电压互感器等。在以绝缘油为绝缘介质的设备中，绝缘油不仅起到绝缘介质的作用，同时还起着冷却介质的作用。

所谓绝缘油的气相色谱分析，就是将绝缘油中溶解的气体分离出来，送入相色谱仪，对不同的气体进行分离和定量，根据测定的绝缘油中所溶解的气体的种类、含量，判断电气设备是否存在绝缘故障以及故障种类的试验方法。

新绝缘油中溶解的气体主要是空气，即 N_2(71%) 和 O_2(28%)。浸绝缘油的电气设备，在出厂试验和正常运行过程中，绝缘油和浸在油中的有机材料发生老化，绝缘油中就有可能溶解少量的 H_2、CO、CO_2 或烃类气体，但含量一般不会超过参考值。但当设备存在局部过热、电弧、内部故障是，绝缘油或其他材料会分解出大量的烃类气体和 CO，CO_2 等，这些气体因此被称为特征气体。

当电气设备内部有局部过热或局部放电等缺陷时，缺陷附近的油纸绝缘就会分解而产生烃类气体、H_2、CO、CO_2 等，这些气体不断溶解于绝缘油中。如果变压器内部的裸金属部分（分接开关、铁心、裸接头、箱壳等）局部过热引起变压器油热分解，则变压器油中溶解气体的主要特点是烃类气体的总量较高，且其中甲烷、乙烯也较多。如果固体绝缘（引线绝缘、铁轭绝缘、穿心螺栓绝缘等）过热，由于固体绝缘受热分解，油中溶解气体中的 CO、CO_2 含量也将加大。如果是固体绝缘过热但温度不高，例如，有的连续式绕组因端部油道堵塞造成纸绝缘过热，色谱分析中总烃量不高，而 CO、CO_2 含量则较高。所以，CO、CO_2 含量高是固体绝缘（如纸、木材等）热分解的主要特征。当变压器内部存在放电故障时，其色谱分析的特征是 C_2H_2 和 H_2 的含量较大。C_2H_2 含量过大常是区别放电或过热的主要特征。分析油中溶解气体内以上各种成分、含量，有助于判断变压器中陷藏缺隐的性质。

绝缘油的气相色谱分析方法对于判断上述慢性局部潜在缺陷是有效的，但此法不易发现某些突发性故障，如在匝间短路故障的潜伏期，油中溶解气体的成分、容量无异常变化，气相色谱分析不易发现这种故障。

不同的绝缘物质在不同的故障下，分解产生的气体成分也不相同，因此分析油中溶解气体的成分、含量极其随时间变化的规律，即可判断故障的类型、程度、发展情况。对油中分解物的分析，还能在不需停的条件下测定电气设备中正在缓慢发展的潜伏性故障。气相色谱分析能够发现充油电气设备中的一些用 $\tan\delta$ 等方法所不易发现的局部性缺陷（如局部过热、电弧放电），且设备不需停电，适合于在线绝缘诊断。

进行气相色谱分析试验时，先对运行中电气设备的绝缘油取样，油样经真空罐脱出气体或经滤膜脱出气体并压缩至常压，再用气相色谱仪分析其中各类气体含量。图 7-12给出了气相色谱仪的工作原理。图 7-12 中 N_2、H_2 为载气，气样由进气口 1、2 处进入。为了分出气体中所包含的各种气体成分，需要利用图中的色谱柱 1 和色谱柱 2。色谱柱为 U 形或圆盘形管，装有吸附剂，如色谱柱 1 为微球硅胶（80～100 目），它能使烃类气体成分分离出来，如 CH_4、C_2H_6、C_2H_4、C_3H_8、C_2H_2、C_3H_6 等。色谱柱 2 内若装碳分子筛吸附剂（80～100 目），当气样进入管中后，吸附剂便能使不同成分的气体有次序地先后流出色谱柱，可分离出 H_2、O_2、CO、CH_4、CO_2，分离出的气体经鉴定器将其浓度转换为电压脉冲信号，按气体出现时间的先后排列成脉冲图，即得到气相色谱图，如图 7-13 所示。

为了检测各成分的含量，采用热导池鉴测器（TCD）及氢焰鉴测器（FID)。热导池鉴测器用来检测气样中的 H_2，同时也检测出 O_2。这种鉴测器用 4 个钨丝电阻臂组成电桥，未输入检测气体前电桥是平衡的，所以无输出信号；当检测气体进入测量臂后，由于改变了导热系数，因而改变了测量臂钨丝的温度即改变了其电阻值，电桥不平衡而输出信号。信号的大小与被检测的气体种类及含量有关。氢焰鉴测器具有更

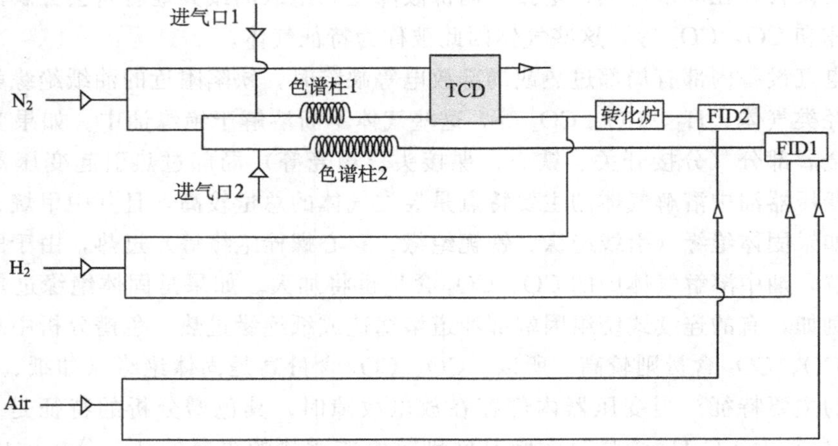

图 7-12　气相色谱仪工作原理

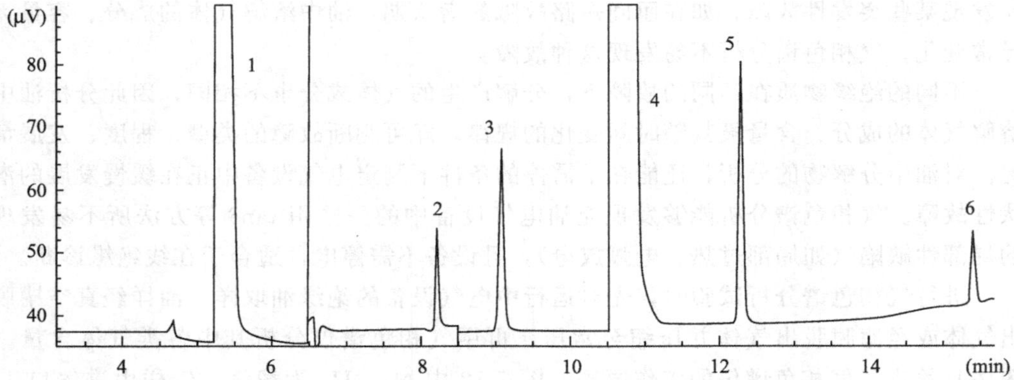

图 7-13　变压器油气相色谱图

1-CO_2；2-H_2；3-O_2；4-N_2；5-CH_4；6-CO

高的灵敏度，它用来检测烃类气体和 CO、CO_2。但 CO、CO_2 需经过转化炉由镍催化剂转化成有机气体 CH_4 才能由氢焰鉴测器鉴测。氢焰鉴测器系通过氢气在空气中燃烧生成火焰使被检测气体电离，再由极间电场吸收电离电流，电流的大小即反映被监测气体的含量。

用气敏半导体元件来粗测油中的含气成分，方法简单、操作迅速，是简易的色谱法。气敏半导体系一种 N 型金属氧化物，放在气路流程中，当温度一定及载气（空气）流量一定的情况下气敏半导体有一定的阻值。当被测气体吸附到气敏半导体表面时，其表面层的电子数升高，阻值即下降，使外回路电流增大，发出信号。

正常变压器的油每升中烃类气体的总含量常小于 1.5×10^{-4} 升，若烃类气体总含

量大于 1.5×10^{-4} 升，要引起注意；当总烃含量大于 5×10^{-4} 升时，一般存在故障。新的变压器油每升中 CO 的含量常小于 4×10^{-4} 升（开放式），或小于 8×10^{-4} 升（充氮式）。

7.6　绝缘的在线监测

绝缘试验是电力设备定期检修中"检"的重要内容之一，"定检"实质上是预防性检修，其目的是通过定期地对设备进行一系列预防性试验，检查设备的各项性能（包括绝缘）和状态是否存在缺陷和问题。但试验结束和合格后，在下一次"定检"之前，设备是否会出现故障，仍是未知的。由于这种检修方式的机械、刻板，使它渐渐难以满足电网日益提高的智能化的要求，因此，将这种以时间为周期的检测方式转变为以电气设备的实时状态为依据的检测方式，已成为电气试验技术的最主要发展趋势之一。

预防性试验的缺点是：①需停电进行，而许多重要的电力设备不能轻易停运；②只能周期性进行而不能连续地实时监测，绝缘有可能在两次检测间隔时发生故障；③停电后的设备状态，例如作用电场及温升等和运行中不相符合，影响诊断的准确性。以绝缘的 $\tan\delta$ 检测为例，采用电桥法时，由于标准电容器的额定电压的限制，一般只加到 10kV，这对于 220～500kV 的电力设备，电压是很低的。

在线监测和诊断是电力设备在运行状态下进行的，可避免离线监测及诊断的上述缺点，判断更加准确。自 20 世纪 70 年代以来，随着传感、信息处理及电子计算机技术的快速发展，在线监测和诊断技术也有了长足的发展。根据在线监测和诊断的结果，可做到有针对性的检测和维修，这种以电气设备绝缘的实时状态为依据的检修称为预知性检修，也叫状态检修。

绝缘的在线监测，是在电气设备的运行状态下，对泄漏电流、介质损耗角正切 $\tan\delta$、局部放电等表征绝缘状态的参数进行测量，并根据测量结果对绝缘状态发展趋势、绝缘故障等做出判断的电气试验技术。

7.6.1　介质损耗角正切值的在线监测

在线监测 $\tan\delta$ 时，仍可用前述的西林电桥测量方法，其原理接线如图 7-14 所示。由互感器带来的角差，可通过 RC 移相电路予以校正。电桥中 R_3、C_4 的调节可以手动，也可以自动。由于是有触头的调节，为了长年的使用，必须选择十分可靠的 R_3、C_4 可调节元件。电桥法的优点是，它的测量与电源波形及频率不相关；其缺点是，由于 R_3 的接入，改变了被测

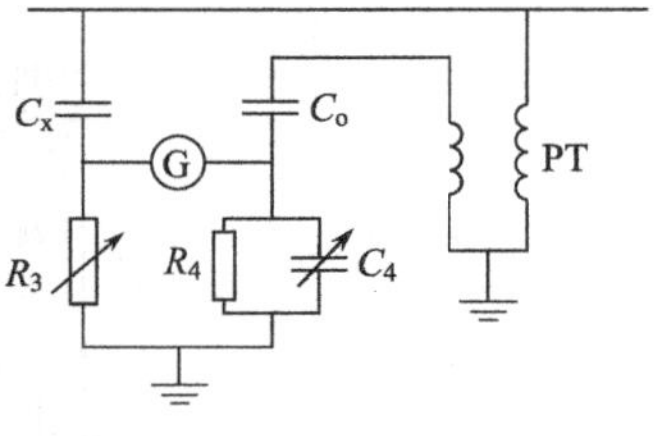

图 7-14　电桥法在线监测 $\tan\delta$ 原理图

C_x-试品；C_0 标准电容器；PT-电压互感器；G-指零仪

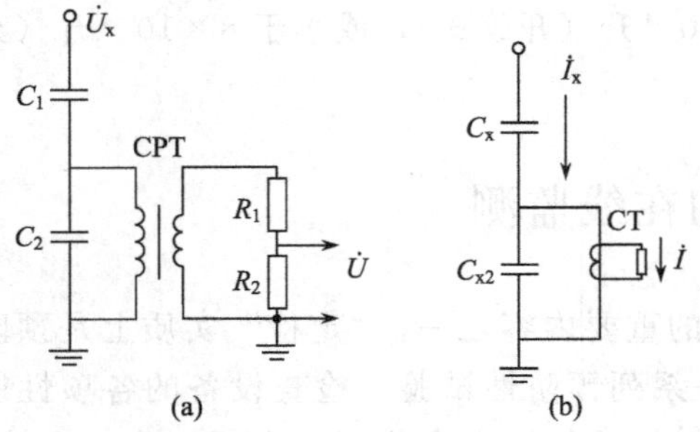

图 7-15　全数字测量法信号采集原理

设备原有的状态。为了安全，还为此要装有周密的保护装置。

还有一种测量方法是全数字测量法，又称数字积分法。如图 7-15 所示，A/D 转换器分别对电压和电流波形进行数字采集，然后根据傅里叶分析法的原理进行数字运算，求出 $\tan\delta$ 值。被测设备的电压信号由同相的电压互感器 CPT 提供，再经电阻分压器输出。电流信号由电容式套管末屏 C_{x2} 接地线或设备接地线上所环绕的低频电流传感器 CT 获得。低频电流传感器把电流信号转换为电压信号，并保证角差极小。由于获取电流信号方法的特殊性，全数字测量法仅限于在电容型设备上使用。

7.6.2　局部放电的在线监测

对于变压器类电力设备常用的局部放电在线监测手段之一是油的气相色谱分析法。气体在线监测，与定时取油样后送回试验室分析的检测方式相比，更能及时发现缺陷。在现场安装脱气装置，使油中所含的气体通透气性高分子塑料薄膜透析到气室里，然后用色谱仪进行可燃性气体种类和含量的分析，根据分析结果对设备绝缘中的局部放电进行判断，是局部放电的在线监测的方法。

如图 7-16 所示，通过对局部放电的脉冲电流信号的在线测量也可实现局部放电的在线监测。由于被测信号很弱而现场的电磁干扰较强，使用同轴电缆传递信号会受到严重干扰，因此信号的传递采用光纤传输。通过电容式高压套管末屏的接地线、变压器中性点接地线和外壳接地线上所套装的带铁氧体（高频磁）磁心的罗戈夫斯基线

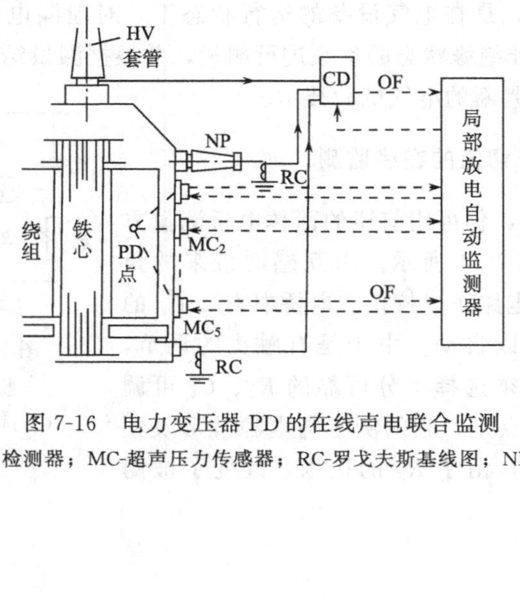

图 7-16　电力变压器 PD 的在线声电联合监测

CD-电流脉冲检测器；MC-超声压力传感器；RC-罗戈夫斯基线图；NP-中性点套管

圈采集局放脉冲电流信号。通过装置在变压器外壳不同位置的超声压力传感器，接受由局放源产生的压力信号。在自动监测器中设置光信号发送器，并向图 7-16 中所示的 CD 及各个 MC 发出光信号。

常用局放在线监测方法是，用局放的脉冲电流触发监测器，监测器被触发之后，开始检测各个超声传感器的超声压力波信号。综合分析各个传感器信号的幅值和时延，可以初步判断变压器内部局放源的位置。如出现图 7-17（b）所示的波形及时延情况，则可判断 PD 源离 MC_2 的位置更近一些。

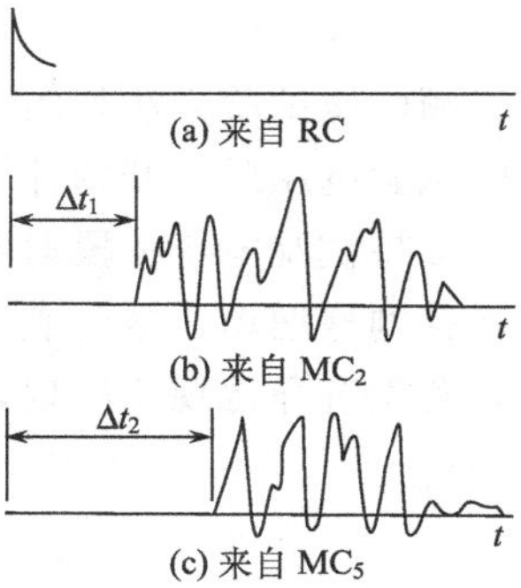

图 7-17　电力变压器 PD 在线监测时所获得的电流脉冲及超声信号

7.7 耐压试验

耐压试验是一种确认电气设备绝缘或绝缘材料的可靠性试验，是一种破坏性试验，所施加的电压比额定工作电压高得多。对电力设备而言，施加的电压是模拟电力系统中可能遭受到的各种过电压，耐压幅值由绝缘配合关系决定。按施加的电压种类划分，主要有交流耐压、直流耐压和冲击耐压。

7.7.1 交流耐压试验

交流耐压试验是对电气设备绝缘施加比工作电压高很多的试验电压，根据电气设备对试验电压的耐受情况来检验其绝缘水平，能有效地发现因各种缺陷导致的绝缘材料耐压强度的降低。

1. 工频交流耐压试验

交流耐压试验是检验电气设备绝缘强度的最有效和最直接的方法。它可以确定电气设备绝缘耐受电压的水平，是判断电气设备能否继续运行，以避免其在运行中发生绝缘事故的重要检测手段。为避免试验时损坏设备，交流耐压试验必须在一系列非破坏性试验之后进行。只有经过非破坏性试验合格后，才允许进行耐压试验。对于 220kV 及以下的电气设备，一般用工频交流耐压试验来考验其耐受工作电压和操作过电压的能力，用全波雷电冲击电压试验来考验其耐受大气过电压的能力。

工频交流耐压试验的实现比较简单，通常被列为大部分电气设备的出厂试验项目。国家标准规定，试验时，在绝缘材料上施加工频试验电压后，要求持续 1min，一方面保证全面观察被测试品的情况，使设备隐藏的绝缘缺陷来得及暴露出来。另一方面，超过这一时限有可能引起不必要的绝缘损伤，使本来合格的绝缘材料发生热击穿。运行经验表明，凡经受住 1min 工频交流耐压试验的电气设备，一般都能保证安全运行。

工频耐压试验方法如图 7-18 所示。按规定的升压速度将试品 TO 上的电压升至所需的试验电压后，开始计算时间。为使有缺陷的试品绝缘能发展局部放电或完全击穿，要保持试验电压一段时间，如 1min。在此间通过声响、分解出气体、冒烟、电压表指针剧烈摆动、电流表指示急剧增大等异常现象判断是否有绝缘击穿或局部损伤发生，若没有异常现象出现，则可认为试品的工频耐压试验合格通过。

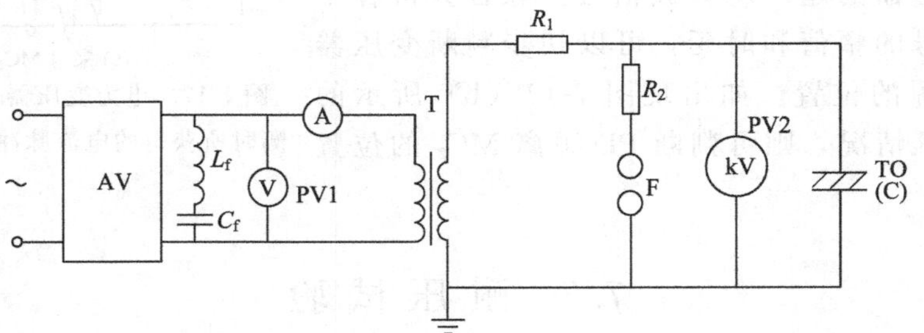

图 7-18 工频高压试验的基本接线图

AV-调压器；PV1-低压侧电压表；T-工频高压装置；R_1-变压器保护电阻；TO-被测试器；R_2-测量球隙保护电阻；PV2-高压静电电压表；F-测量球隙；L_f-C_f-谐波滤波器

2. 串联谐振耐压试验

当试品电容较大时，交流耐压试验所需要的工频试验变压器和调压器就很笨重，因此在现场试验十分困难，通常采用串联谐振设备来提供交流试验电压，可大大减小电源设备的容量，适应现场实验条件。

3. 倍频感应耐压试验

倍频感应耐压试验是指在电力变压器低压绕组上施加倍频电压，施加电压值可高于额定工作电压，在高压绕组上感应出高电压。本项试验多是在变压器制造厂内进行，目的是考验变压器的纵向（匝、层间）绝缘，由专用倍频发电机提供试验电压。在电力系统现场进行本项试验，往往是为了考验变压器的主绝缘和纵绝缘。为适应现场工作条件，当所试验电压频率超过 100Hz 时，为减轻因频率提高对绝缘造成的负担，试验的时间一般较短。在工频耐压下，对变压器加压 1min。在频率为 f 时，耐压试验的时间 t 为

$$t = 60 \times 100/f \quad \text{s} \tag{7-13}$$

4. 超低频耐压试验

超低频耐压试验是一中采用 0.1Hz 或更低频率交流电压对大型和超大型电气设备进行交流耐压的一种新方法，主要用于超高压电力电缆、大型电力变压器、大型发电机等的交流耐压试验。由于大型电气设备的绝缘容量很大，无论是用试验变压器或谐振变压器，为了提供足够的试验容量，交流试验设备必然都十分巨大，不但笨重，

造价高，使用也十分不便。为了解决这一矛盾，而采用超低频的试验电压，能够大幅降低试验电源的电流和容量。以 0.1Hz 交流电压试验为例，试品的电容电流与工频 50Hz 相比只有后者的 1/500。

理论与实践证明，采用 0.1Hz 或更低频率的试验电源替代工频交流耐压试验，不但能够达到同样的试验效果，而且电源设备的体积大大缩小，重量大大减轻，约为工频的 1/500。试验程序大大地简化，有比工频试验更多的优越性。

7.7.2 直流耐压试验

直流耐压试验是通过向试品施加直流高电压来检验其绝缘性能或其他绝缘参数（如泄漏电流）的试验方法，如图 7-19所示。一些大容量的交流设备，如电力电缆，可用直流耐压试验来代替交流耐压试验，高压直流输电系统中所用的电力设备则必须进行直流耐压试验。

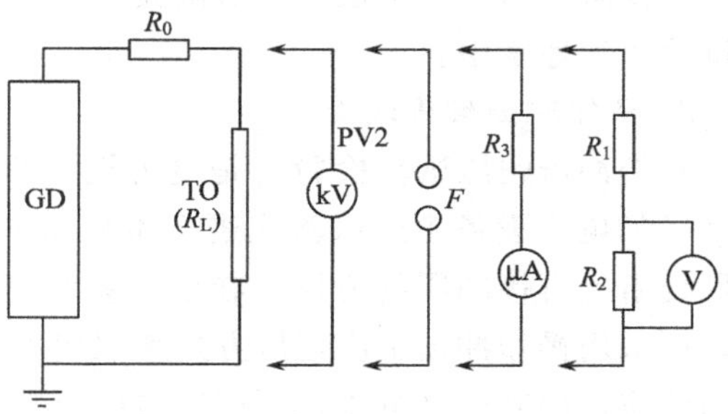

图 7-19 直流耐压试验接线原理图

GD-直流高压发生器；TO-被试品

直流耐压试验能够考验电气设备的电抗强度，反映设备受潮、劣化和局部缺陷等多方面的问题。直流耐压试验是在发电机、电动机、电缆、电容器的绝缘预防性试验中广泛应用的方法。直流耐压试验与交流耐压试验相比有以下特点：

（1）直流耐压时没有电容电流，要求的电源容量很小，且可用串级的方法产生高压直流，所以试验设备可以做得比较轻巧，适合于现场预防性试验的要求。特别对容量较大的被试品，如果做交流耐压试验，需要较大容量的试验设备，在一般情况下不容易办到。而做直流耐压试验时，只需供给绝缘泄漏电流（mA 级），试验设备可以做得体积小，而且比较轻便，适合现场进行预防性试验。

（2）直流耐压试验时可以同时测量泄漏电流，由所得的“电压-电流”曲线能有效地显示绝缘材料内部的集中性缺陷或受潮，提供有关绝缘状态的补充信息。

（3）直流耐压试验比交流耐压试验更易于发现电机端部的绝缘缺陷。因为直流电压下没有电容电流流经线棒绝缘材料，因而也没有电容电流在半导体防晕层上造成的电压降，故端部绝缘材料上分到的电压较高，有利于发现该处绝缘缺陷。

（4）直流高电压作用下，局部放电较弱，不会加快有机绝缘材料的分解或老化变质，在某种程度上具有非破坏性试验的优点。

（5）直流耐压的缺点是：交、直流高电压作用下绝缘材料内部的电压分布不同，直流耐压试验不如交流耐压接近交流电气设备的实际运行情况。因此不能用直流耐压完全代替交流耐压试验，两者应配合使用。

7.7.3 冲击耐压试验

1. 雷电冲击耐压试验

雷电冲击耐压试验用作考查电力设备承受雷电过电压的能力。对电力变压器类试品，本项试验不仅是考验主绝缘的主要方法，而且是考验纵绝缘的主要方法。本项试验只在制造厂进行，因为试验会造成绝缘的积累效应，所以在规定的试验电压下只施加 3 次冲击。对小变压器本项试验是作为型式试验进行的。国家标准规定额定电压不小于 220kV、容量不小于 120MV·A 的变压器出厂时应进行本项试验。电力系统中的绝缘预防性试验，不进行本项试验。对主绝缘的耐受雷电过电压的能力，由交流耐压试验等值地承担。

2. 操作冲击耐压试验

操作冲击耐压试验检验的是电力设备承受操作过电压的能力。额定电压不低于 220kV 的电力设备出厂试验应进行本项试验。变压器进行出厂试验时，大多采用在高压绕组上直接加压的方法。在电力系统现场进行各个电压等级的变压器耐压试验时，可采用操作冲击感应耐压方式来取代工频耐压试验。由于利用被测变压器自身的电磁感应作用来升高电压，所以冲击电源装置电压较低，整个装备比较简单。因为工频耐压试验本来是等值地代表雷电和操作过电压的，所以从这个意义上来说，进行操作冲击耐压试验是合理的，而且试验本身不会在绝缘中造成残留性损伤。

7.8 高压断路器绝缘试验

高压断路器电力系统中最重要的电器设备之一，它担负着关合、承载、开断电网正常运行电流和开断各种大容量短路电流的任务，因此它是保障电力系统安全稳定运行的重要保护和控制设备。

根据国家相关标准规定，高压断路器的试验类别主要分为：型式试验、出厂试验和现场试验（交接试验、预防性试验）等。型式试验是为了验证所设计和制造的开关设备和控制设备及其操动机构和辅助设备的性能是否能够达到国家标准和电力行业标准的要求。它是新产品鉴定中必不可少的一个环节，只有通过型式试验，该产品才能正式投入生产。出厂试验是为了发现材料和制造中的缺陷而对每台成品进行检验，以确保与已经通过型式试验的设备相一致。现场试验的目的是检查总体装配性能是否完好，防止意外因素（如安装错误，包装运输、储存和安装调试中的损坏，存在异物等）导致内部故障。

绝缘试验是高压断路器试验的重要组成部分，试验项目主要包括：绝缘电阻测定、套管的介质损耗率测量、绝缘油耐压试验、交流耐压试验、冲击耐压试验等。

图 7-20 所示为 550kV 断路器型式试验过程中，进行工频耐压试验的场景。

高压断路器绝缘试验内容主要有：

(1) 冲击耐压试验。冲击耐压试验的目的是为了验证耐受雷电过电压和操作冲击过电压的能力。通过施加标准冲击电压的方法来检验断路器承受冲击电压波的能力。

(2) 工频电压试验。工频耐压试验的目的是验证断路器耐受工频过电压等内过电压能力。试验采用施加工频电压持续 1min 的方法来考核断路器长期承受最高工作电压的能力；

(3) 直流耐压试验。直流耐压试验的目的是检验断路器绝缘在直流电压下的性能。试验采用施加直流电压的方法来检验断路器绝缘材料的性能。

图 7-20　550kV 断路器耐压试验

7.9　绝缘试验方法总结

本章所介绍的绝缘试验和监测方法，就其中每一种而言，都不能单独地对电气设备的绝缘状态做出全面的检验和测试。但每一种试验方法都有各自的检测对象，各试验方法之间又是无法互相替代的。

测量绝缘电阻，能够发现绝缘材料内部是否存在贯穿性导电通道及是否受潮；测量泄漏电流，用来检验尚未贯穿的绝缘缺陷和受潮情况；测量介质损耗角正切值 $\tan\delta$，能够判断电气设备绝缘是否有大面积受潮和劣化；测量局部放电，可对大型电气设备的绝缘材料内部是否有气体放电的局部缺陷进行判断和分析；通过绝缘油的气相色谱分析能够推断出油中气体分解物的种类和含量，进而对电气设备是否存在局部过热或局部放电做出判断；交流、直流、冲击耐压试验，可以直接检验绝缘材料的性能是否出现下降或劣化，从而找出导致绝缘材料的抗电强度下降到一定程度的主绝缘局部缺陷。

因此，无论是对新出厂的电气设备还是已经投入运行的电气设备，要准确、全面地掌握和评价设备的绝缘性能和状态，都必须进行多项绝缘试验，对各项试验过程中的现象和试验结果进行综合分析，并与历史数据进行比对分析，才能得出尽可能接近设备实际情况的结论和判断。

第 8 章 输电线路和绕组中的波过程

在工频（50Hz/60Hz）电压下，电力系统中的架空线、电缆线、变压器及电机的绕组等元件可用集总参数来表示。而冲击电压（雷电及操作过电压）的等效频率通常高达几十千赫兹。因此，在冲击电压作用下，电力系统中的各元件必须以分布参数来表示。电压和电流是以电磁波的形式在各元件中传播的，在分布参数条件下，电磁波在电力系统中的架空线、电缆线、变压器及电机的绕组等传播介质中的传播过程，称为波过程。波过程的分析和计算是过电压和绝缘配合的理论基础。

8.1 均匀无损单导线中的波过程

8.1.1 波过程物理本质与波阻抗

在实际电力系统中，交流输电采用的是三相三线制或三相四线制的输电线路，直流输电采用的是正负双极双线制的输电线路，因此无论交直流输电，均属于多导线系统。另一方面，无论何种输电线路，其沿线电磁场及损耗不可能完全均匀分布，也即其电气参数不可能完全沿线均匀分布。同时，由于导线自身存在电阻，导线间和导线对地存在电导，电磁波在沿导线传播过程中必然产生能量损耗。基于以上三方面原因，在实际工程中，均匀无损单导线是不存在的。在讨论波过程的物理本质和基本规律时，为了分析简单而忽略线路电阻和电导损耗，并假设线路各参数沿线均匀分布相同，是完全可行和必要的。

图 8-1 中，当均匀单根无穷长无损线首端作用一个直流电压 u 时，线路上将有电荷沿 x 增加方向移动，$x=0$ 处的电容 ΔC 开始充电，而远处的电容由于电感的存在需隔一段时间才能充上电，因此在同一时刻，线路上各点的电压是不同的；当电荷沿 x 增加方向移动时，将有电流流入电容中，则同一时刻线路上各点的电流也是不同的。

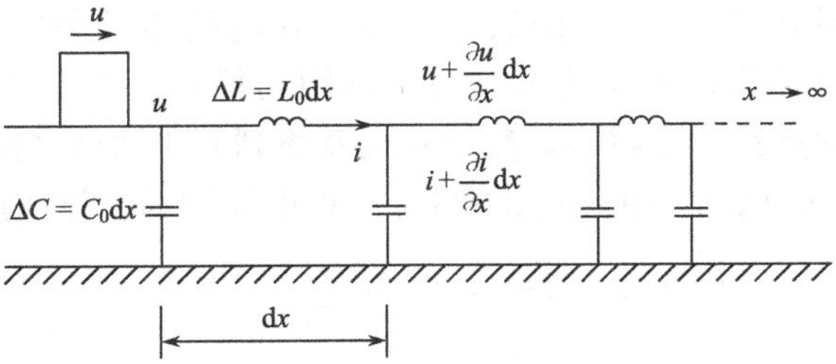

图 8-1 单根无损导线中的波过程

线路电容的依次充电在导线中产生了一个由电压波以一定速度沿 x 增加方向传播，在导线周围逐步建立起电场的过程。同时，由于电容的充电，在电感中将有一个电流流过，在导线中还产生了一个电流波沿 x 增加方向传播，在导线周围逐步建立起磁场的过程。电压波与电流波在线路中沿 x 增加方向的流动，就是电磁波沿线路的传播过程。

设单位时间 dt 内，电压波沿 x 方向前进了 dx，长度 dx 线路的电感和电容分别为 L_0 和 C_0。某一时刻电磁波到达 x 点，长度为 x 的导线电容为 C_0x，此电容充电到电压 u，获得电荷 C_0xu，这些电荷是在 t 时间内经电流波 i 传送过来的，因此有

$$C_0xu = it \tag{8-1}$$

在 t 时间内，长度为 x 的导线上已有电流 i，电感为 L_0x，产生的磁链为 L_0xi，这些磁链是在 t 时间内建立的，导线上的感应电势为

$$u = L_0xi/t \tag{8-2}$$

从式（8-1）和式（8-2）中消去 t，得到同一时刻同一地点同一方向电压波与电流波之比 Z

$$Z = u/i = \sqrt{L_0/C_0} \tag{8-3}$$

显然，Z 是一个实数，具有电阻的量纲，称为线路的波阻抗。

以架空线路为例，单位长度的电容和电感可由式（8-4）、式（8-5）给出

$$C_0 = \frac{2\pi\varepsilon_0}{\ln\frac{2h}{r}} \tag{8-4}$$

$$L_0 = \frac{\mu_0}{2\pi}\ln\frac{2h}{r} \tag{8-5}$$

式中，$\varepsilon_0 = 8.85\times10^{-12}\,\mathrm{F/m}$；$\mu_0 = 4\pi\times10^{-7}\,\mathrm{H/m}$；$r$，$h$ 分别为导线半径及对地高度。有

$$Z = \frac{1}{2\pi}\sqrt{\frac{\mu_0}{\varepsilon_0}}\ln\frac{2h}{r} = 60\ln\frac{2h}{r}\ \Omega \tag{8-6}$$

单导线架空线路的波阻抗通常为 500Ω 左右，若采用分裂导线，则因其等效半径的增大使 C_0 增大，L_0 减小，故波阻抗减小，为 300Ω 左右。

对于电缆相对磁导率 $\mu_r = 1$，磁通主要分布在电缆芯子和铅包外壳之间，故 L_0 较小；又因相对介电常数 $\varepsilon_r \approx 4$，芯子和外壳间距离很近，C_0 比架空线路大得多。因此电缆的波阻抗比架空线要小得多，数值在几欧姆到几十欧姆之间。

从式（8-1）和式（8-2）中消去 u 和 i，可得电压波的传播速度

$$v = \frac{x}{t} = \frac{1}{\sqrt{L_0C_0}} \tag{8-7}$$

对架空线路，$v = \frac{1}{\sqrt{\varepsilon_0\mu_0}} = 3\times10^8\,\mathrm{m/s}$，即沿架空线传播的电磁波的波速等于空气

中的光速。对电缆线 $v \approx 1.5 \times 10^8$ m/s，传播速度较低，约等于光速的一半。因此，减小绝缘介质的介电常数可以提高电缆线中电磁波的传播速度。

8.1.2 波动方程及其解

由图 8-1 所示，电压波沿 x 方向前进 $\mathrm{d}x$ 距离后，电压和电流的增加量 $\mathrm{d}u$、$\mathrm{d}i$ 可表示为

$$\mathrm{d}u = \left(u + \frac{\partial u}{\partial x}\mathrm{d}x\right) - u = -L_0 \mathrm{d}x \frac{\partial i}{\partial t}$$

$$\mathrm{d}i = \left(i + \frac{\partial i}{\partial x}\mathrm{d}x\right) - i = -C_0 \mathrm{d}x \frac{\partial u}{\partial t}$$

整理可得线路上电压和电流之间关系为

$$\left.\begin{aligned} \frac{\partial u}{\partial x} &= -L_0 \frac{\partial i}{\partial t} \\ \frac{\partial i}{\partial x} &= -C_0 \frac{\partial u}{\partial t} \end{aligned}\right\} \tag{8-8}$$

将式（8-8）中的两个方程对 x 求导，并分别消去 u 和 i 后可得

$$\left.\begin{aligned} \frac{\partial^2 u}{\partial x^2} &= -L_0 C_0 \frac{\partial^2 u}{\partial t^2} \\ \frac{\partial^2 i}{\partial x^2} &= -L_0 C_0 \frac{\partial^2 i}{\partial t^2} \end{aligned}\right\} \tag{8-9}$$

式（8-9）的二阶偏微分方程，就是均匀无损单导线的波动方程。波动方程说明线路上的电压和电流不仅是时间 t 的函数，同时也是距离 x 的函数。电压方程和电流方程的形式相同，其解的形式也相同。应用拉氏变换和延迟定理对波动方程进行求解，求解过程不再赘述，这里直接给出通解

$$\left.\begin{aligned} u(x,t) &= u_{\mathrm{f}}(x - vt) + u_{\mathrm{b}}(x + vt) \\ i(x,t) &= i_{\mathrm{f}}(x - vt) + i_{\mathrm{b}}(x + vt) \end{aligned}\right\} \tag{8-10}$$

式（8-10）表明，沿导线传播的电压和电流波都是由两个部分组成的，一个是随时间 t 增加以 v 速度向 x 增加方向运动的波，称为前行波 u_{f}、i_{f}；另一个是随时间 t 增加以速度 v 向 x 负向运动的波，称为反行波 u_{b}、i_{b}。则式（8-10）可简化表示为

$$\left.\begin{aligned} u &= u_{\mathrm{f}} + u_{\mathrm{b}} \\ i &= i_{\mathrm{f}} + i_{\mathrm{b}} \end{aligned}\right\} \tag{8-11}$$

根据波阻抗的定义式（8-3），电压波与电流波之间的关系是通过波阻抗来联系的。电压波的符号只取决于它的极性，即导线对地电容上所充电荷的极性，与电荷运动方向无关。电流波的符号不仅与相应的电荷符号有关，也与电荷运动方向有关，一般取电荷沿 x 正方向运动所形成的波为正向电流波。对反行波而言，正的电压反行

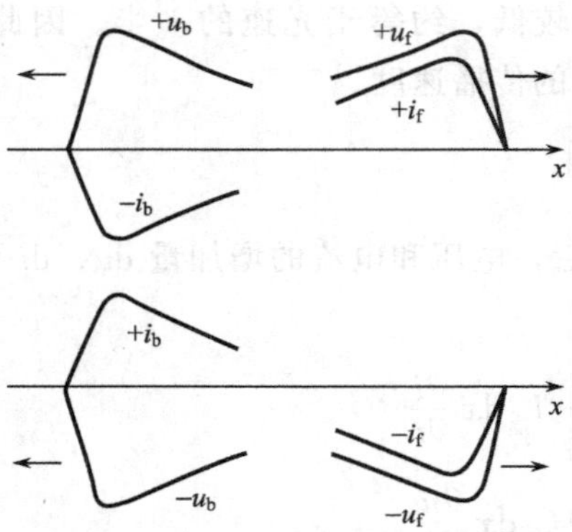

图 8-2　导线上的电压波和电流波

波表示一定量的正电荷向 x 负方向运动，以相反顺序给线路各点的对地电容也充上正电荷，此时线路电压仍为正，但因正电荷的运动方向以变为负方向，所以形成了负的电流，如图 8-2 所示。

因此，在规定行波正方向的前提下，前行波电压与前行波电流总是同号，而反行波电压与反行波电流总是异号，用公式表示为

$$\left.\begin{aligned}\frac{u_f}{i_f} &= Z\\ \frac{u_b}{i_b} &= -Z\end{aligned}\right\} \tag{8-12}$$

8.2　波的折射、反射

波在均匀媒质中沿直线匀速传播，而在遇到密度不同的媒质分界面时，波的波束将分解成两个波束，其中一个波束返回原来密度的媒质中，另一个波束则进入第二种媒质中。对于电磁波来说，当波沿导线传播，遇到线路波阻抗发生突变的节点时，如从架空线到电缆，或从传输线到达与之相连的变压器等集中参数元件上，都将在波阻抗发生突变的节点上产生折射与反射。

8.2.1　折射系数和反射系数

如图 8-3 所示，当无穷长直角波 u_{1f} 沿线路 1 到达 A 点后，在线路 1 上除 u_f、i_f 外，又有了新产生的反行波 u_b、i_b，所以线路 1 上总的电压及电流为

$$\left.\begin{aligned}u_1 &= u_f + u_b\\ i_1 &= i_f + i_b\end{aligned}\right\} \tag{8-13}$$

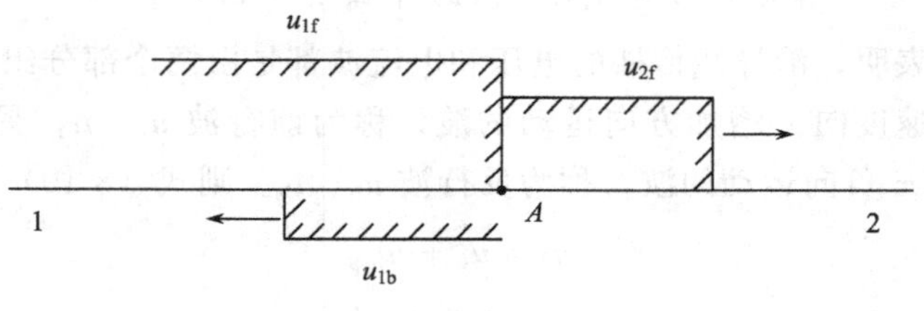

图 8-3　行波通过节点的折射和反射

设线路 2 为无限长，或在线路 2 末端尚未产生反射波以前，线路 2 上只有前行波，线路 2 上总的电压及电流为

$$\left.\begin{aligned} u_2 &= u_{2f} \\ i_2 &= i_{2f} \end{aligned}\right\} \tag{8-14}$$

然而对节点 A，只能有一个电压及电流，即节点 A 左右两边的电压相等，两边的电流也相等，即 $u_1=u_2$，$i_1=i_2$，则

$$\left.\begin{aligned} u_{2f} &= u_{1f} + u_{1b} \\ i_{2f} &= i_{1f} + i_{1b} \end{aligned}\right\} \tag{8-15}$$

由$\dfrac{u_{1f}}{i_{1f}}=Z_1$，$\dfrac{u_{2f}}{i_{2f}}=Z_2$，$\dfrac{u_{1b}}{i_{1b}}=-Z_1$，可得

$$\left.\begin{aligned} u_{2f} &= \frac{2Z_2}{Z_1+Z_2}u_{1f} = \alpha u_{1f} \\ u_{1b} &= \frac{Z_2-Z_1}{Z_1+Z_2}u_{1f} = \beta u_{1f} \end{aligned}\right\} \tag{8-16}$$

$$\left.\begin{aligned} \alpha &= \frac{2Z_2}{Z_1+Z_2} \\ \beta &= \frac{Z_2-Z_1}{Z_1+Z_2} \\ \alpha &= 1+\beta \end{aligned}\right\} \tag{8-17}$$

α 表示折射电压波与入射电压波之比，称为折射系数，其值总为正，且 $0\leqslant\alpha\leqslant2$；$\beta$ 表示反射电压波与入射电压波之比，成为反射系数，其值可正可负，且 $-1\leqslant\beta\leqslant1$。

8.2.2 末端开路时的反射

当末端开路时，$Z_2=\infty$，此时 $\alpha=2$，$\beta=1$，末端电压 $u_2=u_{2f}=2u_{1f}$，反射电压 $u_{1b}=u_{1f}$，末端电流 $i_2=0$，反射电流 $i_{1b}=-\dfrac{u_{1b}}{Z_1}=-\dfrac{u_{1f}}{Z_1}=-i_{1f}$。如图 8-4 所示，由于末端波的反射，在反射波所到之处，导线上各点的电压提高了一倍，而电流降为零。

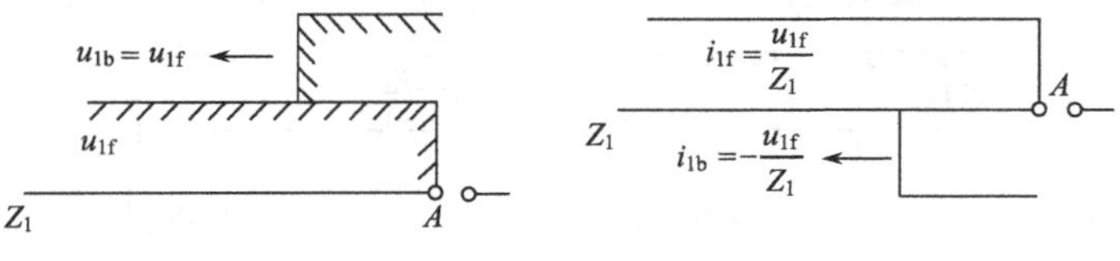

图 8-4 末端开路时的折、反射

从能量守恒关系看，因 $Z_2=\infty$，$P_2=u_2^2/Z_2=0$，则全部能量皆由末端反射回导线，在导线 1 上，反射波所到达范围内的单位长度的总能量变为入射波能量的两倍。因入射波的电场能量等于磁场能量，所以入射波单位长度的总能量为 $2\times2\times1/2\times$

$C_0u_{1f}^2=2C_0u_{1f}^2$。而反射波在导线上的电流为零，故所有入射波的磁场能量全部转换为电场能量反射回导线。设反射后导线上的电压为 u_1，则 $1/2\times C_0u_1^2=2C_0u_{1f}^2$，即 $u_1=2u_{1f}$，说明折射以后导线上的总电压提高了一倍。

8.2.3 末端短路时的反射

当末端短路时，$Z_2=0$，$\alpha=0$，$\beta=-1$。即线路末端电压 $u_2=u_{2f}=0$，反射电压 $u_{1b}=u_{1f}$，反射电流 $i_{1b}=-\dfrac{u_{1b}}{Z_1}=-\dfrac{-u_{1f}}{Z_1}=i_{1f}$。

在反射波到达范围内，导线上的各点电流为 $i_1=i_{1f}+i_{1b}=2i_{1f}$。

如图 8-5 所示，在反射波所到之处，电流提高了一倍，而电压降为零。从能量的角度看，因为末端短路接地，入射波到达末端后，全部能量反射回去成为磁场能量，故电流提高了一倍。

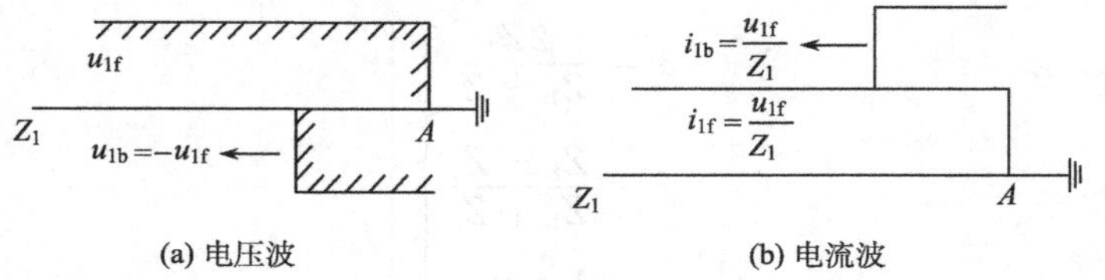

图 8-5 末端接地时的折、反射

8.2.4 末端接入匹配电阻时的反射

当线路末端接集中参数负载 R 时，式（8-9）～式（8-11）依然适用，此时 $Z_2=R$，波阻抗 Z_2 不消耗能量，但集中负载 R 将消耗能量。

当 $R\neq Z_1$ 时，入射波波将在集中负载上发生折反射。当 $R=Z$ 时，$\alpha=1$，$\beta=0$，$u_{1b}=0$，$i_{1b}=0$，既无反射电压波，也无反射电流波，由 Z_1 传输过来的能量全部消耗在 R 中，线路 1 上电压波及电流波不发生任何变化，如图 8-6 所示。

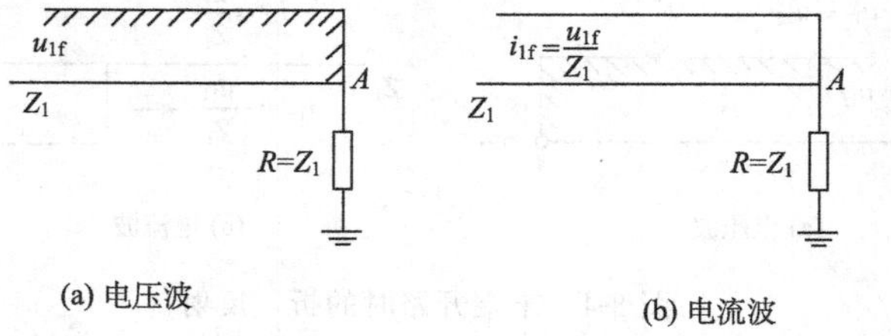

图 8-6 末端接集中负载 $R=Z_1$ 时波的传播

【例 8-1】 一直流电源 E 在 $t=0$ 时合闸于长度为 l 的空载线路，如图 8-7（a）所示，求线路末端 B 点的电压波形。

解 设 τ 为电磁波流过长度为 l 的线路时所需的时间。

当 $0<t<\tau$ 时，由线路首端发生的第一次电压入射波 $u_{1f}=E$ 尚未到达线路末端，B 点电压为零。

当 $\tau\leqslant t<2\tau$ 时，由于线路末端开路，第一次反射波 $u_{1b}=E$，$u_B=2E$。

当 $2\tau\leqslant t<3\tau$ 时，u_{1b}到达线路首端，由于首端电源内阻为零，对波的传输来说，相当于发生末端对地短路的情况，从而在首端发生电压负反射，产生 $u_{2f}=-E$ 的第二次电压入射波。但此时 u_{2f}尚未到达 B 点，因而仍有 $u_B=2E$。

当 $3\tau\leqslant t<5\tau$ 时，u_{2f}已到 B 点，并产生第二次反射波，$u_B=u_{1f}+u_{1b}+u_{2f}+u_{2b}=0$。

当 $5\tau\leqslant t<7\tau$ 时，$u_{2b}=-E$，到达首端，产生的第三次入射波 $u_{3f}=E$ 到达 B 点，故在此时间内 $u_B=2E$。

如此反复下去得到周期为 4τ，振幅为 $2E$ 的振荡方波，如图 8-7（b）所示。

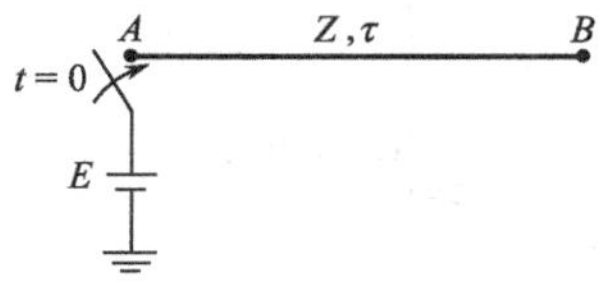

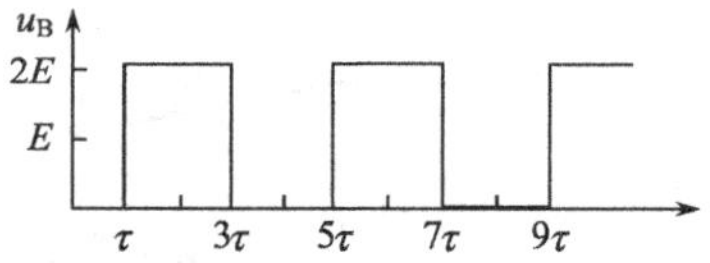

图 8-7 空载线路合闸于电源 E

8.2.5 波的多次折射、反射

前面的讨论只限于线路为无限长的情况，而在实际电力系统中，线路长度总是有限的，经常会发生波在两个或多个节点之间来回多次折、反射的问题。例如，发电机、电缆、架空线依次相连的情况下，当雷电波入侵时，波将在电缆上发生多次折、反射。

下面以两条无限长线路之间接入一段有限长线路的情况为例，讨论用网格法研究波的多次折、反射问题。网格法的特点就是用各节点的折、反射系数算出节点的各次折、反射波，按时间的先后次序表示在网格图上，然后用叠加的方法求出各节点在不同时刻的电压值。

根据相邻两线路的波阻抗，求出节点的折、反射系数如下：

$$\alpha_1=\frac{2Z_0}{Z_0+Z_1},\quad \alpha_2=\frac{2Z_2}{Z_0+Z_2}$$

$$\beta_1=\frac{Z_1-Z_0}{Z_1+Z_0},\quad \beta_2=\frac{Z_2-Z_0}{Z_2+Z_0}$$

求解用网格图如图 8-8 所示，当 $t=0$ 时，波 $u(t)$ 到达节点 1，进入 Z_0 的折射波

为 $\alpha_1 u(t)$；此折射波于 $t=\tau$ 时到达节点 2 后，产生进入 Z_2 的折射波 $\alpha_1\alpha_2 u(t-\tau)$ 和返回 Z_0 的反射波 $\alpha_1\beta_2 u(t-\tau)$，其中 $\tau=l/v$，这一反射波于 $t=2\tau$ 时回到节点 1 后又被重新反射回去，成为 $\alpha_1\beta_2\beta_1 u(t-2\tau)$，它于 $t=3\tau$ 时到达节点 2 又产生新的折射波 $\alpha_1\alpha_2\beta_2\beta_1 u(t-3\tau)$ 和新的反射波 $\alpha_1\beta_1\beta_2^2 u(t-3\tau)$，……如此继续下去，经过 n 次折射后，进入 Z_2 线路的电压波，即节点 2 上的电压 $u_2(t)$ 是所有这些折射波的叠加，但它们到达的时间有先后。其数学表达式为

$$u_2(t)=\alpha_1\alpha_2 u(t-\tau)+\alpha_1\alpha_2\beta_2\beta_1 u(t-3\tau)+\alpha_1\alpha_2(\beta_2\beta_1)^2 u(t-5\tau)$$
$$+\cdots+\alpha_1\alpha_2(\beta_2\beta_1)^{n-1}u[t-(2n-1)\tau] \tag{8-18}$$

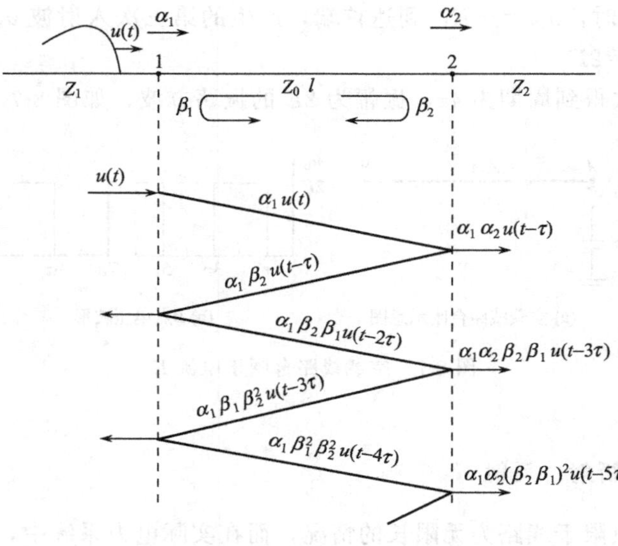

图 8-8 计算多次折、反射的网格图

显然，$u_2(t)$ 的数值和波形与外加电压 $u(t)$ 的波形有关。若 $u(t)$ 为无穷长直角波，则经过 n 次折射后，线路 Z_2 上的电压波为

$$U_2=E\alpha_1\alpha_2[1+\beta_1\beta_2+(\beta_1\beta_2)^2+\cdots+(\beta_1\beta_2)^{n-1}]$$
$$=E\alpha_1\alpha_2\frac{1-(\beta_1\beta_2)^{n-1}}{1-\beta_1\beta_2} \tag{8-19}$$

式 (8-18) 表明，若 β_1 与 β_2 同号，则 $\beta_1\beta_2>0$，$u_2(t)$ 波形为逐渐递增的；若 β_1 与 β_2 异号，则 $u_2(t)$ 波形呈振荡形。

当 $t\to\infty$ 时，$(\beta_1\beta_2)^n\to 0$，有

$$U_2=E\alpha_1\alpha_2\frac{1}{1-\beta_1\beta_2}=\frac{2Z_2}{Z_1+Z_2}E=\alpha_{12}E \tag{8-20}$$

式中，α_{12} 为波从线路 1 直接向线路 2 传播的折射系数。在无穷长直角波的作用下，

经过多次折、反射后最终达到的稳态值仅由线路 Z_1 和线路 Z_2 的参数决定，而与中间段无关。

8.2.6 波在多导线系统中的传播

前面讨论的是单导线中的波过程，而实际输电线路都是多导线的。例如，交流高压线路可能是 5 根（单回路 3 相导线和 2 根避雷线）或 8 根（同塔双回 6 相导线和 2 根避雷线）平行导线；双极直流高压线路可能是 3 根或 4 根平行导线（2 根直流导线、1 根或 2 根避雷线）。这时波在平行多导线系统中传播，将产生相互耦合作用。

设有 n 根平行导线，其静电方程为

$$
\begin{aligned}
u_1 &= \alpha_{11}q_1 + \alpha_{12}q_2 + \cdots + \alpha_{1k}q_k + \cdots + \alpha_{1n}q_n \\
u_2 &= \alpha_{21}q_1 + \alpha_{22}q_2 + \cdots + \alpha_{kk}q_k + \cdots + \alpha_{kn}q_n \\
&\vdots \\
u_n &= \alpha_{n1}q_1 + \alpha_{n2}q_2 + \cdots + \alpha_{nk}q_k + \cdots + \alpha_{nn}q_n
\end{aligned}
$$

用矩阵形式表示为

$$\boldsymbol{u} = \boldsymbol{A}\boldsymbol{q} \tag{8-21}$$

式中，$\boldsymbol{u}=(u_1, u_2, \cdots, u_n)^{\mathrm{T}}$ 为个导线上对低电压列向量；$\boldsymbol{q}=(q_1, q_2, \cdots, q_n)^{\mathrm{T}}$ 为导线单位长度所点电荷列向量；$\boldsymbol{A}$ 为电位系数矩阵；a_{kk} 为第 k 根导线的自电位系数；a_{kj} 第 k 根导线与第 j 根导线的互电位系数。

设波在导线中的传播速度 $v=\dfrac{1}{\sqrt{\mu_0\varepsilon_0}}$，则第 k 根导线上的电流 $i_k=q_kv$，n 根导线电流的矩阵形式为

$$\boldsymbol{i} = \boldsymbol{q}\boldsymbol{v}$$

将式（8-21）方程右边乘以 $\dfrac{v}{v}$，则静电方程可改写为

$$\boldsymbol{u} = \boldsymbol{Z}\boldsymbol{i} \tag{8-22}$$

这就是平行多导线系统的电压方程，式中 $\boldsymbol{Z}=\boldsymbol{A}/\boldsymbol{v}$ 为平行多导线系统的波阻抗矩阵。$\boldsymbol{Z}$ 的对角元素 Z_{kk} 为导线 k 的自波阻抗，非对角元素 $Z_{kj}=Z_{jk}$ 为导线 k 的互波阻抗。

以两根平行导线为例，根据式（8-21）可列出两平行导线的电压方程为

$$
\begin{aligned}
u_1 &= Z_{11}i_1 + Z_{12}i_2 \\
u_2 &= Z_{21}i_1 + Z_{22}i_2
\end{aligned}
$$

假设 $i_2=0$，则有

$$
\begin{aligned}
u_1 &= Z_{11}i_1 \\
u_2 &= Z_{12}i_1
\end{aligned}
$$

整理得

$$u_2 = \frac{Z_{12}}{Z_{11}} u_1$$

$K_c = \frac{Z_{12}}{Z_{11}}$为导线 1 对导线 2 的耦合系数，因 $Z_{12} < Z_{11}$，所以 $K_c < 1$。Z_{12}随导线之间距离的减小而增大，因此两根导线距离越近，其耦合系数越大。导线之间的耦合系数对多导线系统中的波过程有很重要的作用，是输电线路防雷计算的一个重要参数。由于耦合作用的存在，当导线 1 上有电压波 $u_1 = E$ 作用时，导线 1、2 之间的电位差不再等于 E，而是比 E 小，即

$$u_1 - u_2 = (1-k)E < E$$

导线之间的耦合系数越大，其电位差越小，这对线路防雷是有利的。因此，利用避雷线来保护输电线路是有效的。

8.3 行波通过串联电感和并联电容时的波过程

在实际的电力系统中，为改善功率因数常在线路上并联电容器，而为限制短路电流则常在线路上串联电抗器。当线路上的行波遇到电容器和电抗器时，由于电容和电感的存在，行波的幅值和波形都将发生改变。与线路相比，电容器和电抗器应作为集中参数元件对待。

8.3.1 彼得逊法则

如图 8-9（a）所示，当入射波电压 u_{1f} 由波阻抗为 Z_1 的线路经节点 A 进入一个可由集中参数阻抗 Z_2 表示的元件时，若此时 Z_2 上无任何行波存在或无行波经 Z_2 到达节点 A，则 Z_2 上的折射电压可由如图 8-9（b）所示的戴维南等效电路求解。

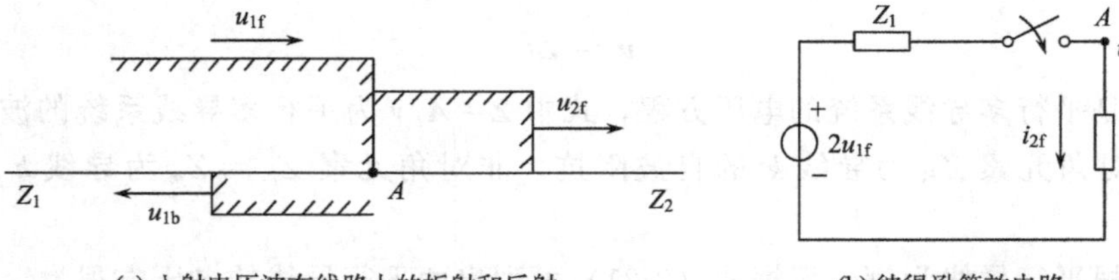

(a) 入射电压波在线路上的折射和反射　　(b) 彼得逊等效电路

图 8-9　彼得逊法则原理

彼得逊法则可由电路方程导出，由式（8-15）

$$u_2 = u_{1f} + u_{1b}$$

$$i_2 = i_{1f} + i_{1b}$$

将 $i_{1f}=\frac{u_{1f}}{Z_1}$，$i_{1b}=-\frac{u_{1b}}{Z_1}$代入上式，可解得

$$2u_{1f}=u_2+Z_1 i_2 \tag{8-23}$$

式（8-23）为彼得逊法则的电路方程。从式（8-23）可以看出，计算节点 A 电压时，可将如图 8-9（a）所示的分布参数电路等值为如图 8-9（b）所示的集中参数电路：线路波阻抗 Z_1 用数值相等的电阻来代替，把入射电压波 u_{1f}的 2 倍（$2u_{1f}$）作为等值电压源。

利用这一法则，可以把分布参数电路中波过程的许多问题简化成一些集中参数电路的暂态计算。u_1 可以是任意波形，Z_2 可以是任意阻抗。须注意，如 Z_1、Z_2 是有限长度线路的波阻抗，则上述等值电路只适用于在 Z_1 和 Z_2 端部的反射波尚未回到 A 点以前的时刻。

图 8-9（b）所示为入射波为电压波时的等值电路，当入射波为电流波时，可将图 8-9（b）所示电路转换成电流源形式的等值电路。

【例 8-2】 某一变电所的母线上有 n 条出线，其波阻抗均为 Z，如沿一条出线有幅值为 u_0 的直角波袭来，如图 8-10（a）所示，求各出线电压幅值及电压折射系数。

解 应用彼得逊等值电路，如图 8-10（b）所示，可求出各出线电压幅值为

$$u_2=\frac{2u_0}{Z+\frac{Z}{n-1}}\frac{Z}{n-1}=\frac{2}{n}u_0$$

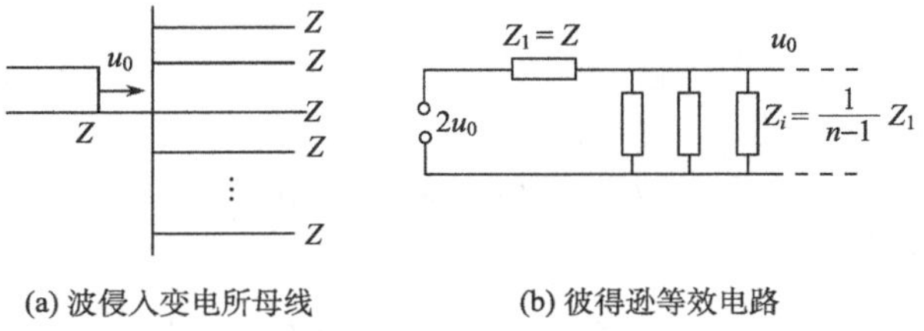

图 8-10 变电所母线上的折射电压

电压折射系数 $\alpha=2/n$。

由此可见：当 n 越大时，α 越小，即波折射到多出线的变电所时，母线上的电压将降低。

此外，$1+\beta=\alpha$，可得从变电所母线发出的电压反射波 u_b（幅值），即

$$\beta=\alpha-1=2/n-1=(2-n)/n$$

所以，$u_b=\beta u_0=(2-n)u_0/n$。

8.3.2 行波通过并联电容时的波过程

如图 8-11（a）所示，当入射波为无穷长直角波 u_{1f}时，在节点 A 处有集中参数元

件 C 并联于线路上，假设此时导线 2 的反射波未到达节点 A。利用彼得逊法则可画出等值电路，如图 8-11（b）所示，并可建立以下方程

$$\left.\begin{aligned} 2u_{1f} &= Z_1 i_1 + Z_2 i_{2f} \\ i_1 &= i_{2f} + C\frac{\mathrm{d}u_{2f}}{\mathrm{d}t} = i_{2f} + CZ_2\frac{\mathrm{d}i_{2f}}{\mathrm{d}t} \end{aligned}\right\}$$

求其解得

$$\left.\begin{aligned} u_{2f} &= \frac{2Z_2}{Z_1+Z_2}u_{1f}(1-\mathrm{e}^{-\frac{t}{T}}) = \alpha u_{1f}(1-\mathrm{e}^{-\frac{t}{T}}) \\ i_{2f} &= \frac{2u_{1f}}{Z_1+Z_2}(1-\mathrm{e}^{-\frac{t}{T}}) \end{aligned}\right\} \tag{8-24}$$

式中，$T=\frac{Z_1Z_2}{Z_1+Z_2}C$，为等效电路的时间常数；$\alpha=\frac{Z_1Z_2}{Z_1+Z_2}C$，为电压波的折射系数。

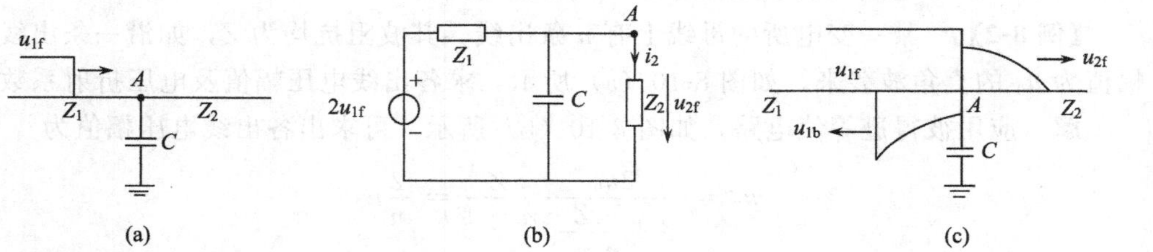

图 8-11　行波通过并联电容

因为

$$u_1 = u_{1f} + u_{1b} = u_{2f}$$

有

$$\left.\begin{aligned} u_{1b} &= u_{2f} - u_{1f} = \frac{Z_1-Z_2}{Z_1+Z_2}u_{1f} - \frac{2Z_2}{Z_1+Z_2}u_{1f}\mathrm{e}^{-\frac{t}{T}} \\ i_{1b} &= -\frac{u_{1b}}{Z_1} = \frac{Z_1-Z_2}{Z_1(Z_1+Z_2)}u_{1f} - \frac{2Z_2}{Z_1(Z_1+Z_2)}u_{1f}\mathrm{e}^{-\frac{t}{T}} \end{aligned}\right\} \tag{8-25}$$

当 $t=0$ 时，即波到达节点 A 的时刻，由于电容上的电压不能突变，全部电场能量转换为磁场能量，相当于线路末端短路时的情况，因此有 $u_{1b}=-u_{1f}$，当 $t>0$ 时，u_{1b}开始按指数规律变化。

无穷长直角波通过并联电容时，前行波电压、电流变为指数波，反行波电压、电流也为指数波形式，波形如图 8-11（c）所示。

线路 Z_2 上折射电压波的最大陡度则可由式（8-24）导出

$$\left.\frac{\mathrm{d}u_{2f}}{\mathrm{d}t}\right|_{t=0}^{\max} = \left.\left(\frac{2}{Z_1C}u_{1f}\mathrm{e}^{-\frac{t}{T}}\right)\right|_{t=0}^{\max} = \frac{2u_{1f}}{Z_1C} \tag{8-26}$$

由式（8-26）可见，Z_2 上折射电压波的最大陡度与 Z_2 无关，仅与 Z_1 有关。

8.3.3 行波通过串联电感时的波过程

如图 8-12（a）所示，当入射波仍为无穷长直角波 u_{1f}时，在节点 A 处有集中参数元件 L，串联于线路上，假设此时导线 2 的反射波未到达节点 A。利用彼得逊法则可画出等值电路，如图 8-12（b）所示，建立以下方程

$$2u_{1f} = (Z_1 + Z_2)i_{2f} + L\frac{\mathrm{d}i_{2f}}{\mathrm{d}t}$$

求其解得

$$i_{2f} = \frac{2u_{1f}}{Z_1 + Z_2}(1 - \mathrm{e}^{-\frac{t}{T}}) \tag{8-27}$$

式中，$T = \dfrac{L}{Z_1 + Z_2}$，为该等效电路的时间常数。

可求得

$$u_{2f} = i_{2f}Z_2 = \frac{2Z_2}{Z_1 + Z_2}u_{1f}(1 - \mathrm{e}^{-\frac{t}{T}}) \tag{8-28}$$

式（8-27）和式（8-28）表明，前行电压波和电流波均有两部分构成：不随时间变化的强制分量和随时间衰减的自有分量。当无穷长直角波通过集中参数电感时，由于电感 L 的作用，波头被拉长，电压、电流稳态值与未串联电感时相同，L 越大则 T 就越大，波头就越平缓。

无穷长直角波通过并联电容时，前行波电压、电流变为指数波，波形如图 8-12（c）所示。

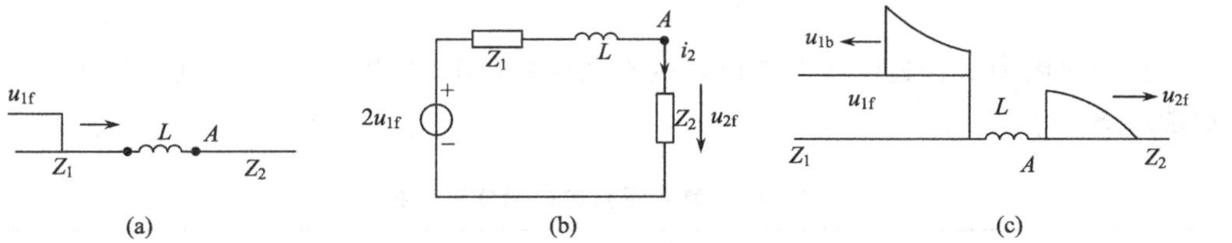

图 8-12 行波通过串联电感

线路 Z_2 上折射电压波的最大陡度则可由式（8-28）求出

$$\left.\frac{\mathrm{d}u_{2f}}{\mathrm{d}t}\right|_{t=0}^{\max} = \left.\left(\frac{2u_{1f}}{L}Z_2\mathrm{e}^{-\frac{t}{T}}\right)\right|_{t=0}^{\max} = \frac{2u_{1f}Z_2}{L} \tag{8-29}$$

由式（8-29）可见，增大电感 L，是降低 Z_2 上前行电压波陡度的有效措施，L 越大，陡度越小。因此，电力系统中常用电感来限制侵入波的陡度。

8.4 冲击电晕对线路上波过程的影响

前面分析了行波在均匀无损导线上传播的基本规律。分析中未考虑线路损耗，行波在传播过程中既不存在衰减，也不存在变形。在实际电力系统中，导线和大地的电阻上有能量消耗，导线与大地之间的漏电导也要消耗能量，这些都会引起行波的衰减和变形。但在通常情况下，分析雷击过电压和操作过电压问题时所涉及的传播距离较短，电阻和漏电导引起的衰减与变形相对较小，往往可忽略不计。在过电压作用下导线上出现的电晕是引起行波衰减和变形的主要因素。

当雷击或出现操作过电压时，若导线上的冲击电压超过起始电晕电压，则导线上将发生冲击电晕。研究表明，形成冲击电晕所需的时间极短。正极性冲击时，约在 0.05μs 以内，负极性冲击时小于 0.01μs，且与冲击电压陡度关系很小。由此可认为，在不是很陡峭的波头范围内，冲击电晕的发展主要与电压的瞬时值有关。不同的极性对冲击电晕的发展有显著的影响。当产生正极性冲击电晕时，电子在电场作用下迅速移向导线，正空间电荷加强距离导线较远处的电场强度，有利于电晕的进一步发展，电晕外观是从导线向外引出数量较多较长的细丝。当负极性电晕时，正空间电荷的移动不大，它的存在减弱了距导线较远处的电场强度，使电晕不易发展，电晕外观上是较为完整的光圈。由于负极性电晕发展较弱，而雷电大部分是负极性的，所以在过电压计算中常以负极性电晕作为计算的依据。

冲击电晕出现后，电晕圈的存在使导线等效径向尺寸增大了，将导致导线间的耦合系数增大。考虑电晕影响时，输电线路中导线和避雷线间的耦合系数 K_c 通常以电晕校正系数 K_f 来修正，则实际的耦合系数为

$$K = K_f K_c$$

我国《电力设备过电压保护设计技术规程》（DL/T 620—1997）建议按表 8-1 所示选取 K_f。

表 8-1　耦合系数的电晕修正系数

线路额定电压/kV	20～35	60～110	154～300
两条避雷线	1.1	1.2	1.25
一条避雷线	1.15	1.25	1.3

导线发生电晕时，在导线周围形成导电性能较好的电晕区域，相当于增大了导线的等效半径，从而增大了导线的对地电容。此时导线上的电流仍主要集中在导线中，因此对导线电感影响不大。

冲击电晕使导线等效半径增大，对地电容增大，不但导致线路波阻抗减小，也使行波的传播速度减慢。一般情况下，因电晕波阻抗降低 20%～30%，传播速度减慢

为光速的 3/4 左右。

由于电晕消耗能量，且与电压的瞬时值有关，因此冲击电晕会同时引起行波的衰减和变形。冲击电晕引起的行波衰减和变形的典型波形如图 8-13 所示，u 为初始波形，u' 表示行波传播距离 l 后的波形，从图 8-13 可以看出，当电压高于电晕起始电压后，行波开始剧烈衰减和变形。电压波上超过 u_{k} 的各点由于电晕使线路对地电容增加而以不同的波速向前运动，低于 u_{k} 的部分仍以光速前进，图 8-13 中波形上的 A 点由于产生了电晕，它就以比光速小的速度前进，在行经 l 距离后它落后了 $\Delta\tau$ 时间而变成图中 A' 点。不计及电晕时，图 8-13 中 A 点到达的时间为 τ_0；计及电晕后，到达时间增加为 $\tau_0+\Delta\tau$，相当于将行波的波头拉长。这一效应对变电所防雷具有重要意义。

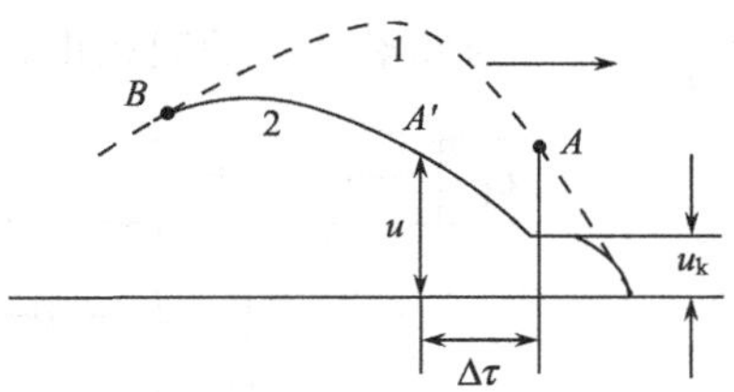

图 8-13　由电晕引起的行波衰减和变形

显然，$\Delta\tau$ 是电压 u 和传播距离 l 的函数，对单导线，电力行业标准 DL/T620—1997 中推荐的经验公式为

$$\Delta\tau=\left(0.5+\frac{0.08\mu}{h}\right)l \tag{8-30}$$

式中，l 为行波传播距离（km）；u 为行波电压（kV）；h 为导线对地平均高度（m）。

8.5　变压器和电机绕组中的波过程

8.5.1　雷电冲击作用下单相变压器绕组中的过渡过程

电力变压器经常受到雷电或操作过电压的侵袭，由于变压器绕组本身是一个复杂的电感电容网络，在冲击电压波的作用下其中会引起强烈的电磁振荡过程，同时在绕组匝间、线盘间以及绕组对地部件间引起过电压与很高的电位梯度，危及绕组的主绝缘和纵绝缘，因此在确定变压器绝缘结构和变电所防雷保护接线时，有必要研究在冲击波作用下，变压器绕组中波过程的基本规律。

为便于分析，假定绕组的电感、纵向电容、对地电容都是均匀分布的，略去互感、电阻和电导，即绕组为均匀无损的，则可得到如图 8-14 所示等值电路。图 8-14 中 L_0 为沿绕组高度方向单位长度的电感；C_0、K_0 分别为沿绕组高度方向单位长度的对地电容与匝间（或线盘间隙）电容。

当幅值为 U_0 的无穷长直角波作用于如图 8-14 所示的等效电路时，因电感中的电流不能突变，故在 $t=0$ 的初始瞬间 $L_0\mathrm{d}x$ 支路中不会有电流流过，相当于电感支路开路。此时，变压器的等效电路可以进一步简化为仅由电容链组成，如图 8-15 所示。因为绕组的长度不大，位移电流沿纵向电容扩散很快，电位在一瞬间就遍及整个绕组。但由于对地电容的充电作用，使 $K_0/\mathrm{d}x$ 流过的电流不等，越靠近首端，流过的电流越大，因此沿绕组的起始电位分布很不均匀。

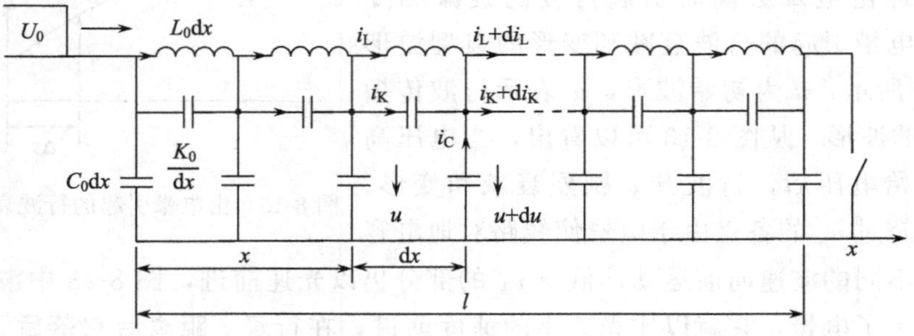

图 8-14 变压器绕组的等效电路

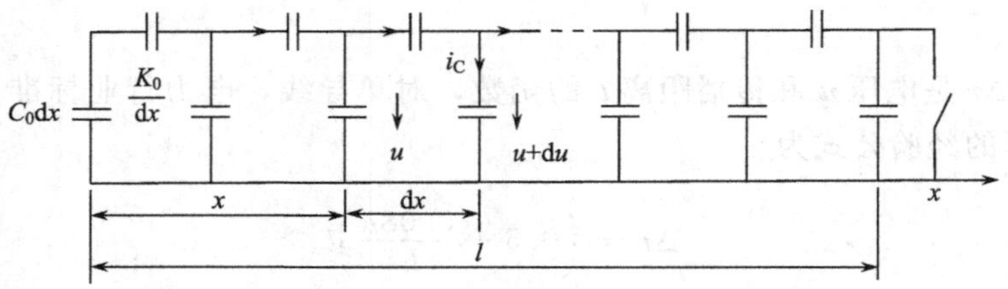

图 8-15 $t=0$ 瞬间的变压器绕组等效电路

由图 8-15 所示可列出微分方程

$$\frac{\mathrm{d}u^2}{\mathrm{d}x^2}-\alpha^2 u=0 \tag{8-31}$$

式中，$\alpha=\sqrt{\dfrac{C_0}{K_0}}$，为变压器绕组的空间系数。方程（8-31）的解为

$$u=A\mathrm{e}^{\alpha x}+B\mathrm{e}^{-\alpha x}$$

当变压器绕组末端接地时

$$u(x)=U_0\frac{\mathrm{sh}\alpha(l-x)}{\mathrm{sh}\alpha l} \tag{8-32}$$

当变压器绕组末端不接地时

$$u(x)=U_0\frac{\mathrm{ch}\alpha(l-x)}{\mathrm{ch}\alpha l} \tag{8-33}$$

图 8-16 给出了不同 αl 时的电压起始分布。可以看出，αl 越大，起始电压分布曲线下降越快。

对于未采取特殊措施的连续式绕组，αl 的值为 5～15，平均为 10。由于 $\mathrm{sh}\alpha l\approx\mathrm{ch}\alpha l$，绕组末端接地或绝织的起始电压分布，可用一个统一的公式来表达，即

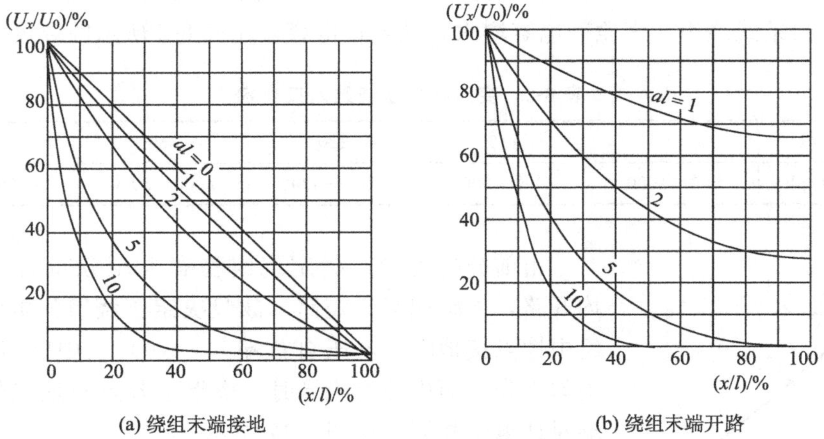

图 8-16　当 αl 不同时的起始电压分布

$$u(x) = U_0 \mathrm{e}^{-\alpha x} = U_0 \mathrm{e}^{-\alpha l \frac{x}{l}} \tag{8-34}$$

当 C_0 越大时，由于它的分流，使沿 K_0 中通过的电流沿绕组高度的不同，线段中的差别也越大，因而使电压分布越不均匀。当 α 减小时，可使电压分布不均得到改善，极限情况下 $\alpha=0$，即完全消除 C_0 的影响，沿绕组电压分布将均匀，对中性点绝缘的变压器，绕组始末端为同一电位，中性点接地的变压器，沿绕组电压分布为一斜直线，即电压自始端至末端均匀下降。α 越大，绕组首端附近的压降越大，绕组首端的电位梯度 $|\mathrm{d}u/\mathrm{d}x|$ 最大，其值为

$$\left.\frac{\mathrm{d}u}{\mathrm{d}x}\right|_{x=0} = \alpha U_0 = \frac{U_0}{l}\alpha l \tag{8-35}$$

上式表明，在 $t=0^+$ 时，绕组首端（$x=0$）的电位梯度比平均值（U_0/l）大 αl 倍，因此，对变压器绕组首端需采取保护措施。

当分析变电所防雷保护时，因雷电冲击波作用时间很短，流过变压器电感中的电流很小，可忽略其影响，则变压器可用归算至首端的对地电容来代替，通常叫做入口电容。其值为

$$\begin{aligned} C_{\mathrm{T}} &= \frac{Q\,|_{x=0}}{U_0} = \frac{1}{U_0}K_0\left.\left(\frac{\mathrm{d}u}{\mathrm{d}x}\right)\right|_{x=0} \\ &= \frac{1}{U_0}K_0\alpha U_0 = K_0\alpha = \sqrt{C_0K_0} \\ &= \sqrt{C_0 l \frac{K_0}{l}} = \sqrt{CK} \end{aligned} \tag{8-36}$$

式中，C 为变压统组总的对地电容；K 为变压绕组总的匝间电容。即为变压器绕组全部对地电容、匝间电容的几何均值。

变压器绕组入口电容与其结构有关，不同电压等级变压器的入口电容列于表 8-2 中，对于纠结式绕组，因匝间电容增大，其入口电容要比表 8-2 所示的数值大。

表 8-2　变压器高压绕组入口电容

额定电压/kV	35	110	220	330	500
入口电容/pF	500～1000	1000～2000	1500～3000	2000～5000	4000～5000

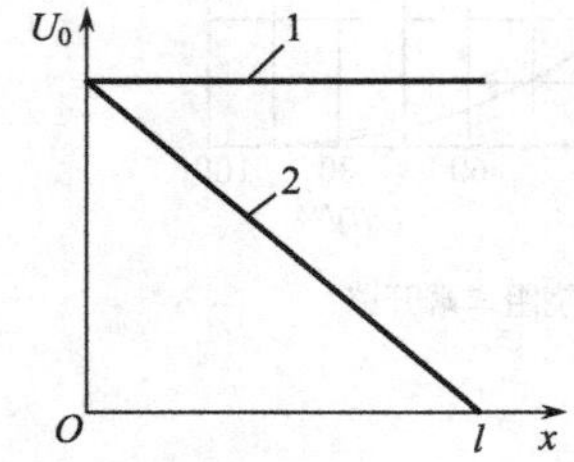

图 8-17　中性点绝缘与中性点接地时稳态电压分布

1-中性点绝缘；2-中性点接地

由前分析可知，确定绕组稳态电压分布时，C_0、K_0 均开路，电感相当于短路，故只决定于绕组的电阻。当绕组中性点接地时，电压自首端（$x=0$）至中性点（$x=l$）均匀下降；而中性点绝缘时，绕组上各点对地电位均与首端对地电位相同，如图 8-17 所示。

由于电压沿绕组的起始分布与稳态分布不同，加之绕组是分布参数的振荡回路，故由初始状态到达稳态分布必有一个振荡过程。很清楚，如果绕组电压分布起始状态接近稳态分布，也就是说作用在绕组上的冲击电压波首比较长，绕组内振荡发展较平缓，其各点对地最大电位和最大梯度也将有所降低；反之，波首越短，绕组电压起始分布与稳态分布差值越大，其振荡过程越激烈，在振荡过程中绕组各点出现的最大电位的时间不同，如图 8-18 所示。如果把 t_1、t_2 直至 $t=\infty$ 各个时刻振荡过程中绕组各点出现的最大电位记录下来，并连成最大电位包络线（见图 8-18 中曲线 1）。若不计损耗，只作定性分析，可将图 8-18 中的稳态电压分布曲线与初始电压分布曲线 1 的差值曲线 4 叠加到稳态电压分布曲线 2 上，如图 8-18 中曲线 3，则可近似地描述绕组中各点的最大电位包络线。

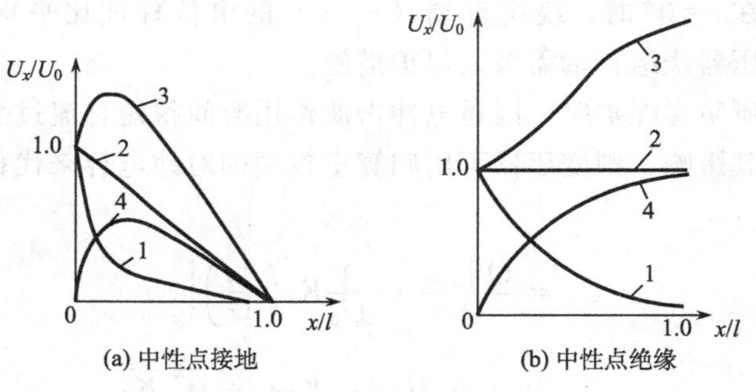

图 8-18　最大对地电位

由图 8-18 可知，末端接地的绕组中，最大电位将出现在绕组首端附近，其值可达 $1.4U_0$ 左右；末端不接地的绕组中最大电位将出现在中性点附近，其值可达 $1.9U_0$ 左右。实际的绕组内总是有损耗的，因此最大值将低于上述值。此外，在振荡过程中绕组各点的电位梯度也有变化，绕组各点将在不同时刻出现最大电位梯度，这对绕组的设计与纵绝缘保护是非常重要的参数。

8.5.2 三相变压器绕组中过渡过程的特点

三相绕组中波过程的基本规律与单相绕组相同，当变压器高压绕组是中性点接地的星形连接时，无论是一相、两相或三相进波，都可以看作是三个独立的绕组。

对中性点不接地的星形接线的三相绕组，当单相进波时，如图 8-19 所示，因为绕组对冲击波的阻抗远大于线路的波阻抗，故可认为在冲击电压作用下 B、C 两相绕组的端点是接地的，这样就可以近似地认为两绕组的并联与一绕组串联的情况，长度增加了一倍。绕组中电压的起始分布与稳态分布如图 8-19（b）中所示的曲线 1、2。稳态电压是按绕组的电阻分布的，故中性点 O 的稳态电压为 $U_0/3$，因而在振荡过程中中性点 O 的最大对地电位可达 $2U_0/3$。如果两相、三相同时进波，可用叠加法来估计中性点对地电位。很清楚，中性点最高电位分别可达 $4U_0/3$ 和 $2U_0$。

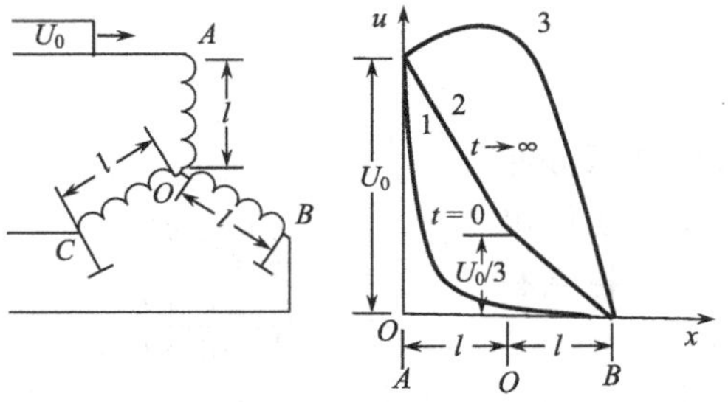

(a) 等值接线　　(b) 起始及稳态电位分布

图 8-19　星形接线变压器单相进波时的绕组电位分布（中性点不接地）

1-初始分布；2-稳态分布；3-最大电压包线

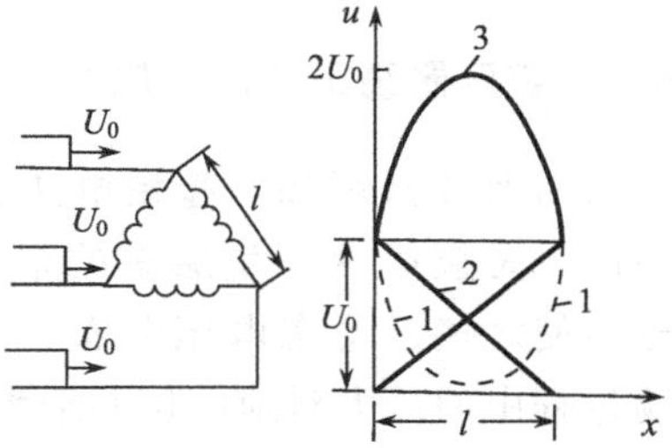

(a) 接线图　　(b) 三相进波电压分布

图 8-20　三角形接线三相进波

1-初始分布；2-稳态分布；

3-最大电压包线

若受冲击的绕组是三角形连接，一相进波时，同样由于绕组阻抗大于线路阻抗，故可认为未受冲击的两相相当于接地，这样与末端按地绕组相同。两相进波和三相进波同样可用叠加法处理。图 8-20（b）给出了三相进波时沿绕组的初始电压分布与稳态电压分布，如图 8-20（b）中曲线 1 和 2 所示。曲线 3 为绕组各点对地最大电位包络线。注意，此时变压器绕组中部对地电位高达 $2U_0$。

当冲击电压波侵入变压器的一个绕组时，由于绕组间的电磁耦合，在未直接受到冲击电压波作用的绕组上也会出现过电压，这就是绕组间的电压传递，它包含静电耦合与电磁耦合两个分量。

传递电压的电磁分量与变比有关。在三相绕组中，电磁分量的数值还与绕组的接线方式、来波相效等有关。由于低压绕组其相对的冲击强度（冲击试验电压与额定相

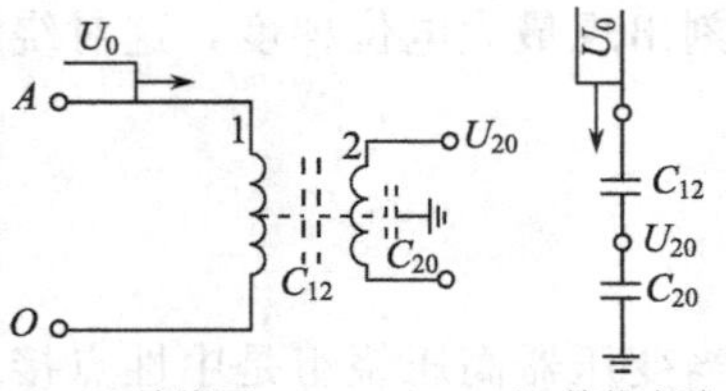

(a) 接线图　(b) 等值电路

图 8-21　绕组间的静电耦合

电压之比）较高压绕组大得多，因此凡高压绕组可以耐受的电压（加避雷器保护）按变比传递至低压侧时，对低压绕组亦无危害。

但对静电耦合分量则不同，它的大小决定于高低压绕组之间的电容、低压绕组对地电容及入射波的陡度。两个绕组电容耦合的等值电路如图 8-21 (b) 所示。U_{20} 电压可由下式求得

$$U_{20}=\frac{C_{12}U_0}{C_{12}+C_{20}} \tag{8-37}$$

式中，C_{12}、C_{20} 分别是高低压绕组之间及低压绕组对地的电容（包含与低压绕组相连的设备及线路）。当低压侧开路时，C_{20} 只有变压器绕组本身的一个很小的对地电容，因此可能出现 $C_{12} \gg C_{20}$，此时 $U_{20} \approx U_0$。即高压绕组上的电压全部加到低压绕组上，从而可能造成低压绕组的损坏。若在低压绕组开路后还接有一段电缆，则由于电钮对地电容较大，即 C_{20} 增大，一般来说，静电耦合分量仍很低，对低压绕组没有危险。

8.5.3　变压器绕组的内部保护

由前面分析可知，起始电压分布与稳态电压分布的不同，是绕组内产生振荡的根本原因，改变起始电压分布使之接近稳态电压分布，可以降低绕组各点在振荡过程中的最大对地电位和最大电位梯度。

改善起始电压分布，从原理上讲有两种方法：

(1) 使用与线端相连的附加电容，即在绕组首端加电容环或采用屏蔽线匝，向对地电容 C_0 提供电荷，以使所有纵向电容 K_0 上的电荷都相等或接近相等，即所谓横补偿，如图 8-22 所示。

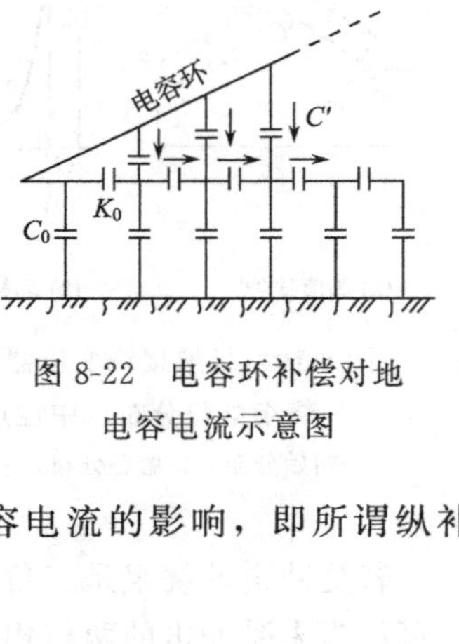

图 8-22　电容环补偿对地电容电流示意图

(2) 尽量加大纵向电容 K_0 的数值，以削弱对地电容电流的影响，即所谓纵补偿。工程上常采用的措施是纠结式绕组，如图 8-23 所示。

8.5.4　电机绕组中过渡过程

旋转电机的绕组与变压器绕组相比，在结构上具有一系列的特点。电机绕组的线圈深嵌在定子铁心的槽中，且大容量电机多为单匝，对于不在同一槽中的各线圈及各匝来讲，它们之间的纵向电磁耦合都比较弱，若略去匝间电容的影响，则发电机绕组的等值电路与输电线路一样，即可认为电机绕组具有一定的波阻抗，入射到绕组端部的冲击波以一定的速度沿绕组传播。电机绕组结构的另一个特点是绕组可分槽内、槽外两部分。这两部分由于绝缘介质不同，对地高度不一样，因此槽内、外波阻抗 Z 及速度 v 均不同。通常所说的波阻抗、波速只是槽内外的平均值。

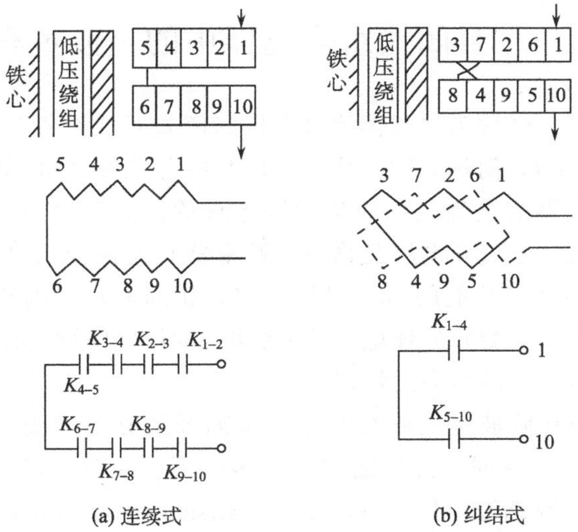

图 8-23 连续式和纠结式绕组的电气接线及等值匝间电容结构图

电机绕组的波阻抗与其匝数、电压等级及额定容量有关，一般随容量增大而减小，随额定电压提高而增加。同时，电机绕组的波速也随容量的增加而下降。通常电机绕组的波阻抗 Z 在 200～10000Ω 范围内变化。在电机绕组的槽内部分波速只有 10～23m/μs。

若在直角波作用下，对中性点不接地的发电机，在中性点处最大对地电位可达首端电压的两倍。也就是说，中性点附近的主绝缘所承受的电压将达到来波电压的两倍。随着反射波向首端推进，这个两倍电压将逐渐作用在主绝缘上。若降低来波陡度，使之在波头部分已在绕组中产生了很多次折、反射，将会有效地降低末端开路电压；加之损耗的存在，会使波的幅值下降。大量电机的计算结果表明，如果将来波陡度限制在 2kV/μs 以下，电机绕组中性点附近的电压几乎与首端电压相等。估算绕组中的最大纵向电位梯度时，可以近似认为仅由侵入绕组的前行电压波造成。

设绕组端部侵入的过电压波具有陡度为 α（kV/μs）的斜角波头，可以求得作用在匝间绝缘上的电压为

$$U = \alpha l / v \tag{8-38}$$

式中，l 为匝长（m）；v 为波速（m/μs）。

由上式可知，波的陡度 α 越大，匝长越长，或波速越小，则作用在匝间的电压 U 也越大。为了降低匝间电压，以保护绕组的匝间绝缘，必须采取可靠措施限制侵入波的陡度。研究结果表明，为使一般电机的匝间绝缘不致损坏，应将侵入波的陡度限制在 5kV/μs 以下。

8.6 封闭式组合电器中的过渡过程

封闭式组合电器，全称为“气体绝缘金属封闭式开关设备”（gas-Insulated metal-enclosed switchgear），简称 GIS，是 20 世纪 60 年代中期出现的一种新型电器装置。它是在 SF_6 断路器的基础上进一步发展起来的。图 8-24 所示的 GIS 将断路器、隔离开关、接地开关、电流和电压互感器、避雷器和连接母线等封闭在金属壳体内，充以具有良好灭弧和绝缘性能的 SF_6 气体，作为相间和对地的绝缘。由于它既封闭又组合，占用空间少，不受外界环境条件的影响，不产生噪声和无线电干扰，运行安全可靠且维护工作量少，因而得到快速发展。

当有雷电冲击电压陡波侵入或 GIS 中的隔离开关分合母线电容电流产生陡波冲击时，侵入波会在 GIS 内部各部件之间发生多次折、反射，多个折、反射波的叠加可能会在 GIS 内产生瞬态过电压（very fast transient overvoltage，VFTO），从而在某些部位，如高压开关本身、绝缘间隙、绝缘子、套管等出现绝缘故障。这不仅影响金属封闭开关设备本身的可靠性，而且对其邻近的电力变压器绝缘结构也造成很大危险。因此，有必要研究在冲击波作用下，GIS 中波过程的基本规律。

分析 GIS 中的波过程，需首先给出 GIS 母线、与之相连的变压器、闭合和分断状态的断路器、闭合和分断状态的隔离开关、接地开关、绝缘子、套管、避雷器及电弧电阻等元件组成的等效电路模型。常用的 GIS 电路模型是将母线、闭合状态的隔离开关、断路器视为传输线的一部分，用 Bergeron 模型表示；断开状态的隔离开关断口用电容代替；燃弧的隔离开关断口两侧用对地电容表示，断口间用一个动态电阻 $r(t)$ 和静态电阻 R 表示；断开状态的断路器用 n 节电容网络代替，其中 n 为断路器的断口数；接地开关用电阻和集中电感代替；套管用传输线和对地电容来表示，其中传输线用波阻抗 Z 和传播速度 v 来描述；避雷器、电压互感器和电流互感器忽略。

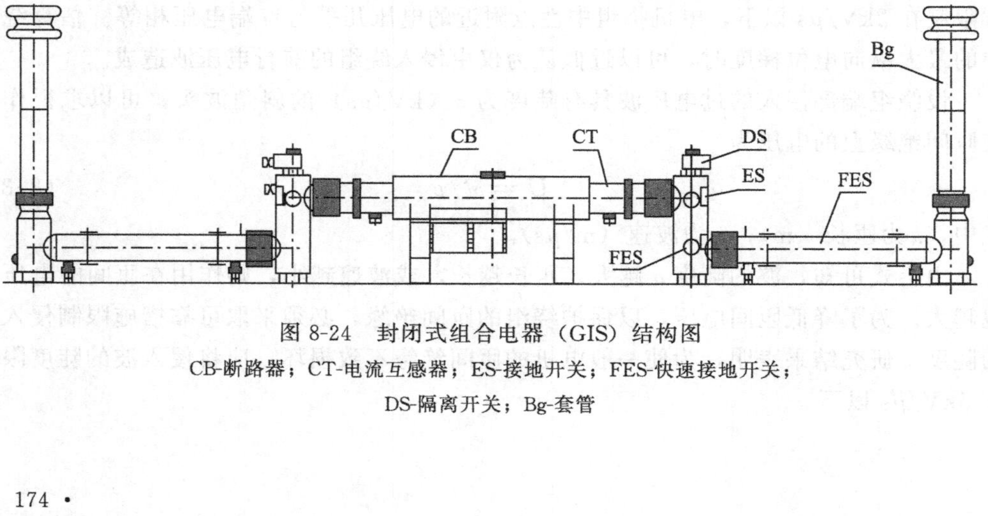

图 8-24　封闭式组合电器（GIS）结构图

CB-断路器；CT-电流互感器；ES-接地开关；FES-快速接地开关；

DS-隔离开关；Bg-套管

1. Bergeron 数值计算法

Bergeron 数值计算法的核心是把分布参数元件等值为集中参数元件，以便用比较通用的集中参数的数值求解法来计算线路上的波过程。而电路中的集中参数元件 L 和 C 也需按数值计算的要求转化为相应的等值计算电路。

1）传输线计算电路

如图 8-25（a）所示，设传输线波阻为 Z，长度为 1，波在导线上传播一次的时间为 τ，首端和末端的电压及电流分别为 $u_k(t)$、$u_m(t)$、$i_{km}(t)$ 和 $i_{mk}(t)$。端点上电流的正方向都取为从端点流向线路。根据混合波的概念，首端在（$t-\tau$）时发出的前行混合波将于 t 时刻达到线路的末端，因此线路末端的电压和电流可用（$t-\tau$）时首端的电压和电流表示，即

$$u_m(t)+Z[-i_{mk}(t)]=u_k(t-\tau)+Zi_{km}(t-\tau) \tag{8-39}$$

或写成

$$i_{km}(t)=\frac{1}{Z}u_m(t)-\frac{1}{Z}u_k(t-\tau)-i_{km}(t-\tau) \tag{8-40}$$

若设

$$I_m(t-\tau)=-\frac{1}{Z}u_k(t-\tau)-i_{km}(t-\tau) \tag{8-41}$$

则式（8-41）可写为

$$i_{mk}(t)=\frac{1}{Z}u_m(t)+I_m(t-\tau) \tag{8-42}$$

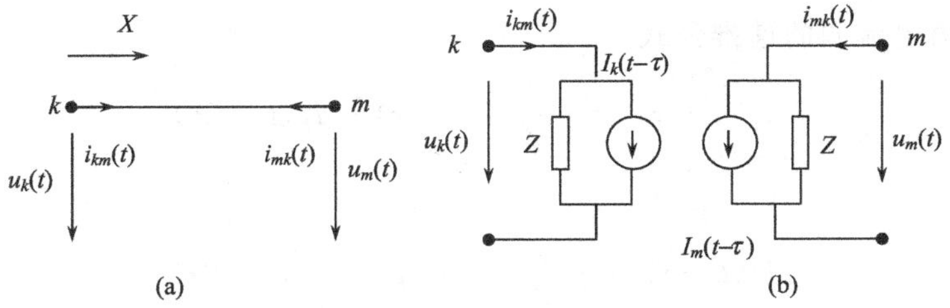

图 8-25　单相无损线及等值计算电路

根据式（8-42）可以得到端点 m 在 t 时刻的等值计算电路，如图 8-25（b）的右端所示。图 8-25（b）中 Z 是阻值等于线路波阻的电阻，$I_m(t-\tau)$ 是电流源，它可以根据端点 k 在（$t-\tau$）时刻的电压和电流值从式（8-41）求出。

同样，从反行混合波出发，首端的电压和电流可以用末端在（$t-\tau$）时的电压和电流表示，即

$$i_{km}(t)=\frac{1}{Z}u_k(t)-\frac{1}{Z}u_m(t-\tau)-i_{mk}(t-\tau) \tag{8-43}$$

若设

$$I_k(t-\tau) = -\frac{1}{Z}u_m(t-\tau) - i_{mk}(t-\tau) \tag{8-44}$$

则式（8-43）可写为

$$i_{km}(t) = \frac{1}{Z}u_k(t) + I_k(t-\tau) \tag{8-45}$$

根据上式可得端点 k 在 t 时刻的等值计算电路，如图 8-25（b）的左端所示。图 8-25（b）中电流源 $I_k(t-\tau)$ 可以根据式（8-44）由端点 m 在（$t-\tau$）时刻的电压和电流求出。

图 8-25（b）所示的等值集中参数电路的特点是：线路两端点 k 和 m 有各自的独立回路，即端点 k 和 m 只由式(8-41）和式（8-44）决定的电流源发生联系，在拓扑上不再有任何联系。在电流源已知的情况下，用节点电位法来解这种电路显然是极为方便的。因此只要我们知道（$t-\tau$）时刻端点 k 和 m 的电压和电流，再利用式（8-41）和式（8-44）求得 $I_m(t-\tau)$ 和 $I_k(t-\tau)$ 后，就可以很容易地求得 t 时刻节点 m 和 k 的电压和电流。

如进一步对式（8-45）进行递推计算

$$i_{km}(t-\tau) = \frac{1}{Z}u_k(t-\tau) + I_k(t-2\tau) \tag{8-46}$$

同理，对式（8-42）进行递推计算

$$i_{mk}(t-\tau) = \frac{1}{Z}u_m(t-\tau) + I_m(t-2\tau) \tag{8-47}$$

从而得到等值电流源的递推公式

$$I_m(t-\tau) = -\frac{2}{Z}u_k(t-\tau) - I_k(t-2\tau) \tag{8-48}$$

以及

$$I_k(t-\tau) = -\frac{2}{Z}u_m(t-\tau) - I_m(t-2\tau) \tag{8-49}$$

此时 $I_m(t-\tau)$ 和 $I_k(t-\tau)$ 可由（$t-\tau$）时，k 点和 m 点的电压以及（$t-2\tau$）时的 I_k 和 I_m 决定，不必再算出端点的电流 $i_{mk}(t-\tau)$ 及 $i_{km}(t-\tau)$，这就可以使计算更为简便。

2）集中参数元件的等位计算电路

先来讨论图 8-26（a）所示的集中参数电感 L。

电感上的电压 $u_L(t)$ 和流经电感的电流 $i_{km}(t)$ 阀显然存在以下关系

$$u_L(t) = L\frac{di_{km}(t)}{dt} \tag{8-50}$$

用数值计算法求解时，需把时间划分为一系列时间间隔 Δt 很小的时段，根据

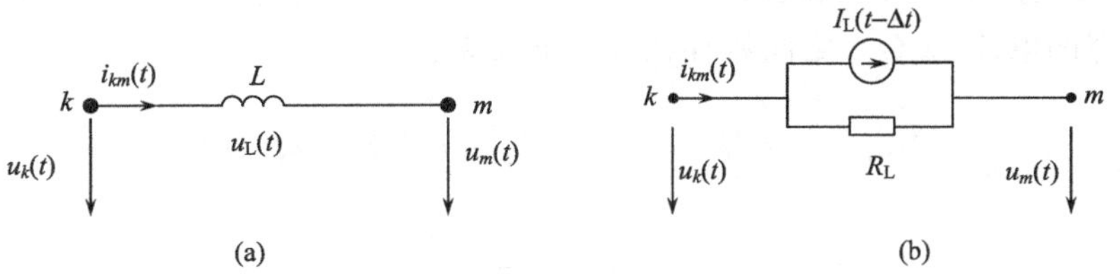

图 8-26 电感等值计算电路

$(t-\Delta t)$时刻的 $u_L(t-\Delta t)$ 和 $i_{km}(t-\Delta t)$ 来求 t 时刻的 $u_L(t)$ 和 $i_{km}(t)$。为此我们把式（8-50)改写为从（$t-\Delta t$）到 t 的积分形式

$$\int_{t-\Delta t}^{t} \mathrm{d}i_{km}(t) = \frac{1}{L}\int_{t-\Delta t}^{t} u_L(t)\mathrm{d}t \tag{8-51}$$

即

$$i_{km}(t) - i_{km}(t-\Delta t) = \frac{1}{L}\int_{t-\Delta t}^{t} u_L(t)\mathrm{d}t \tag{8-52}$$

对上式右边用梯形法进行数值积分后可得

$$I_{km}(t) = i_{km}(t-\Delta t) + \frac{\Delta t}{2L}[u_L(t-\Delta t) - u_L(t)] \tag{8-53}$$

考虑到 $u_L(t)=u_k(t)-u_m(t)$，上式可写成

$$i_{km}(t) = i_{km}(t-\Delta t) + \frac{\Delta t}{2L}[u_k(t-\Delta t) - u_m(t-\Delta t) + u_k(t) - u_m(t)] \tag{8-54}$$

令 $R_L = \dfrac{2L}{\Delta t}$

$$I_L(t-\Delta t) = i_{km}(t-\Delta t) + \frac{1}{R_L}[u_k(t-\Delta t) - u_m(t-\Delta t)] \tag{8-55}$$

则式（8-54）可改写为

$$i_{km}(t) = I_L(t-\Delta t) + \frac{1}{R_L}[u_k(t) - u_m(t)] \tag{8-56}$$

根据式（8-56）可以得到如图 8-26（b）所示的电感的等值计算电路，其中 R_L 是电感 L 的等值计算电阻，只要时间步长 Δt 确定后，R_L 即可求得。$I_L(t-\Delta t)$ 是电感的等值电流源，它可以根据（$t-\Delta t$）时刻电感的电流和电压值由式（8-55）求得。

进一步对式（8-56）进行递推计算

$$i_{km}(t-\Delta t) = I_L(t-2\Delta t) + \frac{1}{R_L}[u_k(t-\Delta t) - u_m(t-\Delta t)] \tag{8-57}$$

式（8-55）还可简化为递推公式

$$I_L(t-\Delta t) = I_L(t-2\Delta t) + \frac{2}{R_L}[u_k(t-\Delta t) - u_m(t-\Delta t)] \tag{8-58}$$

仿照电感的方法，不难得出如图 8-27（a）所示的电容上的电压 $u_C(t)=u_k(t)-u_m(t)$ 和流经电容的电流 $i_{km}(t)$ 之间将存在以下的关系：

$$i_{km}(t)=I_C(t-\Delta t)+\frac{1}{R_C}[u_k(t)-u_m(t)] \tag{8-59}$$

$$R_C=\frac{\Delta t}{2C}$$

$$I_C(t-\Delta t)=i_{km}(t-\Delta t)+\frac{1}{R_C}[u_k(t-\Delta t)-u_m(t-\Delta t)] \tag{8-60}$$

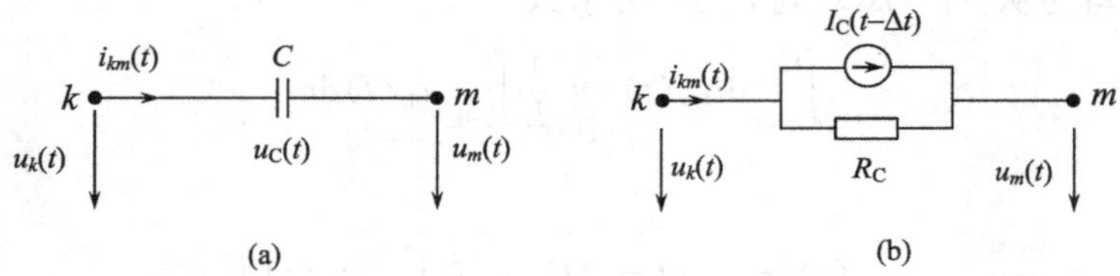

图 8-27　电容等值计算电路

其等值计算电路如图 8-28(b)所示。如果利用递推计算，则等值电流 $I_C(t-\Delta t)$ 的计算公式也可进一步简化为递推公式

$$I_C(t-\Delta t)=-I_C(t-2\Delta t)-\frac{2}{R_C}[u_k(t-\Delta t)-u_m(t-\Delta t)] \tag{8-61}$$

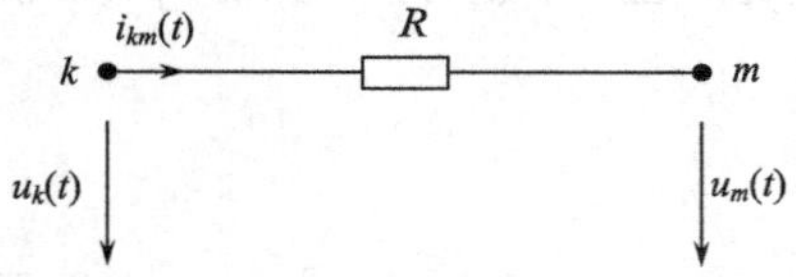

图 8-28　电阻电路

至于集中电阻元件，如图 8-28 所示，则由于电阻上的压降 $u_R(t)=u_k(t)-u_m(t)$ 和流过电阻的电流 $i_{km}(t)$ 只由下列方程决定，即

$$i_{km}(t)=\frac{1}{R}[u_k(t)-u_m(t)] \tag{8-62}$$

而和 t 以前电阻上的压降和流经电阻的电流无关，故这一电路无需进一步等值。

2. VFTO 等效模型

自 20 世纪 80 年代中期以来，GIS 中 VFTO 相关问题，已成为国际高电压领域一个重要的研究课题。科研人员多采用电磁暂态程序（EMTP）进行仿真研究，确定系统的计算模型和相应参数至关重要。GIS 开关操作产生的 VFTO 具有频率高、频率范围广等特点，为保证计算结果精度，需要根据 GIS/HGIS 各部件结构、布置和接线等，采用空间暂态电磁场分析方法，在 VFTO 发生的频率范围内对系统各元件进行模拟。表 8-3 给出了各电压等级下关键元件的等效模型及参数。

表 8-3　550/800/1100kV GIS 关键元件的等效模型及参数

<table>
<tr><th colspan="2">元　件</th><th>说　明</th><th>550 kV GIS</th><th>800 kV GIS</th><th>1100 kV GIS</th></tr>
<tr><td colspan="2">变压器</td><td>入口电容/pF</td><td>5000</td><td>9000</td><td>10000</td></tr>
<tr><td rowspan="2">断路器</td><td>分闸</td><td>断口的等效串联电容/pF</td><td>350</td><td>520</td><td>540</td></tr>
<tr><td>合闸</td><td>等效为母线一部分</td><td></td><td></td><td></td></tr>
<tr><td rowspan="3">隔离开关</td><td>合闸</td><td>对地电容/pF</td><td>240</td><td>276</td><td>296</td></tr>
<tr><td>分闸</td><td>对地电容/pF</td><td>125</td><td>140</td><td>173</td></tr>
<tr><td>燃弧</td><td>等效为燃弧电阻及断口对地电容</td><td colspan="3">$R(t)=R_a+R_0 e^{-t/T}, T=1ns, R_a=0.5\Omega, R_0=10^{12}\Omega$</td></tr>
<tr><td colspan="2">接地开关</td><td>对地电容/pF</td><td>240</td><td>240</td><td>300</td></tr>
<tr><td colspan="2">GIS 管线</td><td>波阻抗/Ω</td><td>63</td><td>84</td><td>70</td></tr>
<tr><td colspan="2">套管</td><td>对地电容/pF</td><td>320</td><td>350</td><td>450</td></tr>
<tr><td colspan="2">避雷器</td><td>对地电容/pF</td><td>19</td><td>19</td><td>—</td></tr>
<tr><td colspan="2">电压互感器</td><td>对地电容/pF</td><td>400</td><td>500</td><td>1000</td></tr>
<tr><td colspan="2"></td><td>波速/(m/μs)</td><td>296</td><td>277</td><td>270</td></tr>
</table>

第 9 章　雷电过电压及其防护

电力系统可能由于多种原因引起某些部位的电压升高，有些电压升高会远超过电力设备的正常工作电压，危及设备绝缘。这种过电压的产生原因有两个：一是大气过电压，二是内部过电压。大气过电压主要是雷电过电压，可分为直击雷过电压、感应雷过电压。内部过电压有操作过电压、暂时过电压（包括工频电压升高、谐振过电压）两类。

雷电过电压持续时间一般为数十微秒，幅值取决于雷电参数和防雷措施，与电网额定电压无直接关系。

9.1　雷电放电的发展过程

电力系统中雷电造成的过电压是一种冲击电压，持续时间极短。在冲击电压下空气间隙的击穿具有与持续电压下不同的新特性。

雷击能造成极高的电压，因此是对高压电力设备绝缘的重大威胁，是造成电力系统事故的重要因素。雷电是雷云中积聚了大量电荷而在大气中引起的放电现象。出现了雷雨天气后，由于雷云的作用，局部地面上的电场强度剧增，一旦平均场强达到足够数值，就能使雷云和大地间的空气发生火花放电，形成如图 9-1 所示的雷电放电。雷云中存在异号电荷，所以雷云内部也可发生雷电放电。但能造成危害的显然主要是由雷云向地面发生的放电。绝大多数的雷电放电是负极性的（雷云带负电荷），但也发现有正极性的雷闪放电。

(a) 雷云对地放电

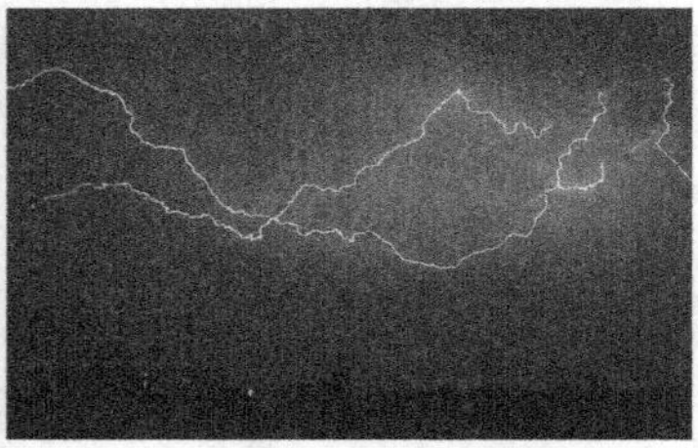

(b) 雷云内部放电

图 9-1　雷电放电

雷电放电会在设备上造成高电压。在未发生雷电放电之前，雷云相对于地表面可具有极高的静电位，达 $10^7 \sim 10^8$ V 数量级。然而被击中物体的电位和放电前的雷云电位却是性质不同的两件事。实际上，地面上物体为雷闪击中时所出现的高电压，是由于雷电放电的巨大冲击电流在物体及接地阻抗上产生了很高的电压降落所引起的。当输电线路附近落雷时，由于雷电流引起附近电场及磁场发生强烈突变，线路上也可感应出很高的电压。因此，雷电巨大的冲击电流是其破坏力的根源，它能引起电位突然升高，同时还有热效应和力效应，损害设备，危害人身安全。

从雷电放电的形成发展过程分析可见，雷电流具有冲击波形。雷电流的参数（峰值、波前时间、半峰值时间等）具有统计性。根据实测结果，其波前时间多在 0.5～10μs，半峰值时间多在 20～90μs，电流峰值最大可达以上 200kA，大多数低于 100kA。由雷电放电引起的高电压也具有冲击波形，所以需要研究雷电冲击电压下空气间隙的击穿特性。

9.2 雷电的电气参数和雷电活动强度

雷电放电与气象、地形、地质等多种自然因素有关，随机性很大，因而表征雷电特性的各种参数也带有统计性质。一般选择在典型地区、地点建立雷电观测站，并在输电线路和变电站中附设观测装置，进行长期而系统的雷电观测，将观测所得数据进行统计分析，得到相应的各种雷电参数，为雷电研究及防雷保护提供依据。

主要的雷电特性参数有以下几种：

(1) 雷电流的波形和极性。

实测结果表明，虽然一次雷电放电一般都由多个分量组成，但每个分量的雷电流都是单极性的脉冲波，而且 75%～90% 的雷电流是负极性的，因此防雷保护与绝缘配合都取负极性雷电冲击波进行分析。在目前的雷电防护计算中，一般只考虑一个脉冲的雷击。

(2) 雷电流的幅值、陡度、波头和波长。

对脉冲型的雷电流，需了解其 3 个参数，即幅值、波头和波长，而幅值和波头又决定了雷电流的上升陡度，即雷电流随时间的变化率。幅值是指脉冲电流达到的最大值；波头是指脉冲电流上升到幅值的时间；波长是指脉冲电流从起始到衰减至一半幅值时的持续时间。雷电流的陡度对过电压有直接影响，并且雷电流陡度的大小对设备的安全也有直接的影响，因而也是一个常用参数。

雷电流幅值随自然条件的不同而差别较大，但测得的雷电流波形却基本一致。据统计，雷电流的波头长度多在 1～5μs 范围内，平均为 2～2.5μs。我国在防雷设计中建议取 2.6μs 的雷电流波头长度。

实测表明，雷电流波长在 20～100μs 范围内，大于 50μs 的雷电流波长仅占 18%～30%，平均约为 50μs。因此，在防雷保护计算中，雷电流的波形可以采用 2.6μs/50μs。

雷电流的幅值、波头、波长、陡度等的实测数据分散性很大。许多研究者发表过各种结果，虽然基本规律大体相近，但具体数值却有差异。其原因一方面在于雷电放电本身的随机性受到自然条件多种因素的影响；另一方面在于测量条件和技术水平的不同。另外，大范围的雷电统计结果与局部微地形下的雷击情况也有很大的不同，在雷电防护中必须给予特别注意。我国幅员辽阔，各地自然条件千差万别，雷电观测的基础工作还比较薄弱，亟需进一步加强。

(3) 雷暴日、雷电小时及落雷密度。

雷电活动的频繁程度用雷暴日表示；为了区别不同地区每个雷暴日内雷电活动持续时间，也有用雷电小时数作为雷电活动频度的统计单位；雷闪对地放电的次数由落雷密度表示。

雷暴日是指某地区一年中听到雷闪放电的天数（不论云间雷或落地雷），用 T_d 表示。T_d 不足 15 日的为少雷区，如西北地区；T_d 为 15～40 日的为中等雷电活动地区，如长江流域及华北地区；T_d 超过 40 日的为多雷地区，如华南某些地区；T_d 超过 90 日的为雷电活动特殊强烈地区，如海南岛、雷州半岛一带甚至高达 100～130 日。

一小时以内听到一次以上雷声就算一个雷电小时（不论云间雷或落地雷）。我国每个雷暴日平均约有 3 个雷电小时。西北地区少一些，每个雷暴日有不到 2 个雷电小时。广东等雷电活动强烈地区，每个雷暴日甚至有 4 个雷电小时以上。

在雷暴日和雷电小时的统计中，并不区分雷云之间的放电和雷云对地面的放电。实际上，云间放电远多于云地放电，云间放电与云地放电之比在温带地区为 1.5～3.0，在热带地区为 3～6。一般而言，雷击地面才构成对人员及设备的直接损害。可惜目前还缺乏这方面比较可靠的统计资料，目前的观测手段还未能准确区分出云间放电与云地放电。

落雷密度 γ 指每雷暴日中每平方公里地面内落雷的次数。世界各国根据各自的具体情况，对落雷密度取值不尽相同。我国雷暴日 T_d 不同的地区 γ 值也不同。一般 T_d 较大的地区，其 γ 值也随之变大。

电力行业标准推荐取 0.07 次/平方公里·雷日，对 $T_d=40$ 的地区，每 100km 线路每年遭受的雷击次数为

$$N_L = 0.28(b + 4h) \tag{9-1}$$

式中，b 为两根避雷线之间的距离（m）；h 为避雷线的平均高度（m）。

9.3 直击雷过电压

架空输电线路地处旷野，绵延数千里，很容易遭受雷击。雷击是造成线路跳闸的主要原因，同时，雷击线路形成的雷电过电压波，沿线路传播侵入变电所，也是危害变电所设备安全运行的重要因素。

根据过电压形成的物理过程，雷电过电压可以分为两种。一是直击雷过电压。它是雷电直接击中杆塔、避雷线或导线（见图 9-2 中 1、2 和 3）引起的线路过电压。在雷电击中避雷线时的空间电场分布如图 9-3 所示，从图 9-3 中可见，在雷电的放电通道，电

场强度最强。二是感应雷过电压。它是在雷击线路附近大地（见图 9-2 中 4），由于电磁感应在导线上产生的过电压。

运行经验表明，直击雷过电压对电力系统的危害最大，感应雷过电压只对 35kV 及以下的线路有威胁。

按照雷击线路部位的不同，直击雷过电压又分为两种情况。一种是雷击线路杆塔或避雷线时，雷电流通过雷击点阻抗使该点对地电位大大升高，当雷击点与导线之间的电位差超过线路绝缘的冲击放电电压时，会对导线发生闪络，使导线出现过电压。因为这时杆塔或避雷线的电位（绝对值）反而高于导线，故通常称为反击。另一种是雷电直接击中导线（无避雷线时）或绕过避雷线（屏蔽失效）击中导线，直接在导线上引起过电压。后者通常称为绕击。

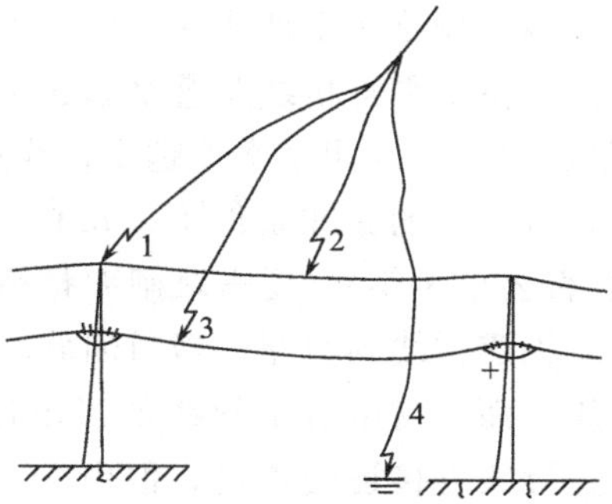

图 9-2　雷击输电线路部位示意图

1-杆塔；2-避雷线；3-导线；4-大地

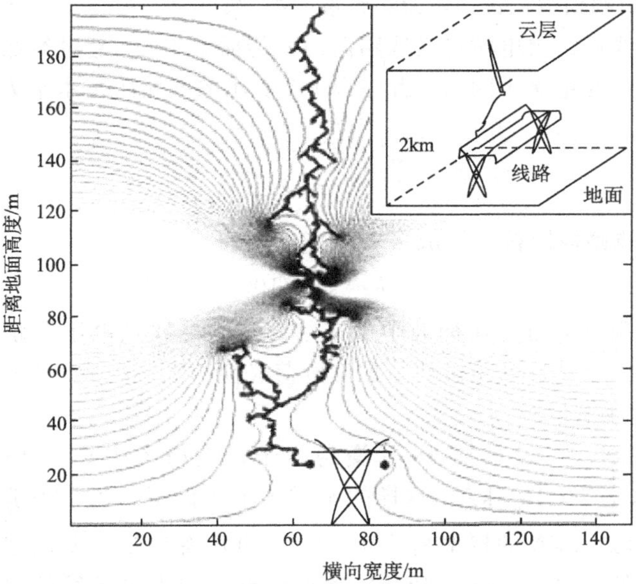

图 9-3　雷击线路时的大气空间电场分布

雷击线路可能导致两种破坏性后果。一是使线路发生短路接地故障。雷电过电压的作用时间虽然很短（数十微秒），但导线对地（避雷线或杆塔）发生闪络以后，工频电压将沿此闪络通道继续放电，进而发展成为工频电弧接地。此时继电保护装置将会动作，使断路器跳闸，影响线路正常送电。二是形成沿输电线路侵入变电站的雷电波，在变电站内产生复杂的折反射过程，可能使电力设备承受很高的过电压，以致设备绝缘破坏，造成停电事故。

输电线路防雷性能的优劣，工程上主要用耐雷水平和雷击跳闸率这两个指标来衡量。耐雷水平是指线路遭受雷击时所能耐受的不致引起绝缘闪络的最大雷电流幅值（单位为 kA）。耐雷水平越高，线路的防雷性能越好。雷击跳闸率是指在折算至年雷电日数为 4 的标准条件下，每百公里线路每年因雷击引起的线路跳闸次数（单位为次/百公里·年）。雷击跳闸率是衡量线路防雷性能的综合性指标。

无避雷线的线路，当雷闪放电过分靠近线路时，发生的就不是雷击地面的感应过电压，而是雷电直击导线的过电压。在我国 110kV 及以上线路一般都架有避雷线，以免导线直接遭受雷击，但由于各种偶然因素的影响，仍有可能发生避雷线屏蔽失效，雷电绕过避雷线而击中导线的情况，通常称绕击。

绕击发生的概率虽然很低，但一旦雷电击中导线，导致线路跳闸的几率将很高。如图 9-2 所示的雷击导线上的 A 点，在近似计算中假设雷电通道的闪径波阻抗 Z_0 约等于线路波阻抗 Z 的一半，即认为雷电波在雷击点未发生折反射，则 A 点的电位为

$$U_A \approx \frac{1}{4} IZ \tag{9-2}$$

式中，I 为雷电流幅值（kA）；Z 为线路波阻抗（Ω）。

雷电击中导线后，雷电波将沿线路向两侧传播，当 U_A 超过绝缘子串的 50%冲击放电电压时，将引起绝缘子闪络。此时以 kA 表示的线路耐雷水平为

$$I = \frac{U_{50}}{\frac{1}{4}Z} = \frac{4U_{50}}{Z} \tag{9-3}$$

式中，Z 为架空线路波阻抗，一般 $Z \approx 400\Omega$，因而

$$I = U_{50}/100 \tag{9-4}$$

这就是我国现行电力行业标准中用来估算雷击导线过电压及耐雷水平的近似公式。因为是直击雷，其过电压极性与雷云电荷极性相同，故式（9-4）中 U_{50} 取绝缘子串的负极性 50%放电电压。

对 500kV 线路，一般悬挂 28 片瓷绝缘子，绝缘子串长 4.4m，负极性 $U_{50} \approx$ 2750kV，耐雷水平 $I \approx 27.5$kA。这样的耐雷水平太低了，由雷电流的概率分布公式 $P = 10^{-\frac{I}{88}}$ 知，$I \geqslant 27.5$kA 的概率高达 48.7%。电压等级低一些的线路在雷击导线下的耐雷水平将更低，对 110kV、220kV 输电线路，雷直击导线的耐雷水平将分别只有 7kV 及 12kA 左右。可见没有避雷线是根本不行的。因此对 110kV 及以上中性点直接接地的线路，一般要求全线架设避雷线，以防止线路频繁跳闸。

9.4 感应雷过电压

在雷云对地放电过程中，或如图 9-4 所示的雷云间的放电过程中，放电通道周围的空间电磁场将发生急剧变化。因而当雷击输电线附近地面或距离地面较低的雷云间

放电时，虽未直击导线，但由于雷电过程引起周围电磁场的突变，也会在导线上感应出一个高电压来，这就是感应过电压。感应过电压包含静电感应和电磁感应两个分量，一般以静电感应分量为主。

虽然对于感应过电压形成的物理解释已经有了一个比较一致的认识，但由于难以得到雷电放电过程的原始数据等原因，感应过电压有多种不同的计算方法，而且结果还差别较大。下面只给出工程上实用的雷击地面感应过电压的简单计算方法。

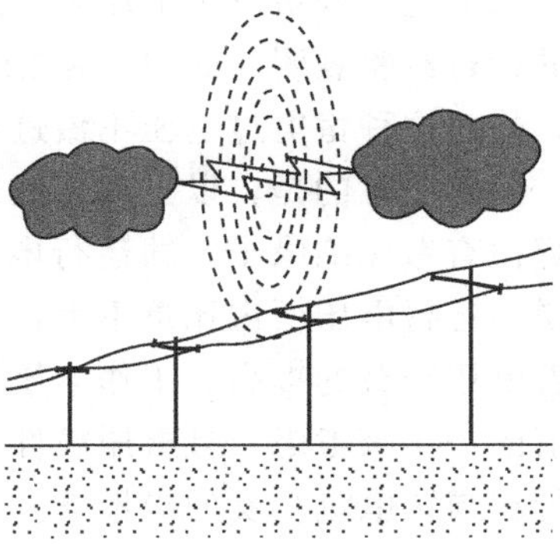

图 9-4　雷云放电对线路的电磁感应

设地面雷击点距输电线路正下方的水平距离为 S，一般当 S 超过 65m 时，规程规定，导线上感应过电压的幅值可按下式计算

$$U \approx 25Ih/S \quad \text{kV} \tag{9-5}$$

式中，I 为雷电流幅值（kA）；S 为地面雷击点距线路的水平距离（m）。h 为导线平均对地高度（m）。由于导线悬挂时不可避免的弧垂（亦称弛垂）f，导线悬挂点高度 H 与导线平均高度 h 的关系可近似为 $h=H-\frac{2}{3}f$。

可见雷电流幅值越大，导线离地越高，雷击点越近，感应过电压就越高。由于雷击地面时，被击点的自然接地电阻较大，式（9-5）中的最大雷电流幅值不会超过 100kA，可按 $I \leqslant 100$kA 进行估算。实测表明，感应过电压的幅值一般为 300～400kV，这一范围的过电压幅值对电压为 35kV 及以下线路会造成闪络，对电压为 110kV 及以上线路，由于导线对地线的距离及绝缘子串的长度已足够大，一般不会引起闪络。

由于感应过电压对各相导线来说基本相同，所以不会发生相间闪络。又由于感应过电压是因电磁感应而产生的，其极性与雷云电荷，即与雷电流的极性正相反，因而绝大部分感应过电压是正极性的，这一点与直击雷过电压不同。另外，感应过电压的波形较直击雷过电压更平缓，波头由几微秒至几十微秒，波尾则可达数百微秒。避雷线由于对导线有屏蔽作用，因而能降低导线上的感应过电压幅值。避雷线与导线间的耦合系数越大，导线上的感应过电压就越低。

9.5　雷击塔顶过电压

雷击塔顶（包括雷击塔顶附近的避雷线）时，杆塔电感与接地电阻的存在将使塔顶电位瞬时升高，其电位绝对值甚至大大超过导线电位，引起绝缘子串闪络，即反击，造成线路跳闸，同时在线路上形成向线路两侧传播的过电压波，过电压波侵入发电厂、变电站。

除上述 3 种雷电过电压外，还有一种雷击避雷线挡距中央时的过电压。国内外大量的运行经验表明，此时引起挡距中央避雷线与导线空气间隙发生闪络是非常罕见的，故对这种雷电过电压不做进一步分析。

需要注意的是，以上的感应过电压、雷击导线过电压、雷击塔顶过电压的计算公式都没有考虑绝缘子串的运行电压，亦即导线的运行电压。对 220kV 及以下的线路来说，运行电压所占比重不大，一般可以忽略。但在超高压以上电压等级的线路中，随着电压等级的提高，工作电压不应再被忽略，有人建议至少应按照导线运行相电压峰值的一半来考虑，且电压极性与雷电流极性相反。因为任何时刻都至少有一相导线运行在与雷电流相反的极性下。如果按照统计法计算，则雷击时的导线工作电压瞬时值及其极性应作为一个随机变量来考虑。但到目前为止，这些方面的规定还都没有列入电力行业的相关规程中。

当雷电放电造成线路产生雷电过电压时，若雷电流超过相应情况下的耐雷水平，则导致线路绝缘发生闪络。但雷电过电压的持续时间极短，只有几十微秒，高压开关还来不及跳闸。只有当冲击闪络后的闪络通道发展成稳定的工频电弧时才会导致线路跳闸。这些过程都有很强的随机性。因此工程中除耐雷水平外，还采用雷击跳闸率作为一个综合指标，来衡量线路防雷性能的优劣。

9.6　防雷保护基本措施

雷闪放电作为一种强大的自然力的爆发是难以制止的。人们主要是设法去躲避和限制它的破坏性，也就是采取防雷保护措施。

防雷保护的基本措施就是设置避雷针、避雷线、避雷器和接地装置，其原理如图 9-5 所示。避雷针是明显高出被保护物体的金属支柱，当雷云先导放电临近地面时首先击中避雷针，使被保护物免遭直接雷击。避雷线，通常又名架空地线，或简称地线，它主要是适应架空输电线路而设置的，功用与避雷针相似，也是处于较高位置承受雷击，使线路得到保护。避雷器多设置在被保护的电气设备（如电力变压器）附近，主

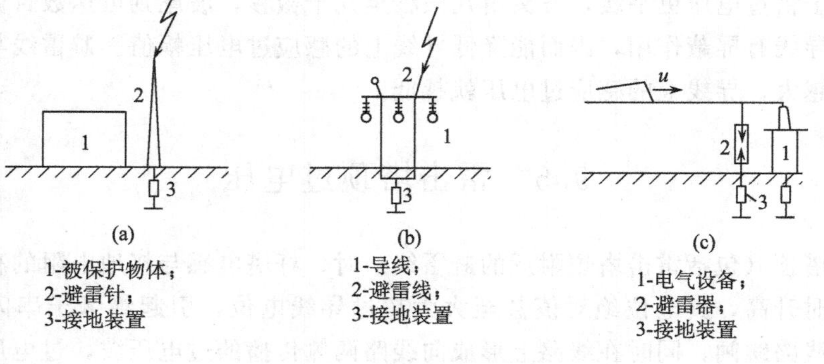

图 9-5　防雷保护基本措施

要保护电气设备免遭由线路传来的雷电冲击波的袭击。一旦有雷电冲击波传入时，避雷器会首先放电，限制了电压幅值，使电气设备受到保护。由此可见，防雷措施冠以“避雷”二字，是指能使被保护物体避免雷击的意思，它们自己却要引雷上身。

图 9-5 中还专门标出了接地装置，这是特意埋设于地下的一组导体。它的作用是减小避雷针（线）或避雷器与大地（零电位）之间的电阻值，以达到降低雷电冲击电压幅值的目的。

9.6.1 避雷针其保护范围

避雷针的保护原理是当雷云放电时使地面电场畸变，在避雷针的顶端形成局部场强集中的空间，以影响雷闪先导放电的发展方向，使雷闪对避雷针放电，再经过接地装置将雷电流引入大地，从而使被保护物体免遭雷击。

显然，避雷针必须高于被保护物体。但避雷针（高度一般为 20～30m）在雷云-大地这个大电场中的影响却是很有限的。雷云在高空随机漂移，先导放电的开始阶段随机地向地面的任意方向发展，只有当发展到距离地面某一高度 H 后，才会在一定范围内受到避雷针的影响而对避雷针放电。H 称为定向高度，与避雷针的高度 h 有关。据模拟试验，当 $h \leqslant 30$m 时，$H \approx 20h$；当 $h > 30$m 时，$H \approx 600$m。

避雷针的保护范围是指被保护物体在此空间范围内不致遭受直接雷击。我国标准使用的避雷针、避雷线保护范围的计算方法，是根据小电流雷电冲击模拟试验确定的，并根据多年运行经验进行了校验。保护范围是按照保护概率 99.9%（即屏蔽失效率或绕击率 0.1%）确定的。也就是说，保护范围不是绝对保险的，而是相对于某一保护概率而言的。

单根避雷针的保护范围如图 9-6 所示。设避雷针的高度为 h，被保护物体的高度为 h_x，避雷针的有效高度 $h_a = h - h_x$。在 h_x 的高度上避雷针保护范围的半径 r_x 由下式计算

$$r_x = \begin{cases} (h - h_x)p = h_a p, & h_x \geqslant h/2 \\ (1.5h - 2h_x)p, & h_x < h/2 \end{cases} \tag{9-6}$$

式中，h、h_x、h_a、r_x、p 的单位均为 m。p 是避雷针的高度影响系数，当 $h \leqslant 30$m 时，$p = 1$；当 30m $< h \leqslant$ 120m 时，$p = 5.5/\sqrt{h}$；当 $h > 120$m 时，p 按照 120m 计算。保护范围 r_x 是高度为 h_x 的水平面上的保护半径，$h \leqslant 30$m 时，$\theta = 45°$。

式（9-6）也可由几何作图表示，如图 9-6 所示。

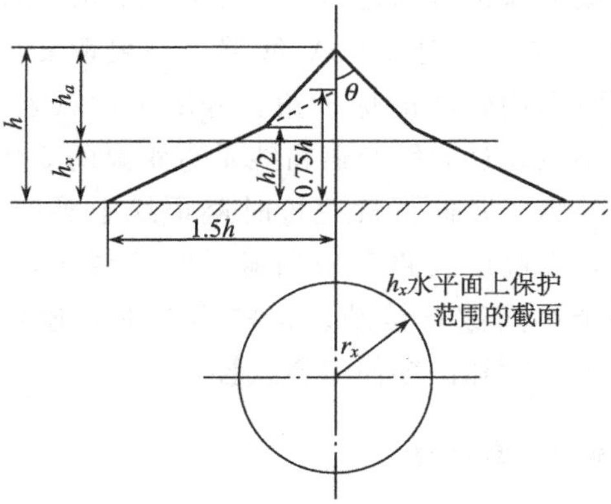

图 9-6　单根避雷针的保护范围

实际问题多是已知被保护物体的高度 h_x，又根据被保护物体的宽度和它与避雷针的相对位置确定所要求的保护半径 r_x，然后再计算出需要的避雷针高度 h。工程上多采用两根以及多根避雷针，以扩大保护范围。

9.6.2 避雷线其保护范围

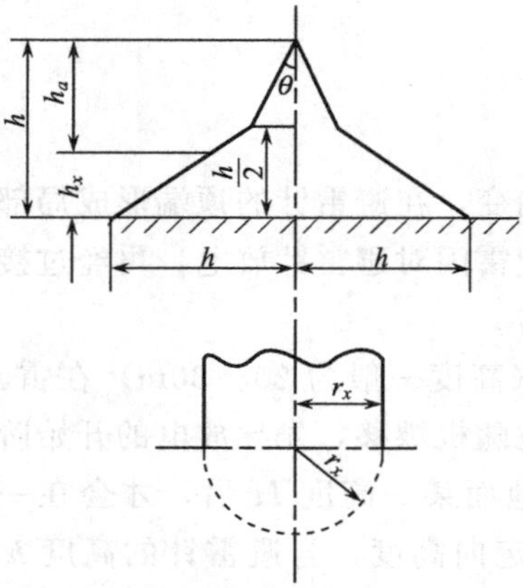

图 9-7 单根避雷线的保护范围

避雷线（即架空地线）的作用原理与避雷针相同，主要用于输电线路的保护，也可用来保护发电厂和变电所，近年来许多国家都采用避雷线保护 500kV 大型超高压变电站。对于输电线路，避雷线除了防止雷电直击导线外，同时还有分流作用，以减小流经杆塔入地的雷电流，从而降低塔顶电位。而且避雷线对导线的耦合作用还可降低导线上的感应过电压。

避雷线的保护范围计算与避雷针基本相同。单根避雷线的保护范围如图 9-7 所示，并可按下式计算

$$r_x = \begin{cases} 0.47(h-h_x)p, & h_x \geqslant h/2 \\ (h-1.53h_x)p, & h_x < h/2 \end{cases} \tag{9-7}$$

式中，长度单位为 m，各符号含义均同式 (9-6)。保护范围 r_x 是高度为 h_x 的水平面上的保护宽度，当 $h \leqslant 30$m 时，$\theta = 25°$。

在架空输电线路上多用保护角来表示避雷线对导线的保护程度。保护角是指避雷线与外侧导线之间的夹角，如图 9-8 中的 α 角。高压输电线路的杆塔设计，一般取保护角 $\alpha = 20° \sim 30°$，这时即认为导线已处于避雷线的保护范围之内。对 220～330kV 的线路，一般取 $\alpha = 2°$左右，对 500kV 线路，一般取 α 不大于 15°。山区宜采用较小的保护角。杆塔上两根避雷线之间的距离不应超过导线与避雷线垂直距离的 5 倍。

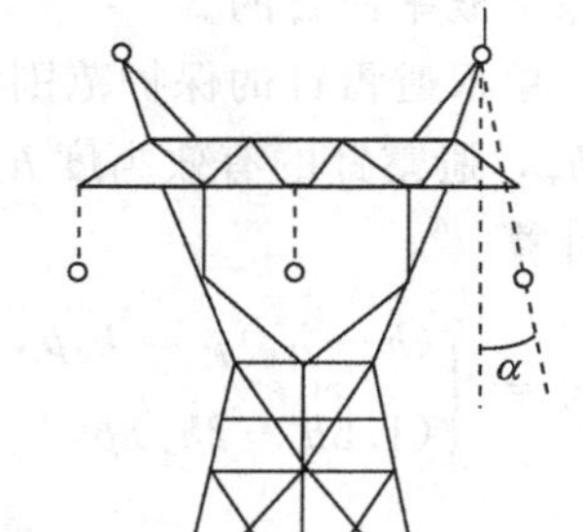

图 9-8 避雷线的保护角

为了降低正常运行时避雷线中感应电流的附加损耗，超高压线路常采用避雷线绝缘子，使避雷线通过一个小间隙再接地。正常运行时，避雷线对地绝缘，雷击时间隙击穿使避雷线接地。

9.6.3 避雷器

避雷器是专门用以限制线路传来的雷电过电压或操作过电压的一种电气设备。避

雷器与避雷针的保护原理不同，它实质上是一个放电器，与被保护的电气设备并联，当做用在被保护电气设备及避雷器上的电压升高到一定程度，并超过避雷器的放电电压后，避雷器先放电，从而限制了过电压的发展，保护了其他电气设备。

对避雷器的基本要求一般有以下两条：①避雷器应具有良好的伏秒特性、较小的冲击系数，从而易于实现合理的绝缘配合；②避雷器应具有较强的快速切断工频续流，快速自动恢复绝缘强度的能力。避雷器一旦在冲击电压下放电，就造成了系统对地的短路，此后虽然雷电过电压瞬间就消失，但持续作用的工频电压却在避雷器中形成工频短路。

接地电流，称为工频续流。工频续流一般以电弧放电的形式存在。一般要求避雷器在第一次电流过零时即应切断工频续流，从而使电力系统在开关尚未跳闸时即能够继续正常工作。

避雷器的基本类型有保护间隙、排气式避雷器（常称管式避雷器）、阀型避雷器及金属氧化物避雷器（常称氧化锌避雷器）4 种。

保护间隙和管式避雷器主要用于限制雷电过电压，一般用于配电线路以及发变电所的进线段保护；阀型及氧化锌避雷器用于发电厂、变电站的保护，在 220kV 及以下系统主要限制雷电过电压，在 330kV 及以上系统还用来限制操作过电压或作为操作过电压的后备保护。

阀型避雷器由多组火花间隙与多组非线性电阻阀片相串联而成。普通阀型避雷器的阀片是由碳化硅（亦称金刚砂）加结合剂（如水玻璃等）300～500℃的低温下烧结而成的圆饼形电阻片。阀片的非线性特征使得在幅值高的过电压下电流很大，而电阻很小；在幅值低的工作电压下电流很小，电阻很大。阀片的非线性伏安特性如图 9-9 所示，亦可用下式表示

$$u = Ci^{\alpha} \tag{9-8}$$

式中，C 为常数，与阀片的材料和尺寸有关；α 为非线性系数，与阀片材料有关，对碳化硅阀片一般 $\alpha \approx 0.2$。

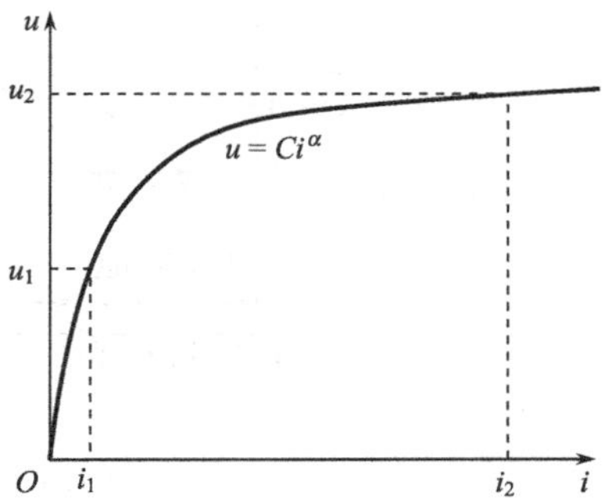

图 9-9　避雷器阀片静态伏安特性

i_1-工频续流；u_1-工频电压；

i_2-雷电流；u_2-避雷器残压

阀型避雷器的工作原理为，当电力系统正常工作时，避雷器串联间隙承担了全部电压，阀片中无电流流过。当系统中出现过电压且幅值超过间隙放电电压时，间隙击穿，冲击电流经阀片入地，而阀片本身的压降（称残压）由于电阻的非线性特性则维持在一定范围内，从而使设备上的过电压幅值得到限制，设备得到保护。当冲击过电压消失后，间隙中的工频续流仍将流过阀片，由于此时避雷器所承受的电压仅为工作电压，故受电阻非线性特性的影响，此电流远比冲击电流小，从而使间隙能够在工频电流第一次过零时将电弧切断。这样避雷器从间隙击穿到工频续流的切断不超过半个

工频周期，继电保护来不及动作系统就已恢复正常。

为进一步提高阀型避雷器的保护能力，不仅采用了通流能力较大的碳化硅高温电阻阀片（在 1350～1390℃的高温下烧结而成），而且采用了灭弧能力更强的磁吹式火花间隙，利用流过避雷器自身的电流在磁吹线圈中形成的电动力，迫使间隙中的电弧加快运动、旋转或延伸，使间隙的去游离作用增强，从而提高灭弧能力。该类阀型避雷器也称磁吹阀型避雷器，除用以限制雷电过电压外，还可用来限制操作过电压。

新型的氧化锌避雷器出现于 20 世纪 70 年代，现在已在全世界得到广泛应用，其性能比碳化硅避雷器更好，其阀片是由以氧化锌为主要原料，并添加其他微量的氧化铋、氧化钴、氧化锰、氧化锑、氧化铬等金属氧化物烧结而成，所以也称金属氧化物避雷器（MOA）。图 9-10 所示为氧化锌阀片的伏安特性，它在 10^{-3}～10^{-4} A 的宽广电流范围内呈现出优良的平坦的伏安特性。氧化锌阀片的伏安特性可分为低电场区（非线性系数较高，$\alpha \approx 0.1 \sim 0.2$）、中电场区（相当于用公式 $u = Ci^{\alpha}$ 表示的非线性区，非线性系数 $\alpha \approx 0.015 \sim 0.05$，比碳化硅阀片大大降低）以及高电场区 3 个区。

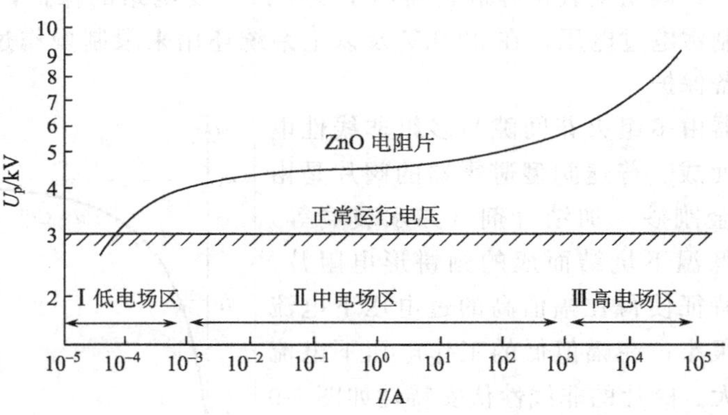

图 9-10　氧化锌阀片伏安特性

氧化锌避雷器与碳化硅避雷器相比主要优点在于：无间隙，无续流，通流容量大。前两条优点主要来源于氧化锌阀片优良的非线性特点，工作电压下流过阀片的电流极小，为微安级，故不需要间隙来隔离，也不存在工频续流，在雷击或操作过电压作用下，只需吸收过电压能量，而不需吸收续流能量。无串联间隙的特点还使氧化锌避雷器省去了间隙的放电时延，具有优越的陡波响应特性。氧化锌电阻片单位面积的通流能力为碳化硅电阻片的 4～5 倍。通流容量大的优点使得氧化锌避雷器完全可以用来限制操作过电压，也可以耐受一定持续时间的暂时过电压。常见的氧化锌避雷器如图 9-11 所示。

目前各国成功地把重量大大减轻的硅橡胶伞套的氧化锌避雷器应用到输电线路上，以提高雷电活动强烈、土壤电阻率很高、或降低杆塔接地电阻有困难的地区输电

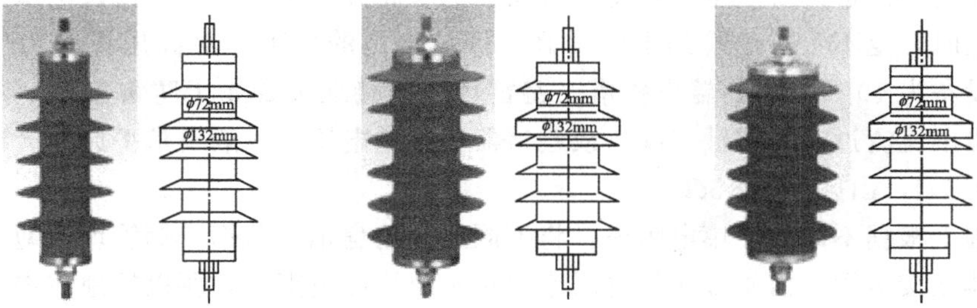

配电避雷器　　　　电站避雷器　　　　并联补偿电容器避雷器

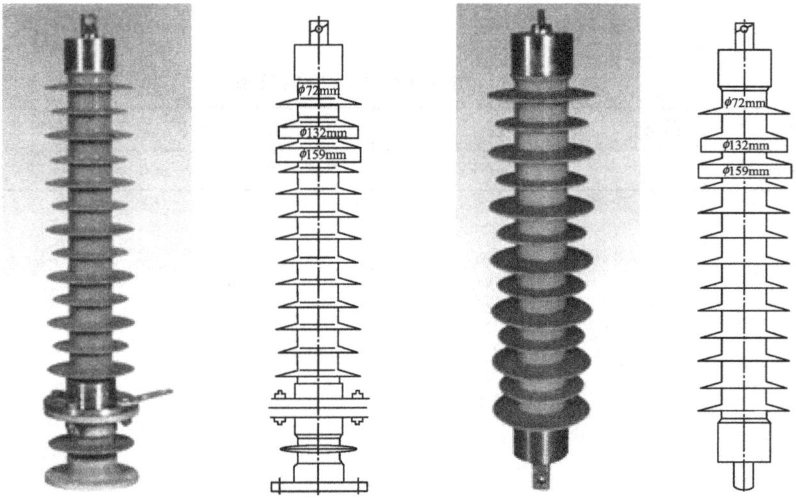

自立式电站并联补偿电容器避雷器　　　　悬挂式电站避雷器

图 9-11　常见的氧化锌避雷器

线路的耐雷水平。另外，还可以沿线安装硅橡胶伞套的氧化锌避雷器来高度限制操作过电压，以及限制紧凑型输电线路的相间操作过电压。

9.6.4　高压设备接地

埋入地中的金属接地体称为接地装置，其作用是降低接地电阻。所谓接地电阻是指接地点的电位与接地电流的比值，更确切地说为接地阻抗。接地电阻是大地阻抗效应的总和。当接地电流为定值时，接地电阻 R 越小，则接地点电位越低，地面上的设备及人身安全越有保障。

按接地装置的工作特点可分为工作接地（如中性点接地）、保护接地（如设备外壳接地）和防雷接地。工作接地的作用是稳定电网的对地电位，降低电气设备的绝缘水平，如三相交流系统的中性点接地。工作接地一般要求接地电阻为 0.5～5Ω。保护接地的作用是保护人身安全，如将电气设备的金属外壳接地，一旦设备绝缘损坏而使外壳带电时，也不致有危险的电位升高。保护接地的电阻值对高压设备为1～10Ω，对低压设备为10～100Ω。输电铁塔、避雷针下的接地装置属于防雷接地，其作用在于降低雷电流流过时避雷针（线）或避雷器顶部的电压。一般要求平原地区冲击接地电阻小于7Ω，山区小于15Ω。

工程上根据不同的土壤电阻率，将不同尺寸的扁钢、角钢、钢管埋入地下组成单独接地体或接地网。由于金属的电阻率远小于土壤的电阻率，所以接地体本身的电阻在接地电阻中完全可以忽略不计。接地装置的作用在于确定地中电流起始扩散的边界条件，在不同程度上以其形状和尺寸影响接地电阻的大小。几种典型土壤的电阻率如表9-1所示。

表9-1 集中典型土壤的电阻率

土壤类别	沼泽地	泥土、黏土、腐殖土	沙土	沙砾土	山地
电阻率/(Ω·m)	5～40	20～200	200～2500	2000～3000	500～3000

第 10 章　操作过电压及其防护

在电力系统运行中由于运行状态的突然变化，例如正常操作或故障操作，会导致系统内电感和电容元件间电磁能的互相转换，引起振荡性的过渡过程，因而在某些设备或局部电网上会出现过电压，称内过电压，以别于由雷电引起的外过电压。

10.1　电力系统操作过电压的一般特性

电力系统参数变化的原因是多种多样的，因此，内部过电压的幅值、振荡频率以及持续时间不尽相同，通常可按产生的原因将内部过电压分为操作过电压及暂时过电压。操作过电压即电磁暂态过程中的过电压；而暂时过电压包括工频电压升高及谐振过电压。若以其持续时间的长短来区分，一般持续时间在 0.1s（5 个工频周波）以内的过电压称为操作过电压；持续时间长的过电压则称为暂时过电压。

由空载长线路的容生效应、不对称短路、突然甩负荷等原因引起的工频电压升高，在超高压系统的绝缘配合中，虽然幅值远不如操作过电压高，但持续时间长，并且有时其大小还直接影响操作过电压的幅值，因此也必须对其升高的数值及持续时间给予限制。

有时也把频率为工频或接近工频的过电压，称为工频电压升高，或工频过电压。对因系统的电感，电容参数配合不当，出现的各类持续时间长、波形周期性重复的谐振现象及其电压升高，称为谐振过电压。暂时过电压对正常运行的电气设备的危害取决于其幅值和持续的时间。

限制暂时过电压的方法有：利用并联电抗器补偿空载线路的电容效应、利用静止补偿装置（SVC）限制工频过电压等。

操作过电压是电力系统内部过电压的另一种类型，它是由系统中断路器操作和各种故障产生的过渡过程引起的。与暂时过电压相比，操作过电压通常具有幅值高，存在高频振荡、强阻尼和持续时间短的特点。常见的操作过电压有：中性点不接地系统中电弧接地过电压、空载线路合闸过电压、切除空载线路过电压以及切除空载变压器过电压等。

在中性点直接接地系统中，常见的操作过电压有：合闸空载线路过电压、切除空载线路过电压、切除空载变压器过电压以及解列过电压等。近年来，由于断路器及其他设备性能的改善，切除空载线路及切除空载变压器过电压已变得不严重了，产生高幅值的解列过电压的概率实际上很少，因此在超高压系统中以合闸（包括重合闸）过电压最为严重。

在中性点非直接接地系统中，主要是弧光接地过电压，其防护措施是使系统中性点经消弧线圈接地。为克服中性点经消弧线圈接地的种种弊病，近年来在我国许多地区 6～10kV 甚至 35kV 系统的中性点采用了低电阻、中电阻或高电阻的接地方式。

操作过电压的幅值和波形与电网结构及其参数、断路器性能、系统接线、运行操作方式及限压设备的性能等因家有关，具有随机性。对操作过电压的定量研究大都依据系统实测，以及计算机的计算等。

近年来，由于高压断路器灭弧性能的改善、变压器铁心材料的改进、避雷器制造水平的提高，限制了切除空载线路和空载变压器的过电压，但空载线路合闸过电压仍未得到有效的限制，尤其在超高压及持高压系统中，这种过电压已成为决定电网绝缘水平的主要依据。

因此，在超高压系统中必须采取措施将操作过电压强迫限制在一定水平以下。目前采取的有效措施主要有：线路上装设并联电抗器，采用带有并联电阻的断路器以及磁吹阀型避雷器或金属氧化物避雷器（MOA）等。随着这些限制措施的采用以及其本身性能的改善，超高压系统中操作过电压倍数将会有所降低。

由于操作过电压是电网本身振荡引起的，所以其过电压幅值和电网本身电压大致有一定的倍数关系，通常以发生过电压处设备的最高运行相电压（峰值）的倍数来表示操作过电压的大小。

为绝缘配合许可的相对地操作过电压倍数如下：

(1) 30～65kV 及以下系统（非直接接地），4.0 倍。

(2) 110～145kV 系统（非直接接地），3.5 倍。

(3) 110～220kV 系统（直接接地），3.0 倍。

(4) 330kV 系统（直接接地），2.75 倍。

(5) 500kV 系统（直接接地），2.0 倍。

相间操作过电压倍数如下：

(1) 35～220kV 相对地过电压的 1.3～1.4 倍。

(2) 330kV 相对地过电压的 1.4～1.45 倍。

(3) 500kV 相对地过电压的 1.5 倍。

由于操作过电压的数值与系统的额定电压有关，所以随着系统额定电压的提高，操作过电压的幅值也迅速增长。对于 220kV 及以下系统，通常设备的绝缘结构设计允许承受可能出现的 3～4 倍的操作过电压，因此不必采取专门的限压措施。然而对于 330kV 及以上超高压系统，如果仍按 3～4 倍的操作过电压考虑，势必导致设备绝缘费用的迅速增加；此外，外绝缘及空气间隙的操作冲击强度对绝缘距离的“饱和”效应会使设备的绝缘结构复杂、体积庞大，从而进一步影响到设备的造价、工程的投资等经济指标。

10.2 电容效应引起的过电压

一般而言，工频电压升高对 220kV 电压等级以下、线路不太长的系统的正常绝缘的电气设备是没有危险的。但是对超高压远距离输电系统绝缘水平的确定却起着决定性的作用。

工频电压升高的数据是决定保护电器工作条件的主要依据，例如，避雷器的最大允许工作电压就是按照电网中工频电压升高来确定的。工频电压升高的幅度越大，要求避雷器的灭弧电压越高。在同样的保护比下，或者提高设备的绝缘水平，或者要提高避雷器灭弧性能和通流能力。同时，工频电压升高幅值越大，对断路器并联电阻热容量的要求也越高，从而给制造低值并联电阻带来困难。

操作过电压与工频电压升高是同时发生的，因此工频电压的升高直接影响操作过电压的幅值。

工频电压升高持续时间长，对设备绝缘及其运行性能有重大影响。例如，可导致油纸绝缘内部游离、污秽绝缘子的闪络、铁心的过热、电晕等。

1. 空载长线的电容效应

在集中参数 L、C 串联电路中，如果容抗大于感抗，即 $1/(\omega C)>\omega L$，电路中将流过容性电流。电容上的电压等于电源电势加上电容电流流过电感造成的电压升。这种电容上电压高于电源电势的现象，称为电容效应。

在线路不太长时，可使用集中参数的 T 形等值电路来代替，如图 10-1（a）所示。图 10-1（a）中 R_0、L_0 为电源的内阻和电感 R_T、L_T、C_T 为 T 形等值电路中的线路等值电阻、电感和电容，$e(t)$ 为电源相电势。如果是空载长线线路，可进一步简化成 RLC 串联电路，如图 10-1（b）所示。一般 R 要比 X_L 和 X_C 小得多，而空载线路的工频容抗 X_C 又大于工频感抗 X_L，因此在工频电势 $\dot{E}$ 的作用下，线路上流过的容性电流在感抗上造成的压降 $\dot{U}_L$ 将使容抗上的电压 $\dot{U}_C$ 高于电源电势。其关系如下

$$\dot{E}=\dot{U}_R+\dot{U}_L+\dot{U}_C=R\dot{I}+jX_L\dot{I}-jX_C\dot{I} \tag{10-1}$$

若忽略 R 的作用，则

$$\dot{E}=\dot{U}_L+\dot{U}_C=j(X_L\dot{I}-X_C\dot{I}) \tag{10-2}$$

由于电感与电容上的压降反相，且 $U_C>U_L$，可见电容上的压降大于电源电势，如图 10-1（c）所示。这就是空载线路的电容效应引起的工频电压升高。空载线路工频电压升高的根本原因在于线路中电流在感抗上的压降使得电容行的电压高于电源电压，那么通过补偿这种电容性电流，从而削弱电容效应，就可以降低这种工频过电压。超高压线路，由于其工频电压升高比较严重，常采用并联电抗器来限制工频过电压。并联电抗器视需要可以装设在线路的末端、首端或中部。

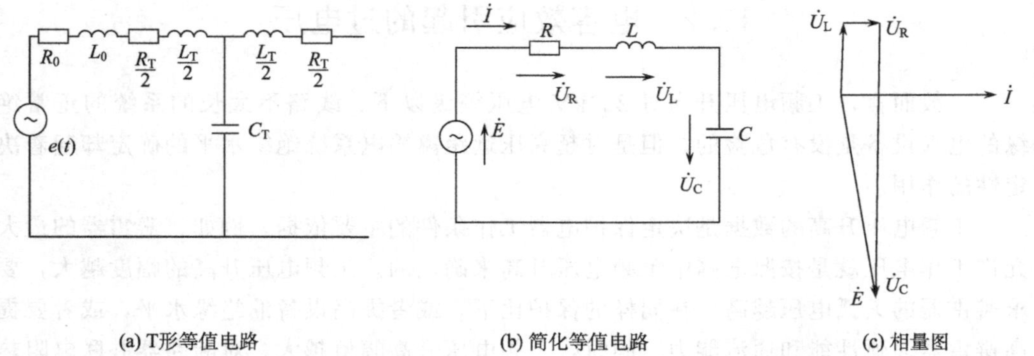

图 10-1　空载长线路的电容效应

2. 突然甩负荷引起的工频电压升高

输电线路传送重负荷时，由于某种原因，断路器跳闸，电源突然甩负荷后，将在原动机与发电机内引起一系列机电暂态过程，它是造成线路工频电压升高的又一原因。

首先，当甩负荷后，根据磁链守恒原理，发电机中通过激磁绕组的磁通来不及变化，与其相应的电源电势维持原来的数值，原来负荷的电感电流对发电机主磁通的去磁效应突然消失，而空载线路的电容电流对发电机主磁通起助磁作用，使电源电势上升。因此，加剧了工频电压的升高。

其次，从机械过程来看，发电机突然甩掉一部分有功负荷，而原动机的调速器有一定惯性，在短时间内输入给原动机的功率（汽轮机与蒸汽流量有关，水轮机与水流量有关）来不及减少，主轴上有多余功率，这特使发电机转速增加。转速增加时，电源频率上升，不但发电机的电势随转速的增加而增加，而且加剧了线路的电容效应。

3. 工频电压升高的限制措施

计算线路工频电压升高时，考虑空载线路的电容效应、单相接地及突然甩负荷三种情况，工频电压升高可能达到较高的数值。根据我国的运行经验，一般情况下，220kV 及以下的电网中不需采取特殊措施限制工频电压升高，但在 330kV、500kV 系统中，工频电压升高对确定设备的绝缘水平起着重要的作用，应采取适当措施，将工频电压升高限制在一定水平之内。目前我国规定 330kV、500kV 系统，母线上的暂态工频过电压升高不超过最高工作相电压的 1.3 倍，线路不超过 1.4 倍。通常采取以下方法加以限制。

1）利用并联电抗器补偿空载线路的电容效应

为了限制电容效应引起的工频电压升高，在超高压电网中，广泛采用并联电抗器来补偿线路的电容电流，以削弱其电容效应。系统中的电抗器可以安装在线路的末端，也可装在线路的首端，甚至装在线路的中间。用上述类似的方法，可进行对电抗器限制工额过电压效果的计算。

本节所讲的并联电抗器的作用主要是降低空载线路的电容电流，以降低工频电压的升高，但并联电抗器的设置还涉及系统无功平衡、潜供电流补偿、自激过电压及非全相状态下的谐振等问题。因此，电抗器的补偿度及安装位置的选择，必须综合考虑实际系统的结构、参数、可能出现的运行方式及故障形式等因素，然后确定合理的方案。

2）利用静止补偿装置（SVC）限制工频过电压

前述的并联电抗器在发生工频过电压时，它将起到限制作用。但平时若一直接入系统，需消耗系统大量的无功功率，造成不必要的浪费。因此，出现了一种新型的并联补偿装置，它采用了可控硅等先进的电子技术。图 10-2 所示为静止补偿装置系统的示意接线图。它包含三个部分：可控硅开关投切电容路组（TSC）、可控硅相角控制的电抗器组（TCR）和调节系统。

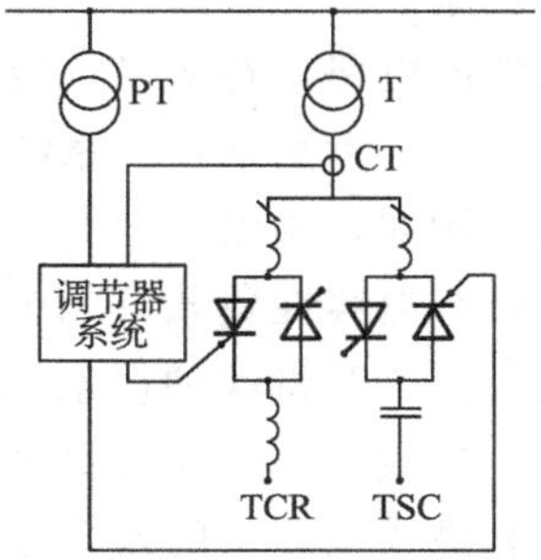

图 10-2　静止无功补偿器原理图

SVC 具有时间响应快、维护简单、可靠性高等优点。当系统由于某种原因发生工频电压升高时，TSC 断开，TCR 导通，吸收无功功率，从而降低工频过电压。根据需要，可改变 TCR、TSC 的导通相角，达到调节系统无功功率、控制系统电压、提高系统稳定性的目的。

10.3　铁磁谐振引起的过电压

1. 谐振过电压的分类

电力系统中存在着大量的“储能元件”，这就是储静电能量的电容和储磁能的电感。例如，线路的电容，补偿用的串联与并联电容器组和变压器的电感等。这些元件组成了各种不同的振荡回路，因而在电力系统中产生谐振的可能性是比较大的。正常运行时，这些振荡回路被负载所阻尼或分路，所以不可能产生严重的振荡。但在发生故障时，系统接线方式发生改变，负载也甩掉了，在一定的电源作用下，就有可能发生谐振。谐振常常引起严重的、持续时间很长的过电压；有时，即使过电压不太高，也会出现一些异常现象，使系统无法正常运行。

运行经验表明：不同结构的电网，所有电压等级都可能产生不同类型的谐振过电压。通常认为，系统中的电阻和电容元件为线性参数。而电感元件分为三类不同特性的参数：即在特定的条件下，有些电感元件是线性的；有的则是非线性的，有的电感元件参数大小呈周期性地变化。它们在一定的电容参数和其他条件配合下，可以产生三种不同类型的谐振现象。

（1）线性谐振。实际电力系统中，往往可以在设计或运行时避开这种谐振，因此完全满足线性谐振的机会是极少的。但是，即使在接近谐振条件下，往往也会产生很高的过电压。线性谐振条件是等值回路中的自振频率等于或接近于电源频率。其过电压幅值只受到回路中损耗（电阻）的限制。但有些情况下，由于谐振时电流的急剧增加，回路中的铁磁元件趋向饱和，使系统自动偏离谐振状态而限制其过电压幅值。

（2）铁磁谐振。电力系统中发生铁磁谐振的机会是相当多的。国内外运行经验表明，它是电力系统某些严重事故的直接原因。电路中的电感元件因带有铁心会产生饱和现象，电感不再是常数，而是随着电流或磁通的变化而变化。这种含有非线性电感元件的电路，在满足一定条件时，会发生铁磁谐振。

（3）参数谐振。系统中某些电感元件的电感参数在某种情况下会发生周期性的变化。例如，发电机在转动时，电感的大小随着转于位置的不同而周期性地变化。当电机带有电容性负载（如一段空载线路），在某种参数搭配下，就有可能产生参数谐振现象。有时将这种现象称作发电机的自励磁或自激。

参数谐振所需能量来源于改变参数的原动机，不需要单独电源，一般只要有一定的剩磁或电容上的残余电荷，参数处在一定范围内，就可以使谐振得到发展。由于回路中有损耗，只有参数变化时所引入的能量足以补偿回路中的损耗，才能保证谐振的发展。因此，对应于一定的回路电阻，有一定的自激范围。谐振发生后，理论上振幅趋向无穷大，而不仅线性谐振那样受到回路电阻的限制。但实际上电感的饱和会使回路自动偏离谐振条件，使过电压得以限制。

2. 铁磁谐振过电压

为了讨论分析铁磁谐振过电压，首先来研究最简单的 LC 串联谐振电路，如图 10-3（a）所示。图 10-3（a）中电感为非线性电感，其特性如图 10-3（b）中所示的 U_L。略去损耗，发生谐振时，除基频分量外，还有高次谐波分量，但在基频谐振下不起主要作用，在分析中可以忽略。这样，把谐振下的电压和电流仍看作正弦波，就可以应用交流符号法求解。

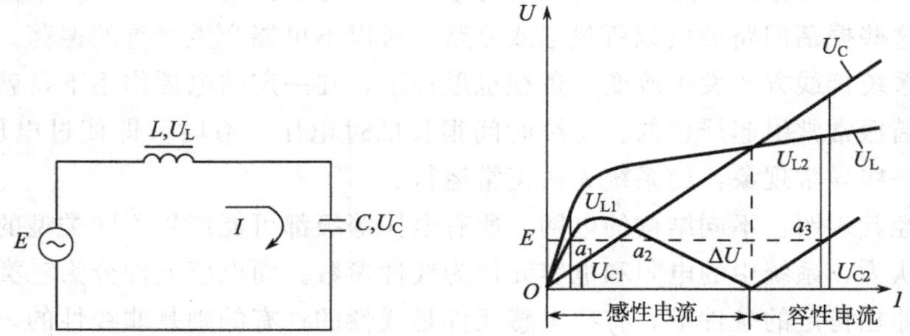

(a) 串联铁磁谐振电路　　(b) 串联铁磁谐振电路的特性曲线

图 10-3　铁磁谐振

因为电感上的电压 U_L 和电容上的电压 U_C 符号相反，但电容是线性的即 U_C 和 I 的关系是一条直线，由图 10-3（b）可见，当 $\omega L>\frac{1}{\omega C}$ 即 $U_L>U_C$ 时，电路中的电流是感性；但随着电流的增大，铁心饱和，电感降低，两条伏安特性相交；当电流再增加时，$U_C>U_L$，电路中电流变为容性。以上平衡式可用电压降总和的绝对值 ΔU 来表示，即

$$E=\Delta U=|U_L-U_C| \tag{10-3}$$

可作出 ΔU 与 I 的关系曲线，如图 10-3（b）所示。

电势 E 和 ΔU 曲线相交点，就是满足上述平衡方程的点。由图 10-3（b）可以看出，有 a_1、a_2 和 a_3 三个平衡点。但这三点并不都是稳定的。研究某一点是否稳定，可假定回路中有一微小的扰动，分析此扰动是否能使回路脱离该点。例如 a_1 点，若回路中电流稍有增加 $\Delta U>E$，即电压降大于电势，使回路电流减小，回到 a_1 点。反之，若回路中电流稍有减小，$\Delta U<E$，电压降小于电势，使回路电流增大，同样回到 a_1 点。因此 a_1 点是稳定点。用同样的方法分析 a_2、a_3 点，即可发现 a_3 点是稳定点，而 a_2 点是不稳定点。

同时，从图 10-3 中可以看到，当电势较小时，回路存在看两个可能的工作点 a_1、a_3，而当 E 超过一定值以后，可能只存在一个工作点。当有两个工作点时，若电源电势是逐渐上升的，则能处在非谐振工作点 a_1。为了建立起稳定的谐振点 a_3，回路必须经过强烈的扰动过程．例如发生故障、断路器跳闸、切除故障等。这种需要经过过渡过程建立的谐振现象称为铁磁谐振的“激发”。而且一旦“激发”起来以后，谐振状态就可以“保持”，维持很长时间，不会衰减。

根据以上分析，基波的铁磁谐振有下列特点。

（1）产生串联铁磁谐振的必要条件是：电感和电容的伏安特性必须相交，即

$$\omega L>\frac{1}{\omega C} \tag{10-4}$$

因而，铁磁谐振可以在较大范围内产生。

（2）对铁磁谐振电路，在同一电源电势作用下，回路可能有不止一种稳定工作状态。在外界激发下，回路可能从非谐振工作状态跃变到谐振工作状态，电路从感性变为容性，发生相位反倾，同时产生过电压与过电流。

（3）铁磁元件的非线性是产生铁磁谐振的根本原因，但其饱和特性本身又限制了过电压的幅值，此外，回路中损耗，也能使过电压降低，当回路电阻值大到一定数值时，就不会出现强烈的谐振现象。

上面讨论了基波铁磁谐振，事实上，在铁心电感的振荡回路中，由于电感值不是常数，回路没有固定的频率。即使是简单的串联回路，只要参数配合恰当，谐振频率也可以是电源频率的整数倍（高次谐振波）或分数倍（分次谐振）。

电力系统中的铁磁谐振过电压常发生在非全相运行状态中，其中电感可以是空载

变压器或轻载变压器的激磁电感、消弧线圈的电感、电磁式电压互感器的电感等。电容是导线的对地电容、相间电容以及导线对地的杂散电容等。由于涉及三相系统的不对称开断、断线、非线性元件特性，给分析铁磁谐振过电压带来一定的困难。一般常采用戴维南法则，将三相电路简化为如图 10-3（a）所示的简单的串联谐振回路，然后用图解法求出各点电压及分析谐振条件。

为了限制和消除铁磁谐振过电压，人们已找到了许多有效的措施。

（1）改善电磁式电压互感器的激磁特性或改用电容式电压互感器。

（2）在电压互感器开口三角绕组中接入阻尼电阻，或在电压互感器一次绕组的中性点对地接入电阻。

（3）在有些情况下，可在 10kV 及以下的母线上装设一组三相对地电容器，或用电缆段代替架空线段，以增大对地电容，从参数搭配上避免谐振。

（4）特殊情况下，可将系统中性点临时经电阻接地或直接接地，或投入消弧线圈，也可以按事先规定投入某些线路或设备以改变电路参数，消除谐振过电压。

10.4 合闸引起的过电压

1. 空载线路合闸过电压

合闸空载线路是电力系统中常见的一种操作，通常分为两种情况，即正常合闸和自动重合闸。由于初始条件的差别，其中以重合闸过电压的情况更为严重。

由于正常的运行需要而进行的合闸操作叫正常合闸，也称计划性合闸。比如线路检修后投入运行，根据调度需要对送电线路进行合闸操作等。在这种情况下，合闸前线路上不存在任何异常，线路上的起始电压为零。若设三相接线完全对称，且三相断路器同期合闸，则可按照单相线路进行分析。利用分布参数电路分析空载线路合闸过电压是比较复杂的，这里仅对集中参数电路作一简单分析。

在图 10-4（a）所示电路中，线路用 T 形等值回路代替；L_T、C_T 分别为线路等值电感、电容；L_s 为电源等值电感；$e(t)=E_m\sin(\omega t+\phi)$ 为单相电源，以最大工作相电压计。在图 10-4（b）中，$L=L_s+L_T/2$，E_m 为电源电势最大值。因为在电压峰值处合闸时过电压最大，且过渡过程的振荡频率比电源频率高，所以在电源电压峰值附近合闸，电源电压变化是比较缓慢的，近似认为 E_m 不变。

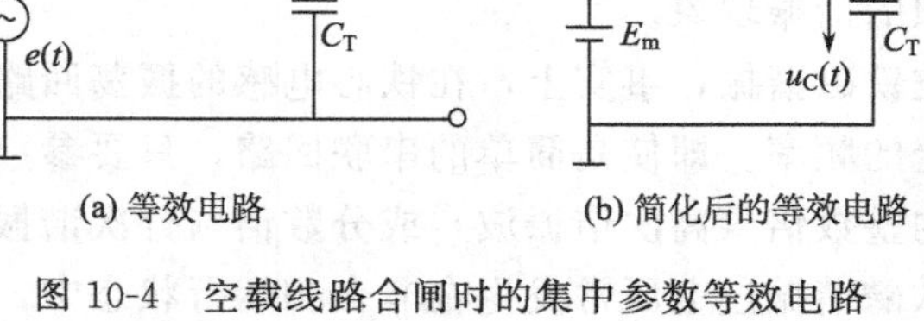

(a) 等效电路　　(b) 简化后的等效电路

图 10-4　空载线路合闸时的集中参数等效电路

对图 10-4（b）所示的电路在 $t=0$ 时合闸，很容易解得

$$u_C(t) = E_m(1 - \cos\omega_0 t) \tag{10-5}$$

式中，$\omega_0 = \dfrac{1}{\sqrt{LC_T}}$，为过渡过程的振荡角频率，对超高压线路，$\omega_0$ 较低，为电源角频率的 1.5～4 倍；对低压线路，ω_0 较高。

从式（10-5）易见，当 $t=\pi/\omega_0$ 时，$u_C(t)$ 达最大值，$u_{Cmax}=2E$。也可以将式（10-5）改写为

$$u_C(t) = E_m - E_m\cos\omega_0 t \tag{10-6}$$

式中，E_m 为稳态分量；$-E_m\cos\omega_0 t$ 为自由振荡分量，当仅关心过电压幅值时，显然有

$$\begin{aligned}\text{过电压幅值} &= \text{稳态值} + \text{振荡幅值}\\ &= \text{稳态值} + (\text{稳态值} - \text{起始值})\\ &= 2\times\text{稳态值} - \text{起始值}\end{aligned}$$

对空载线路，线路上不存在残余电压，起始值为零，故从式（10-6）也可得 $u_{Cmax}=2E$，实际线路中总有衰减，有阻尼，因而 $u_C(t)$ 是衰减振荡的波形，$u_{Cmax}<2E$。考虑电源电压变化时的线路电压 $u_C(t)$ 的波形如图 10-5（a）所示。若合闸能在 $e(t)=0$ 时进行，则似乎无此衰减振荡过程。但实际上很难在 $e(t)=0$ 时合闸，因为开关触头相向运动时，动静触头尚未接触前，触头两端的电压就可能击穿触头间隙。而在这种情况下往往会导致触头间电压达到最大，即在最严重的条件下合闸。油断路器合闸时，合闸相位多处于电压最大值附近±30°之内。若采用三相同期合闸，则至少有两相线路不可能在 $e(t)=0$ 时合闸。

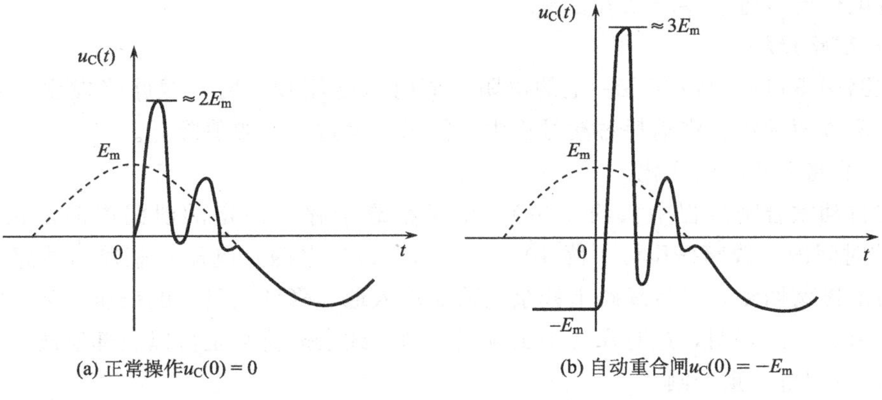

图 10-5　空载合闸时的线路电压波形

2. 重合闸过电压

自动重合闸是线路发生故障后，由继电保护系统控制的合闸操作，这也是系统中

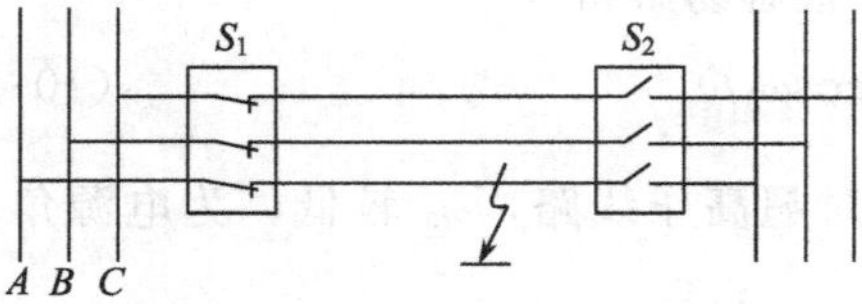

图 10-6　中性点接地系统单相短路

经常遇到的一种操作。图 10-6 所示为系统中常见的单相短路故障的示意图。在中性点直接接地系统中，A 相发生对地短路，短路信号先后到达断路器 S_2、S_1。断路器 S_2 先跳闸，健全 B 相，C 相从断路器 S_1 侧看过来变成空载线路，只有 B、C 相导线的对地电容，其上的电压电流相位相差 90°。S_1 再跳闸时，断路器 B、C 相触头处的电弧分别在电容电流过零时熄灭。这时在 B、C 相线路上的残余电压正好达到峰值，数值为 u_{phm}。大约 0.5s 以后，断路器 S_2 自动重合，如果线路上的残余电荷没有泄放掉，而且 B、C 相中有一相的电源电势达最大值，且极性恰与残余电压相反时，断路器两端触头间电位差最大，最容易击穿。

这时该相上过电压的幅值根据式(10-6) 可得

$$\text{起始值} = u_{\mathrm{phm}} = -E_{\mathrm{m}}$$

$$\text{过电压幅值} = 2 \times \text{稳态值} - \text{起始值} = 2E_{\mathrm{m}} - (-E_{\mathrm{m}}) = 3E_{\mathrm{m}}$$

所以，重合闸时在线路上可能出现的最大过电压幅值为 $3E_{\mathrm{m}}$，其波形图如图 10-5 (b) 所示。

3. 空载线路合闸过电压的影响因素及限制措施

1）合闸相位

前面已经分析过，合闸相位的不同将直接影响过电压幅值，若需在较有利的情况下合闸，一方面需改进高压断路器的机械特性，提高触头运动速度，防止触头间预击穿的发生；另一方面通过专门的控制装置选择合闸相位，使断路器在触头间电位极性相同或电位差接近于零时完成合闸。

2）线路损耗

线路中不可避免地存在一定的电阻，同时过电压较高时，线路将发生强烈的电晕，这两方面的损耗将消耗过渡过程中的能量，使过电压幅值降低。

3）线路上残压的变化

在自动重合闸过程中（约 0.5s），由于绝缘子存在一定的泄漏电阻，在 0.3～0.5s 的时间内，线路残压可下降 10%～30%。另外电磁式电压互感器与线路电容组成的阻尼振荡回路，可将线路上残余电荷泄放入地，降低线路上的残压，从而降低过电压幅值。实测表明，这时在几个工频周期内，残余电荷甚至可以全部泄放。

4）单相自动重合闸

三相断路器合闸时总存在一定程度的不同期，而这将加大过电压幅值，因而在超高压系统中多采用单相自动重合闸。

5）后备保护措施

采用带并联电阻的断路器及用磁吹阀型避雷器或氧化锌避雷器作后备保护。

10.5　切断引起的过电压

1. 切除空载线路过电压

切除空载线路也是常见的系统操作，在切空线的过程中，虽然断路器切断的是几十到几百安培的容性电流，比短路电流小得多，但在分闸初期，由于断路器触头间恢复电压的上升速度超过绝缘介质恢复强度的上升速度，造成触头间电弧重燃，因而引起电磁振荡，造成过电压。

我们仍用单相集中参数的简化等效电路来进行分析，如图 10-7（a）所示，在 S 断开之前，线路电压 $u_C(t)=e(t)$，设触头开始分离后，当 t_1 时刻流过断路器的工频电容电流 $i_C(t)$ 过零时熄弧，如图 10-7（b）所示，线路上电荷无处泄放，$u_C(t)$ 保留为 E_m，触头间电压 $u_r(t)$ 为

$$u_r(t) = e(t) - E_m(\cos\omega t - 1) \tag{10-7}$$

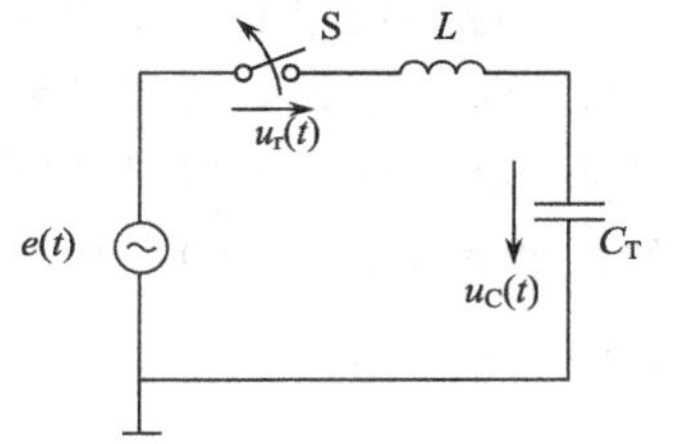

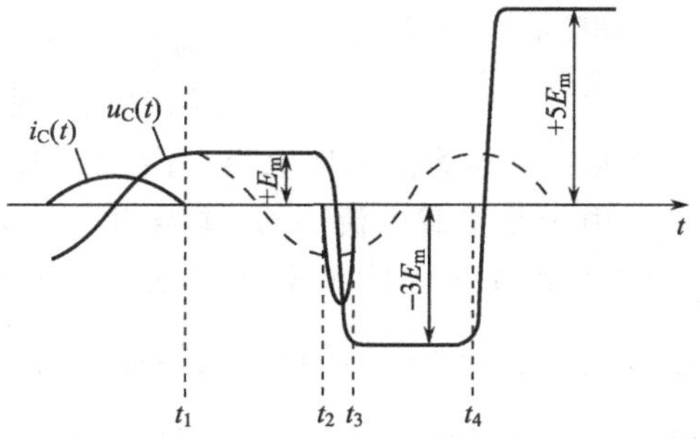

图 10-7　切除空载线路时的等值电路和电压过程

随断口触头开距的逐渐增大，加在触头上的恢复电压 $u_r(t)$ 也在增加，在 $t=t_2=t_1+T/2$ 时，$u_r(t)=-2E_m$。若在 t_2 时触头间隙击穿重燃，相当于一次反极性重合闸，u_{Cmax}将达到 $-3E_m$，设在 $t=t_3$ 时，高频（重合闸过程，回路振荡的角频率为 $\omega_0=1/\sqrt{LC_T}$，大于工频下的 ω）电容电流第一次过零时熄弧，则 $u_C(t)$ 将保持 $-3E_m$，又经过 $T/2$ 后，$e(t)$ 又达到最大值，触头间电压 $u_r(t)$ 为 $4E_m$。若此时触头再度重燃，则会导致更高幅值的振荡，u_{Cmax}将达到 $+5E_m$。依此类推，工频每半周重燃一次，线路电压将达很高数值，直至触头间绝缘足够高，不再重燃为止。

显然，要想避免切空线过电压，最根本的措施就是要改进断路器的灭弧性能，使其尽量不重燃，而且线路上的泄漏将降低过电压幅值，高频电容电流若不在第一次过零时熄弧，而是在后几次过零时熄弧，也将降低切空线过电压幅值。

20 世纪 70 年代以前，在 110～220kV 系统中，由于断路器的重燃问题没有得到

很好的解决，致使这种过电压可高达 3 倍以上，持续时间长达 0.5～1 个工频周期，因此切空线过电压成为当时决定设备操作冲击绝缘水平的主要依据。随着断路器灭弧能力的改进以及断路器采用并联电阻，断路器在切断小电流时基本不重燃，切空线过电压已经得到了有效的限制，使得重合闸过电压成为设备操作冲击绝缘水平的决定性因素。

2. 切除空载变压器过电压

系统中利用断路器切除空载变压器、并联电抗器及电动机等都是常见的操作方式，它们都属于切断感性小电流的情况。

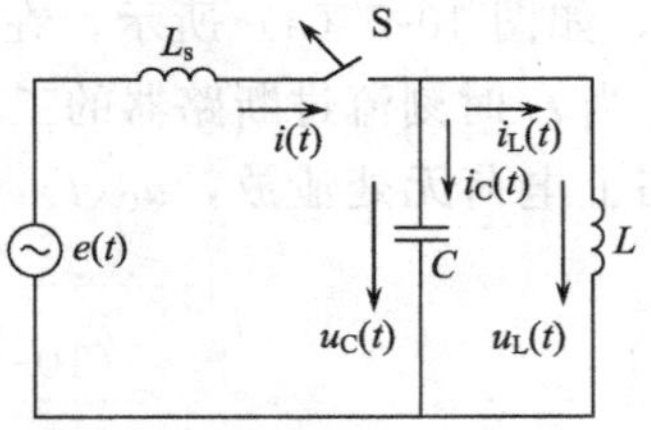

图 10-8 切除空载变压器时的等效电路

断路器灭弧性能的改进有效地抑制了切空线过电压，但灭弧能力过强将会导致切空变时的过电压。因为空载变压器的电流是不大的，不必电流过零即可突然熄弧，即发生截流现象，$\mathrm{d}i_L(t)/\mathrm{d}t$ 很大，从而引起变压器线圈上的感应电压 $L\cdot \mathrm{d}i_L(t)/\mathrm{d}t$ 达到很高的数值。

假设三相完全对称，切除空载变压器的单相等效电路如图 10-8 所示。L_s 为电源内电感；L 为变压器励磁电感；C 为变压器等值对地电容。由于 C 较小，$i_C(t) \ll i_L(t)$，所以开断前 $i(t) \approx i_L(t)$，又由于是空载电流 $i(t)$ 本身并不大，电弧很容易熄灭。设在某时刻截流，LC 并联回路与电源失去能量交换关系，在电感中残留初始电流 $i_L(0)$，在电容中残留初始电压 $u_C(0)$。即 LC 回路中初始能量为$\frac{1}{2}Li_L^2(0)+Cu_C^2(0)$。

截流后，此初始电磁能在 LC 回路中振荡交换。全部初始能量转换为电能的瞬间，电容 C、电感 L 上的电压达最大值 u_{Cm}，即

$$\frac{1}{2}Cu_{Cm}^2=\frac{1}{2}Li_L^2(0)+Cu_C^2(0) \tag{10-8}$$

所以

$$u_{Cm}=\sqrt{u_C^2(0)+\frac{L}{C}i_L^2(0)}=\sqrt{u_C^2(0)+(Z_T i_L(0))^2} \tag{10-9}$$

式中，$Z_T=\sqrt{L/C}$称变压器的特征阻抗。

若在 $i_L(t)=I_{Lm}$ 最大电流时截流，则 $i_L(0)=I_{Lm}$，$u_C(0)=0$，于是切空变时的最大预期过电压为

$$u_{Cm}=I_{Lm}\cdot Z_T \tag{10-10}$$

截流不仅造成了过电压，同时也在断路器的触头间形成很大的恢复电压，而且恢复电压上升速度很快（ω_0 较大），因此在切断过程中，当触头之间分开的距离还不够大时，可能发生重燃。实际上，在大多数情况下，空载变压器的切除伴随着产生多次复杂的电弧重燃过程。

显然在多次重燃过程中，能量的减少限制了过电压的幅值。与切除空载线路的情况正相反，重燃对降低过电压是有利因素。所以常称按式（10-10）算得的 u_{Cm} 为预期过电压幅值。另外，变压器的参数显然也影响切空变过电压的幅值，又由于在振荡过程中变压器铁心及铜线的损耗，相当部分的磁能将会损失，因而实际的过电压将大大低于上述最大预期过电压。

目前切除空载变压器过电压的主要限制措施是采用阀型避雷器。切除空载变压器过电压倍数虽较高，但能量小，持续时间短，通常在雷电过电压下能导出比避雷器能量小一个数量级的能量，故可用避雷器进行限制。

10.6 操作过电压的限制措施

1. 利用断路器并联电阻限制分合闸过电压

为了限制分合闸过程中的过电压，在断路器主触头上并联一个大容量电阻，并在主触头外串联一个辅助触头，将分合闸过程分为两阶段进行，缩小了每一阶段过渡过程的起始值与稳态值的差，从而减小了每一阶段的过电压，大容量电阻的阻尼加速了振荡过程的衰减，从而有效抑制了分合闸过电压。

2. 利用并联电阻限制合空线过电压

图 10-9 所示电路中的合闸过程是：辅助触头 S_2 先合闸，将主触头 S_1 的并联电阻串入回路中；经过 1.5～2 个工频周期后，主触头 S_1 再合闸；将 R 短接，完成整个合闸操作。

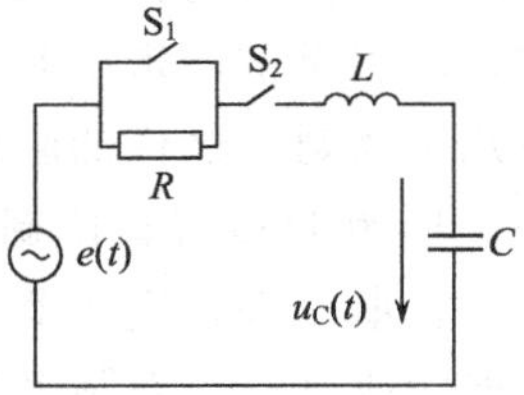

图 10-9　断路器带并联电阻时的等效电路

整个合闸过程被分成两个阶段，每一个阶段过渡过程的起始值与稳态值的差值减小，即减小了振荡分量的幅值。又由于电阻的阻尼作用，振荡过程的衰减加快，从而使过电压幅值受限。

实践证明，并联电阻的作用是明显的，为了充分发挥并联电阻的作用，要求有足够的并联电阻接入时间，使 S_1 合闸时前一阶段的过渡过程基本结束，不再对第二阶段产生不利的影响。我国 500kV 断路器并联电阻的接入时间一般为 10～15ms。

并联电阻的阻值对合闸过电压也有影响，如图 10-10 所示。第一阶段过电压的幅值随 R 的增大而迅速下降；但第二阶段中，若 R 增大，则第二阶段的过电压幅值也逐渐加大。显然两曲线交点为最佳的电阻值，这样两阶段的过电压大小一样。研究表明，此时 $R\approx0.2Z\sim2.0Z$，Z 为线路波阻抗，$Z\approx400\Omega$，因而并联电阻应取 200～800Ω。考虑到制造低值电阻时通流容量方面的困难，实际选用的电阻值均大于最佳电阻值，图 10-10 中的曲线 2 比较平缓，R 的增加不会使过电压上升太多。

在重合闸情况下，由于在 S_2 闭合的第一阶段，线路上残余电荷经并联电阻泄放，削弱了残余电压的影响，从而也就降低了第二阶段的合闸过电压。重合闸时并联电阻

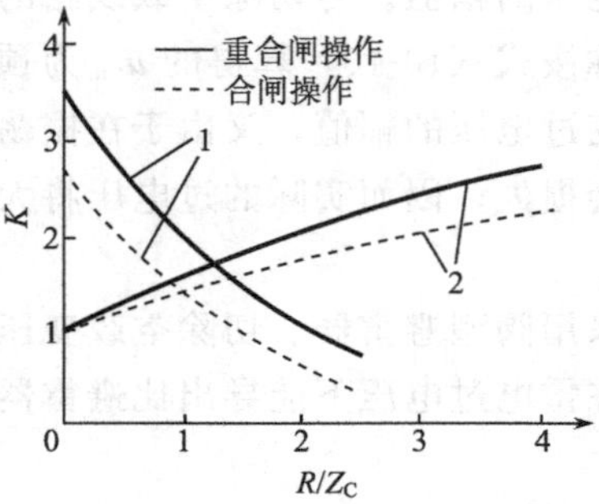

图 10-10　合闸电阻值与过电压倍数 K 之间关系

阻值对两阶段过电压倍数的影响亦见图 10-10 所示，其最佳电阻值比合闸时的最佳值稍大。

3. 利用并联电阻限制切空线过电压

图 10-9 所示的分闸过程是：第一阶段主触头 S_1，先断开，将 R 接入电路；经过 1.5～2 个工频周期后，辅助触头 S_2 于第二阶段再断开，完成整个分闸过程。

引起切空线过电压的原因是断路器触头间的重燃。并联电阻限制切空线过电压的作用有两种：首先是降低了触头间的恢复电压，减小了重燃的机会；其次是本身即可降低重燃后的过电压。

从降低触头间恢复电压的角度，打开 S_1 时，希望 R 小些，这样触头 S_1 间的恢复电压低；而断开 S_2 时，希望 R 大些，以阻尼重燃过电压。选 $R=3/\omega$ 时，两触头恢复电压最大值相同。如 110kV、200km 长的线路等值电容 $C_T=1.8\mu F$；220kV、400km 长的线路等值电容 $C_T=3.5\mu F$，则 $R\approx 3\sim 5k\Omega$。

可见切空线与合空线要求的断路器的并联电阻是不同的。对于切空变过电压，要想用并联电阻进行限制，需更高的阻值，为几万欧姆，无法统一，于是干脆不予考虑，而用避雷器来限制切空变过电压。在实际的断路器制造中，R 是按切空线选的，为几千欧姆，这样的阻值对限制合空线过电压当然也有用。

4. 利用避雷器限制操作过电压

长期以来，避雷器一直是限制电力系统雷电过电压的主要措施，随着阀型避雷器性能的改进，以及新型无间隙金属氧化物避雷器的发展及广泛应用，使得利用避雷器限制操作过电压成为可能。在我国的超高压系统中，设备的操作冲击绝缘水平是由避雷器的操作冲击残压决定的，由于采用了带并联电阻的断路器，因而只有在并联电阻失灵或其他意外情况下，才会出现幅值较高的操作过电压，避雷器才动作。

避雷器在限制操作过电压时应注意以下几个问题：

（1）磁吹阀型避雷器间隙的操作波放电电压可能与工频放电电压数值不同，而且分散性大。

（2）操作过电压下流过避雷器的电流一般小于雷电流，但持续时间长得多，对避雷器的通流容量要求更严格。

（3）操作过电压下避雷器可能动作多次，对阀片的通流容量和间隙的灭弧性能要求苛刻。

在几种常见的操作过电压中，以合空线或重合闸过电压下，避雷器动作时受到的考验最为严峻。此时线路与电源相连，过电压能量可以从电源中得到补充，因而要求避雷器阀片具有较高的通流能力。

随着电力系统容量的增大，系统的短路故障电流甚至接近 100kA，对高压断路器的开断电流提出了极大的挑战。目前的一种努力方向是发展快速限流装置，当故障电流出现时，先由限流装置迅速将原本巨大的短路电流限制下来，比如将故障电流降低到一个数量级，然后再由常规断路器开断。超导故障电流限制器即为其中的一种，分电阻限流器与电感限流器两类，它们都是利用超导体的超导态与正常态的转变，在几十微秒内由极低电阻变到较高电阻，从而达到限制故障电流的目的。

10.7 电力系统的绝缘配合

10.7.1 绝缘配合的一般原则

电力系统的运行可靠性主要由停电次数及停电时间来衡量。造成电力系统故障、停电的原因不外乎电压升高和电压下降两大类，因此除了尽可能限制电力系统出现的过电压外，还要尽量提高电气设备的绝缘水平。

20 世纪前半叶，是按照使设备绝缘，以耐受运行中可能出现的最大过电压的原则来满足系统安全要求的。但是随着电力系统电压等级的提高，输变电设备的绝缘部分占总投资的比重越来越大，一味地提高设备的绝缘水平不仅技术上越来越困难，而且经济上也越来越不划算。

因此如何选择采用合适的限压措施及保护措施，在不过多增加设备投资的前提下，既限制可能出现的高幅值过电压，保证设备与系统安全可靠地运行，又降低对各种输变电设备绝缘水平的要求，减少主要设备的投资费用，已日益得到重视，这就是绝缘配合问题。

所谓绝缘配合就是根据设备在系统中可能承受的各种电压（工作电压及过电压），并考虑限压装置的特性和设备的绝缘特性来确定必要的耐受强度，以便把作用于设备上的各种电压所引起的绝缘损坏和影响连续运行的概率，降低到在经济和运行上能接受的水平。这就要求在技术上处理好各种电压、限压措施和设备绝缘耐受能力三者之间的配合关系，以及在经济上协调设备投资费、运行维护费和事故损失费（可靠性）三者之间的关系。这样，既不因绝缘水平取得过高使设备尺寸过大、造价太贵，造成不必要的浪费；也不会由于绝缘水平取得过低，虽然一时节省了设备造价，但增加了运行中的事故率，导致停电损失和维护费用大增，最终不仅造成经济上更大的浪费，而且造成供电可靠性的下降。

在上述绝缘配合总体原则确定的情况下，对具体的电力系统如何选取合适的绝缘水平，还要按照不同的系统结构、不同的地区以及电力系统不同的发展阶段来进行具体的分析。

比如不同的系统，因结构不同，过电压水平不同，且同一系统中不同地点的过电压水平也不同，同类事故发生的地点不同，造成的损失也是不同的。在系统发展初期，往往采用单回路长距离线路送电，系统联系薄弱，一旦发生故障经济损失较大。到了发展的中期或后期，系统联系加强，而且设备制造水平提高，保护性能改善，设备损坏几率减小，并且即使单个设备损坏，所造成的经济损失也相对下降。因此从经济方面考虑，对同一电压等级、不同地点、不同类型设备，允许选择不同的绝缘水平。此外，许多系统的绝缘水平往往初期较高，而中后期较低。不同的系统在发展的不同阶段应该允许根据实际情况选择不同的绝缘水平。我国早期建设的330kV及500kV系统均选取了较高的绝缘水平。

所谓电气设备的绝缘水平是用设备可以承受（不发生闪络、放电或其他损坏）的试验电压值表示的。对应于设备绝缘可能承受的各种工作电压，分全波基本冲击绝缘水平（Basic Impulse Level，BIL）、基本操作冲击绝缘水平（Basic Switching Level，BSL）以及工频绝缘水平。在进行绝缘试验时对应于以下几类试验：雷电冲击试验、操作冲击试验、短时（1min）工频试验以及特殊情况下的长时间工频试验。

10.7.2 绝缘配合的基本方法

为决定电气设备的绝缘水平，采用的绝缘配合的具体计算方法有以下几种。

1）惯用法

这是到目前为止已被广泛采用的方法。这个方法是按作用于绝缘上的最大过电压和最小绝缘强度的概念来配合的，即首先确定设备上可能出现的最危险的过电压；然后根据经验乘上一个考虑各种因素的影响和一定裕度的系数，从而决定绝缘应耐受的电压水平。

但由于过电压幅值及绝缘强度都是随机变量，很难按照一个严格的规则去估计它们的上限和下限，因此用这一原则选定绝缘，常要求有较大的安全裕度，即所谓配合系数（或安全裕度系数），而且也不可能定量地估计可能的事故率。

确定电气设备绝缘水平的基础是避雷器的保护水平（雷电冲击保护水平和操作冲击保护水平），因而需将设备的绝缘水平与避雷器的保护水平进行配合。雷电或操作冲击电压对绝缘的作用，在某种程度上可以用工频耐压试验来等价。工频耐受电压与雷电过电压、操作过电压的等价关系如图10-11所示，图中β_1、β_2为雷电和操作冲击电压换算成等值工频电压的冲击系数。

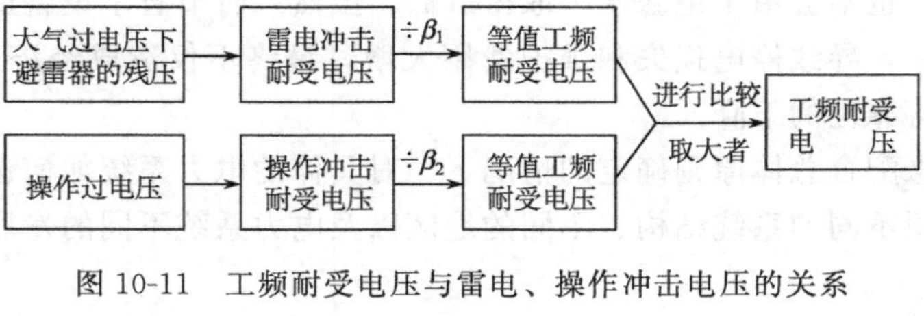

图10-11 工频耐受电压与雷电、操作冲击电压的关系

可见，工频耐压值在某种程度上也代表了绝缘对雷电、操作过电压的耐受水平，即凡通过了工频耐压试验的设备，可以认为在运行中能保证一定的可靠性。由于工频耐压试验简便易行，220kV及以下设备的出厂试验应逐个进行工频耐压试验。而330～

500kV 设备的出厂试验只有在条件不具备时，才允许用工频耐压试验代替。

2）统计法

由于对非自恢复绝缘进行绝缘放电概率的测定费用很高，难度也很大，目前难于使用统计法，仍主要采用惯用法。对于降低绝缘水平经济效益不是很显著的 220kV 及以下系统，通常仍采用惯用法。对 330kV 及以上系统，设备的绝缘强度在操作过电压下的分散性很大，降低绝缘水平具有显著的经济效益。因而自 20 世纪 70 年代以来，国际上推荐采用统计法对设备的自恢复绝缘进行绝缘配合，从而也可以用统计法对各项可靠性指标进行预估。

统计法是根据过电压幅值和绝缘的耐电强度都是随机变量的实际情况，在已知过电压幅值和绝缘闪络电压的概率分布后，用计算的方法求出绝缘闪络的概率和线路的跳闸率，在进行了技术经济比较的基础上，正确地确定绝缘水平。这种方法不只定量地给出设计的安全程度，并能按照使设备费、每年的运行费以及每年的事故损失费的总和为最小的原则，确定一个输电系统的最佳绝缘设计方案。

设 $f(u)$ 为过电压的概率密度函数，$P(u)$ 为绝缘的放电概率函数，如图 10-12 所示，出现过电压 u 并损坏绝缘的概率为 $P(u)f(u)\,\mathrm{d}u$，将此函数积分得

$$A=\int_0^{\infty}P(u)f(u)\mathrm{d}u \tag{10-11}$$

这就是图 10-12 中所示阴影部分的总面积，即为绝缘在过电压下遭到损坏的可能性，也就是由某种过电压 u 造成的事故的概率，即故障率。

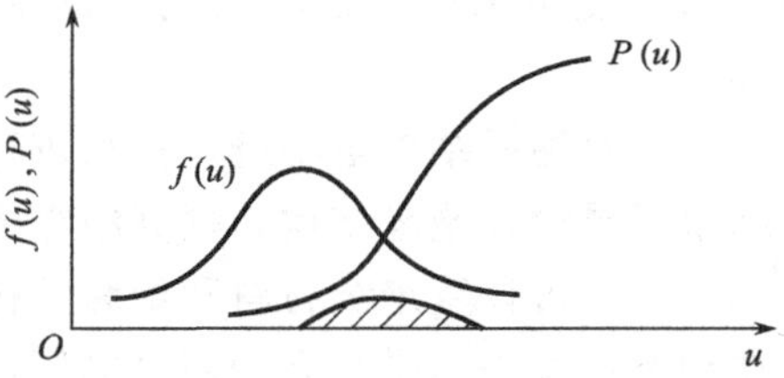

图 10-12　绝缘故障概率的估算

从图 10-12 中可以看到，增加绝缘强度，即曲线 $P(u)$ 向右方移动，绝缘故障概率将减小，但投资成本将增加。因此统计法可能需要进行一系列试验性设计与故障率的估算，根据技术经济的比较，在绝缘成本和故障概率之间进行协调，在满足预定故障率的前提下，选择合理的绝缘水平。

利用统计法进行绝缘配合时，绝缘裕度不是选定的某个固定数，而是与绝缘故障率的一定概率相对应的。统计法的主要困难在于随机因素较多，而且各种统计数据的概率分布有时并非已知，因而实际上采用得更多的是对某些概率进行一些假定后的简化统计法，此处不再详述。

3）电场计算法

常用计算方法有：直接求解法（直接积分法、分离变量法、格林函数法等）、间接求解法（复位函数法、保角变换法、镜像法等）和数值计算法（有限差分法、有限元法、边界元法、矢量法、模拟电荷法）。当场域边界的几何形状比较复杂时，应用各种解析法根本无法求解，必须采用数值计算法。

有限差分法和有限元法作为数值分析计算方法，均是把连续场域内的问题变换为离散系统的问题来求解。和有限差分法相比，有限元法对边界适应能力较强、网格剖分也较为灵活，所以得到的应用也更为广泛。

有限元法的基本理论和方法可以通过两种方法引入，一种是伽辽金有限元法，即令场方程余量的加权积分在平均的意义上为零。按照伽辽金准则，用有限单元上的插值基函数作为权函数，从而导出离散化代数方程组，代数方程组的解答就是有限单元各节点上待求变量的值。另一种是基于变分原理的有限元法，即找出一个与待求问题相应的泛函，使这一泛函取得极值的函数正是待求问题的解。基于变分原理的有限元法是从泛函的极值问题出发对求解区域进行离散化，从而得到相应的代数方程组。通过伽辽金法和变分有限元法得到的离散化代数方程组具有相同的形式。

与其他数值计算方法相比较，有限元法在适应场域边界几何形状以及媒质物理性质变异情况复杂的问题求解上，有突出的优点。此外，离散点配置比较随意，并且通过对有限单元剖分密度和单元插值函数恰当的选取，可以获得令人满意的数值计算精度。但对于复杂场域问题的求解，特别是对于高效率、低误差的电磁逆问题求解，其前处理已经成为制约有限元广泛应用的瓶颈，应运而生的是自动剖分软件由此得到发展。针对具体问题，在计算过程中为了提高计算精度、改善由于剖分数据对电磁场计算结果的误差影响，需要对计算场域进行自动剖分和自适应剖分处理。对于复杂场域三维电场问题的求解前处理工作量极大，需要做很多模型处理工作。

通过对绝缘结构电场进计算来进行绝缘配合的计算，有两个优势。一是可利用计算结果指导设计绝缘结构，提高绝缘强度，优化电场分布的均匀程度，减小电气设备体积。二是可计算绝缘材料和绝缘结构在动态过程中的介质恢复特性，保证电气设备能在动态过程中承受较高的恢复电压，不产生绝缘击穿。

10.7.3 架空线绝缘水平及配合

输电线路的绝缘水平，一般不需要考虑与变电站的绝缘配合，通常是以保证一定的耐雷水平为前提，在污秽地区或操作过电压被限制到较低数值的情况下，线路绝缘水平主要由最大工作电压决定。

确定输电线路的绝缘水平主要指确定绝缘子串的片数和线路绝缘的空气间隙，这两种绝缘均属于自恢复性绝缘。

绝缘子片数的选择应满足：在工作电压下不发生雾闪（污闪），在操作过电压下不发生雨闪，并具有一定的冲击耐受强度，确保线路有一定的耐雷水平。综合这三方面的要求，表 10-1 的最后一行中给出了实际线路绝缘子串中的绝缘子片数。

空气间隙的确定应考虑导线受风吹摇摆而使绝缘子串发生风偏的不利情况。工作电压幅值虽低，但长时间作用在导线上，按照线路最大设计风速（取 20 年一遇最大风速，25～35m/s），相应的风偏角最大。操作过电压持续时间较短，出现频度也低，按照线路最大设计风速的一半考虑，风偏角也相应减小。雷电过电压幅值最高，但持续时间最短，通常按照计算风速 10～15m/s 考虑，风偏角最小。

表 10-1　各电压等级下直线杆塔绝缘子片数

系统标称电压/kV	35	66	110		220	330	500
中性点接地方式	非直接接地		直接接地	非直接接地	直接接地		
按工作电压要求的绝缘子片数	2	4	6～7		12～13	18～19	28
按操作过电压要求的绝缘子片数	3	5	7	7～8	12～13	17～18	19
按雷电过电压要求的绝缘子片数	3	5	7	7	13	19	25～28
实际采用的绝缘子片数	3	5	7	7	13	19	28

注：表中数值适用于海拔 1000m 以下的非污秽地区，所用绝缘子型号为 XP-70 或 XP-150。

10.7.4　变电站绝缘水平及配合

在变电所的诸多电气设备中，以电力变压器最为重要，因此通常以确定电力变压器的绝缘水平为中心环节，之后再确定其他设备的绝缘水平。

确定电气设备绝缘水平的基础是避雷器保护水平，即设备的绝缘水平与避雷器的保护水平进行配合。避雷器的保护水平包括雷电冲击保护水平（BIL）和操作冲击水平（BSL）。而避雷器的雷电冲击保护性能有三个数据：①标准放电电流的波形（如 8/20μs）和其幅值下的残压。②1.2/50μs 标准雷电冲击放电电压上限；③冲击波波前放电电压最大值除以 1.15。取三者中最大值作为雷电冲击保护水平。

在考虑避雷器和变压器之间的距离、避雷器内部的电感、变压器绝缘的老化累积效应、避雷器运行中参数的变化、变压器工频激磁的影响等因素后，有可能使保护水平的变化及变压器上的作用电压超过避雷器的保护水平。因此雷电冲击耐受电压和避雷器保护水平之间应取一定的安全裕度系数。

根据我国国庆的传统做法，以雷屯冲击保护水平为基础，取一个安全系数，当电气设备（如变压器）与避雷器紧靠时，安全系数取 1.25，有一定距离时取 1.4。

磁吹避留器的操作冲击保护水平（对 330～500kV 设备），由以下两个数据表示：250/2500μs 标准中击波作用下，间陈放电电压的上限；规定操作冲击电流下的残压。取其中较大者为操作冲击保护水平。对于金属氧化物避雷器，其操作冲击保护水平规定为操作冲击电流下的残压值。

变压器的操作基本冲击绝缘水平与避雷器被保护水平相配合，安全系数不低于 1.15。操作安全系数比较小，这是因为操作波比较平缓，距离效应不强烈。

对于高压设备应当进行雷电及操作冲击耐受电压试验，以检验设备在雷电过电压和操作过电压作用下的绝缘性能。

对 220kV 及以下的系统，由于操作过电压对正常绝缘无危险，故不要求雷器动作，避雷器只用作雷电过电压的防护措施。

以上以变压器为例说明了用避雷器保护的设备其绝缘水平的确定过程。对于用不同的避雷器保护或非效保护的设备，如断路器、互感器等，应选用较高雷电冲击耐受电压及与之对应的操作冲击耐受电压。这些应根据具体情况进行选择，在国家有关规程中有明确的规定。

10.7.5 高压断路器绝缘水平与配合

高压断路器绝缘结构设计必须要充分考虑断口的绝缘性能，同时在保证绝缘裕度的情况下缩小断路器的体积。电场数值计算对于高压断路器各部分结构参数优化设计以及改善断路器介质绝缘强度恢复特性具有重要意义。

断路器绝缘性能可分为静态绝缘和动态绝缘两大类。静态绝缘性能包含合闸静态绝缘和分闸静态绝缘两方面；动态绝缘性能主要指断口间的动态绝缘。

对于气体绝缘断路器而言，合闸静态绝缘与分闸静态绝缘指的是在稳态气压下，合闸位置或分闸位置高电位部件与低电位部件间的绝缘性能。断路器静态绝缘特性不仅与高低电位电极间的距离有关，而且与电极形状、电极表面状况有很大关系。断路器静态绝缘特性不受分合闸过程中气体流动的影响。断口间的动态绝缘特性是指断路器开断不同负载电流或短路电流时断口间的绝缘特性。在断路器开断完成前的电弧作用期间内，断口间实质上处于导通状态，断口间的电压实际上只是微弱的电弧压降；电弧电流过零并成功熄弧后，断口间绝缘特性迅速恢复，若熄弧失败则继续保持导通状态，直到下一次电弧电流过零时刻再重新建立介质绝缘强度。断口间动态绝缘特性不仅与电极形状、电极表面状况及电极在开断过程中的运动特性有关，而且与开断方式的恢复电压有很大关系。在断路器开断过程中，因为高速气体流动及气体本身被电弧的分解，其绝缘特性通常总是低于其静态绝缘特性。

断路器绝缘型式试验所要求的绝缘特性实际上是断路器的静态绝缘特性，所以在进行断路器的绝缘配合时，主要对静态绝缘性能进行计算与分析。

参 考 文 献

梁曦东. 2003. 高电压工程. 北京：清华大学出版社

林福昌. 2006. 高电压工程. 北京：中国电力出版社

林莘. 2011. 现代高压电器技术. 北京：机械工业出版社

施围，邱毓昌，张乔根. 2006. 高电压工程基础. 北京：机械工业出版社

文远芳. 2001. 高电压技术. 武汉：华中科技大学出版社

吴广宁. 2007. 高电压技术. 北京：机械工业出版社

严璋，朱德恒. 2007. 高电压绝缘技术. 北京：中国电力出版社

杨保初，刘晓波，戴玉松. 2002. 高电压技术. 重庆：重庆大学出版社

周泽存. 2007. 高电压技术. 北京：中国电力出版社